数据库应用基础教程

——Visual FoxPro 程序开发

刘保顺　牛庆莲　编著

北　京

冶金工业出版社

2011

内 容 提 要

本书内容包括：数据库基础知识、Visual FoxPro 数据库的建立和维护、SQL
语言和查询设计器、表单程序设计、标签和文本框的使用、时钟控件和命令按
钮的使用、选项控件的使用、表格控件、页框和容器控件的使用、菜单设计、
报表设计、应用程序的发布。

本书可作为高等院校及高等职业学校数据库课程教材，也可作为各单位数
据库知识培训教材，还可以作为对 Visual FoxPro 数据库编程感兴趣的读者的入
门书。

图书在版编目(CIP)数据

数据库应用基础教程：Visual FoxPro 程序开发/刘保顺，牛庆莲编著.
—北京：冶金工业出版社，2009.8（2011.5 重印）
ISBN 978-7-5024-5025-0

Ⅰ. 数… Ⅱ. ①刘… ②牛… Ⅲ. 关系数据库—数据库管理系统，
Visual FoxPro—程序设计—教材 Ⅳ. TP311.138

中国版本图书馆 CIP 数据核字(2009)第 139580 号

出 版 人 曹胜利
地　　址 北京北河沿大街嵩祝院北巷 39 号，邮编 100009
电　　话 (010)64027926 电子信箱 yjcbs@cnmip.com.cn
责任编辑 李 雪 美术编辑 张媛媛 版式设计 葛新霞
责任校对 卿文春 责任印制 李玉山
ISBN 978-7-5024-5025-0
北京印刷一厂印刷；冶金工业出版社发行；各地新华书店经销
2009 年 8 月第 1 版，2011 年 5 月第 3 次印刷
787mm×1092mm　1/16；18.5 印张；444 千字；285 页
36.00 元
冶金工业出版社发行部　电话:(010)64044283　传真:(010)64027893
冶金书店　地址:北京东四西大街 46 号(100010)　电话:(010)65289081(兼传真)
（本书如有印装质量问题，本社发行部负责退换）

目　录

1　数据库及Visual FoxPro简介

当今世界对数据的需求越来越迫切，数据库技术的发展可谓一日千里。现代的数据库不仅能够存储传统的文字数据，还可以存储图像、视频、声音等数据。在整个数据库发展过程中，大致有以下几种类型的数据库：层次模型的数据库、网状模型的数据库、关系模型的数据库和面向对象的数据库。现在用户使用的数据库大多数是关系模型的数据库。我们在采用 Visual FoxPro 编制程序访问数据库前，要了解一些必要的数据库基础知识。

1.1　数据库（DB）和数据库管理系统（DBMS）

数据库是存储在计算机内，有组织、可共享的数据的集合。数据库中的数据按照一定的数据模型组织、描述和存储，其特点是具有较小的冗余度、较高的独立性和可扩展性，并且数据库中的数据可供各种合法的用户使用。

数据库管理系统是一个软件系统，主要用来定义和管理数据库，处理应用程序和数据库间的关系。数据库管理系统是数据库系统的核心部分，它建立在操作系统之上，对数据库进行统一管理和控制。说得简单些，DBMS 就是帮助我们建立、管理和维护数据库的软件系统。其主要功能如下：

（1）描述数据库。DBMS 能够提供数据描述语言（DDL），描述数据库的逻辑结构、存储结构和保密要求等，使我们能够方便地建立数据库和定义数据库结构。

（2）操作数据库。DBMS 能够提供数据操作语言（DML），通过它我们能够方便地对数据库进行查询、插入、修改和删除等操作。

（3）管理数据库。DBMS 能够提供对数据库的运行和管理功能，保证数据的安全性、完整性和一致性，能够控制用户对数据库的访问，管理大量数据的存储。

（4）维护数据库。数据库管理系统能够提供数据的维护功能，如数据的导入、导出、数据转换、备份、故障恢复和性能监视等。

我们平时说的会使用某种数据库，实际上指的是会使用该种数据库管理系统。

1.2　数据库系统（DBS）

数据库系统是由文件系统演变而来的，数据库系统中的数据不是针对某个具体的应用程序设计的，而是面向全局的应用。一个数据库中可以包括表、视图、存储过程、各字段的属性、规则等。数据库系统中数据按其复杂程度分为 4 个层次，如图 1-1 所示。

数据库系统主要特点如下：

（1）统一管理的结构化数据。数据库系统中的数据是有结构的，由 DBMS 统一管理。在设计数据库结构时，在调查研究的基础上，要充分考虑整个系统的数据结构，不以某个具体的应用程序为依据，既要描述数据，也要描述数据之间的关系。

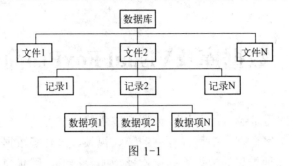

图 1-1

（2）数据冗余度小。合理的数据库系统，要尽量减小数据的冗余度。在一个系统中，可能涉及多个用户，不同的用户根据不同的需要访问不同的数据子集。减小冗余度的好处主要有两个：一个是节约数据存储的空间，另一个主要是避免了数据的不一致性。

（3）数据共享。数据库系统中的数据能够为系统中所有合法的用户共享使用，也可为系统中各类应用程序共享使用。

（4）数据的独立性。数据的独立性是指在数据库中的数据及数据的组织与应用程序无关，也就说数据库中的数据发生改变时，应用程序不用发生改变。数据的独立性包括逻辑独立性和物理独立性两个方面。

1.3 关系数据库

目前大多数数据库管理系统都是基于关系模型的关系数据库，由于关系数据库建立在严格的数学基础上，并且结构简单，使用方便，因而得到了广泛的应用。关系数据库中数据的基本结构是表，即数据是按行、列有规则的排列、组织。一个表一般对应于客观世界的一个实体。

关系数据库中涉及的主要概念有：

（1）关系：一个关系在逻辑上对应一个按行、列排列的二维表。关系对应于图 1-1 中的文件。

（2）属性：属性也称为字段，表中的一列称为表的一个属性，其反映的是研究对象某一方面的特性。对应于图 1-1 中的数据项。

（3）元组：又称为记录，是表中的每一行。

（4）主键：在表中能唯一地标识元组的一个属性或属性的集合。

（5）外键：表 A 中的某一字段，在该表中虽然不是主键，或是作为主键的一部分，但该字段在表 B 中是主键，那么这个字段在表 A 中称为外键。

（6）关系模式：关系名及关系中属性的集合构成关系模式。

明白上述基本概念后，要着手建立数据库了，那么如何建立一个合理的数据库呢？

例如要开发一个学生管理信息系统，其中涉及学生基本信息和学生成绩的信息，我们可以使用某种 DBMS，如 Visual FoxPro 建立数据库。经过系统调查，总结出系统中涉及的信息有：学号，姓名，性别，籍贯，电话，课程名，成绩。根据实际情况，至少可以考虑以下两种数据库的选择方案：

关系模式一：

学生（学号，姓名，性别，籍贯，电话，课程名，成绩）

关系模式二：

学生（学号，姓名，性别，籍贯，电话）

成绩（学号，课程名，成绩）

建立数据库中的表时，如果采用关系模式一，由于一个学生不仅仅学习一门课程，这样势必会造成严重的数据冗余。其后果可从表 1-1 中看到。

表 1-1

学 号	姓 名	性 别	籍 贯	电 话	课程名	成 绩
9801001	张 三	男	北 京	88233444	英 语	80
9801001	张 三	男	北 京	88233444	政 治	78
9801001	张 三	男	北 京	88223444	历 史	78
9801001	张 三	男	北 京	88233444	地 理	70
9801002	李 四	女	上 海	86578432	英 语	50

数据冗余最可怕的后果是造成数据的不一致，在表 1-1 中输入历史成绩时，电话号码输入错误，这样在查询张三的电话号码时，发现有两个。

因此在编制程序前，一定要先建立好数据库。合理的数据库建立，是在对项目充分调查研究和分析的基础上进行的。在完成一个项目时，切忌没有系统分析就编程序。如果等程序快开发完毕时，再修改数据库结构，已编好的程序大都要进行修改，这将大大影响开发效率。

如果采用关系模式二，在一个数据库中建立两个表，一个表是"学生"，另一个是"成绩"，两者可通过"学号"联系。"学生"中"学号"是主键，因为知道"学号"，就能确定唯一记录。"成绩"中"学号"和"课程名"合起来是主键，二者中的任何一个都不能确定唯一记录，但合起来可以确定唯一记录。将一个大的表，分解成表 1-2 和表 1-3 后，明显地减小了数据冗余。

表 1-2

学 号	姓 名	性 别	籍 贯	电 话
9801001	张 三	男	北 京	88233444
9801002	李 四	女	上 海	86578432

表 1-3

学 号	课 程 名	成 绩
9801001	英 语	80
9801001	政 治	78
9801001	历 史	78
9801001	地 理	70
9801002	英 语	50

下面采用关系数据库的规范化理论，针对上边例子，进一步加以阐述。这些理论是设计数据库时用来进行数据分析的一种方法，有助于建好数据库。标准化的过程是一系列渐近的规则集，一般称为范式。由于范式是渐近的规则集，所以应该先用第一范式，再用第二范式，以此类推。在实际程序开发中，设计数据库时一般满足第三范式即可。

（1）第一范式（1NF，即 First Normal Form）。通俗地讲，就是表中的各字段是最小单位，不可分割。

很显然表 1-1 满足 1NF。如果是表 1-4，就无法满足 1NF。

表 1-4

学　号	姓　名	性　别	籍　贯	电　话		课程名	成　绩
				家	办　公		
9801001	张　三	男	北　京	88233444	88233225	英　语	80
9801001	张　三	男	北　京	88233444	88233225	政　治	78

由于"电话"不是最小单位，可进一步拆分，建立数据库时，要将"电话"字段改为"家庭电话"和"办公室电话"，这样就满足了 1NF。

（2）第二范式（2NF）。某关系在满足 1NF 的前提下，非主键（除主键外的字段）是由主键的全部而不是部分决定的，则此关系满足 2NF。

关系模式一满足 1NF，但不能满足 2NF。原因是关系模式一中主键是"学号"+"课程名"，其余的都是非主键。在非主键中，"姓名"、"性别"等可由主键部分的"学号"确定。

通过分析可知：关系模式二能够满足 2NF。

（3）第三范式（3NF）。某关系如果能够满足 2NF，并且在非主关键字段中，各字段间互不依赖，即任何字段都有决定不了其他字段，则此关系满足 3NF。

通过分析可知：关系模式二能够满足 3NF。

1.4　使用 VFP 进行程序开发的流程

使用 VFP 进行程序开发的流程如下：

（1）建立项目文件。VFP 中文件众多，有库文件、表文件、表单文件、报表文件等，为了对其管理控制，首先要建立一个项目文件。项目文件类似于一个控制中心，通过它，既可以方便地完成对表单、报表、菜单等的操作，也可将整个应用程序最终编译成可执行的 exe 文件。

（2）建立数据库。完成一个项目的开发，在充分调研的基础上，应用数据库基础知识，建立合理规范的数据库。数据库建立的好坏，直接影响到后面程序的开发。建立数据库包括以下内容：在数据库中建立表、建立视图、设置表与表间的关系等。

（3）建立表单。VFP 面向对象主要体现在表单上，表单是由于计算机和用户的交互界面而存在的。它是一个容器控件，在它上边可以放置命令按钮、文本框、标签等控件。

在表单中可通过命令调用菜单，将菜单显示在表单上；也可通过命令调用报表，打印设计好的报表；表单间可相互调用且传递参数。表单中有一个数据环境，它起着连接表单中控件和数据库中数据的桥梁作用，借助它，大大减少了程序开发的工作量。

表单程序的开发一般有以下三个步骤：

1）布局阶段。在表单中加入所需的各种控件，然后对其排兵布阵。

2）属性设置阶段。在表单设计阶段，设置表单及表单上控件的属性，如命令按钮的大小，文本框中显示文字的字体、颜色、大小等。

3）编程。要综合应用 VFP 的命令，编制程序。如通过编程，将定制好的菜单显示在表单上，将数据库中查询出的数据显示在表单上等。

（4）定制菜单和报表。VFP 提供了专用的菜单设计器，利用它，可编制出专业水准的菜单。通过报表设计器，根据需要，设计报表。报表中也提供了一个数据环境，起到了连接报表控件和报表中数据的桥梁作用。

（5）应用程序的发布。借助项目管理器，首先将应用程序编译成可执行文件，然后通过 VFP 提供的安装程序或者使用专用的打包程序如 Installshield、Wise Installer，建立自己的安装程序。

如果一台电脑没有安装 Visual FoxPro，只有建立好安装程序后，将安装程序安装该电脑上，应用程序才可以正确运行。

1.5 使用帮助文件

要学好一个软件，必须学会如何使用帮助文件。下面以查询对话框 messagebox 的用法为例，说明 Visual Foxpro 帮助文件的使用方法。

（1）安装帮助文件。从 VFP6 开始，帮助文件与微软软件的其他产品一起以单独的 MSDN 形式保存在另外的光盘中。在安装完 MSDN 后，执行菜单"帮助"|"Microsoft Visual FoxPro 帮助主题"时，并不能使用帮助文件，原因是没有指定帮助文件所在的位置。指定操作步骤：

1）主菜单"工具"→"选项"→"文件位置"。

2）下拉列表框中选择"帮助文件"后，单击"修改"命令按钮，显示"更改文件位置"对话框，如图 1-2 所示。

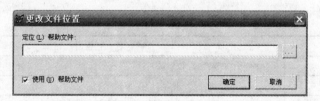

图 1-2

3）选中"使用帮助文件"复选框，单击…按钮，在弹出的"打开文件"对话框中，选择找到 MSDN 下 VFP 中的帮助文件"foxhelp.chm"文件，单击"确定"按钮。

4）在正确设置帮助文件后，在主菜单下的"帮助"|"Microsoft Visual FoxPro 帮助主题"选项方可使用。

指定帮助文件位置后，单击工具栏上❓，即可打开帮助文件，如图 1-3 所示。

图 1-3

（2）单击"索引"选项卡，输入要查询的主关键字 messagebox，从下拉列表框中选择 messagebox( )条目后，双击该条目，在选项卡的右边显示出该函数的用法。

（3）帮助文件的构成。

1）函数或者命令的功能及示例。如 messagebox 的功能是显示用户定义的对话框。

2）语法（syntax）格式：

Messagebox(cMessageText[，nDialogBoxType][，cTitleBarText])

语法中的[]表示该参数为可选参数，该参数不设置，也能使用。

3）返回值。函数执行后返回的结果。本函数返回值是数字。

4）函数中的参数说明。

cmessagetext：对话框显示的内容，是必需的参数，这里设置该参数为"真的要退出 Visual Foxpro 吗？"

nDialogBoxType：为对话框的类型。对话框类型由 3 部分组成，即：对话框按钮、对话框图标、默认的按钮。表 1-5 的值决定对话框的按钮，表 1-6 的值决定图标，表 1-7 的值决定按钮的默认值。

表 1-5

值	对 话 框 按 钮
0	"确定"按钮
1	"确定"和"取消"按钮
2	"终止"、"重试"、"忽略"按钮
3	"是"、"否"、"取消"按钮
4	"是"、"否"按钮
5	"重试"、"取消"按钮

对话框的类型是由这三部分相加而成的，如果要出现"取消"、"重试"、"忽略"按钮，显示 图标，默认值是第二个按钮，nDialogBoxType 的取值应该是 2+32+256，也可以直接写作 290。

表 1-6

值	图 标
16	"停止"图标✖
32	"问号"图标❓
48	"叹号"图标⚠
64	"信息"图标ℹ

表 1-7

值	默 认 按 钮
0	第 1 个按钮
256	第 2 个按钮
512	第 3 个按钮

cTitleBarText：对话框标题栏中的文字，如"提示"。

用对话框的返回值判断用户按下了哪个按钮，返回值见表 1-8。

表 1-8

值	用 户 按 的 按 钮
1	"确定"按钮
2	"取消"按钮
3	"终止"按钮
4	"重试"按钮
5	"忽略"按钮
6	"是"按钮
7	"否"按钮

如果要实现图 1-4 对话框，单击"是"，退出 Visual FoxPro，根据帮助文件的说明，messagebox 应写作 messagebox（"真的要退出 Visual FoxPro 吗？"，4+32+256，"提示"）。

由于要显示的对话框按钮"是"、"否"，从表 1-5 可知，如果用户选择的是"是"按钮，messagebox 函数的返回值将是 6。使用分支语句 if，判断该函数的返回值，如果返回值是 6，就执行 quit 语句，退出 Visual Foxpro。

图 1-4

故程序代码可写成下边的格式：

```
yesno=messagebox("真的要退出 Visual FoxPro 吗？",4+32+256,"提示")
if yesno=6 then
    quit
endif
```

1.6 入门示例

下边以一个简短的例子，体验一下 VFP 程序开发的乐趣。

（1）示例说明。示例程序是一个抽奖程序。抽奖是随机的，且中奖后的人员不能再参加抽奖活动，程序将中奖后的人员显示在列表中。程序运行后的结果如图 1-5 所示。

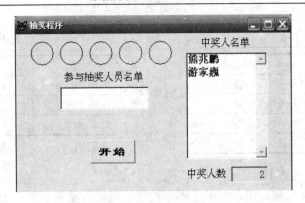

图 1-5

单击"开始"按钮后,"开始"按钮变为"停止"按钮。图 1-5 中 5 个圆圈中填充的颜色不停地变化,单击"停止"按钮,显示中奖人的姓名,如图 1-6 所示。单击"确定"按钮后,新中奖人的名单加入到中奖人名单下的列表中,当"停止"按钮变为"开始"时,开始下一次抽奖。

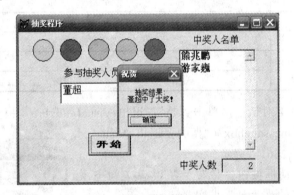

图 1-6

(2)操作步骤。

1)建立项目。在自己的计算机上建立一个文件夹,如 d:\myvfp\1-1,进入 VFP,在命令框中输入命令:set default to d:\myvfp\1-1,将鼠标放在此命令的任何位置上,按回车键,执行此命令。如图 1-7 所示。

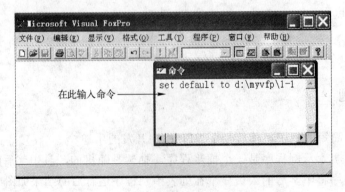

图 1-7

说明：此命令的含义是设置默认的工作目录，一般不将自己的文件和 VFP 的系统文件混在一起。执行完成此命令后，以后无论建立什么文件，文件都将自动保存在此目录下，除非用户修改文件存放的位置。在 VFP 中命令不区分大小写。

在图 1-7 中单击工具栏中的第 1 个命令按钮，显示"新建文件"对话框，如图 1-8 所示。选择"项目"后，单击"新建"命令按钮，显示"新建项目"对话框，如图 1-9 所示。输入项目名称"抽奖"，单击"保存"按钮，显示"项目管理器"，如图 1-10 所示。

图 1-8

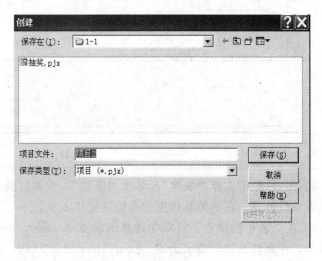

图 1-9

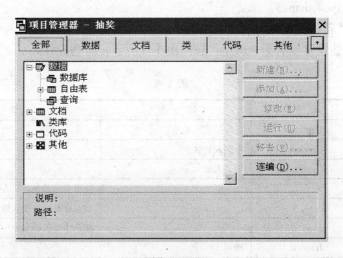

图 1-10

2）建立数据表"抽奖.dbf"。单击"项目管理器"中的"数据"标签，选择"自由表"后，单击"新建"，建立图 1-11 所示的数据表。表中"姓名"字段存放抽奖人的姓名，yn 是一个逻辑字段，用于表示是否中过奖，中过奖将其设为.t.，recordno 用于保存记录号。建立数据库的相关内容见第 2 章。

3）建好数据表后，按"确定"，系统询问是否输入数据，单击"是"，完成数据的输入。

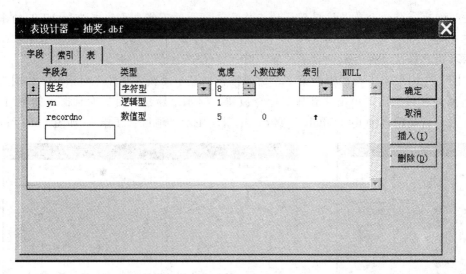

图 1-11

4）图 1-8 中选择"表单"，单击"新建"，在弹出的对话框中选择"新建表单"后，进入表单设计器。表单的具体操作和设置见第 5 章。

5）在"表单控件"工具箱中选择形状控件（⬭），在表单上放置一个名为 shape1 的正方形，在属性窗口，将 shape1 的 curvature 设置为 99，原来的正方形变成正圆。选择正方形 shape1，单击工具条上"拷贝"按钮，然后"粘贴"4 个正圆，分别为 shape2,shape3,shape4,shape5。

6）分别在"表单控件"上选择 ⏲（时钟）控件，🆎（文本）控件两个，🅰（标签）控件三个，其属性设置如表 1-9 所示，按照图 1-5 所示，排列控件。

表 1-9

对　象	属　性	属　性　值	说　明
Label1	Caption	参与抽奖人名单	
Label2	Caption	中奖人员名单	
Label3	Caption	中奖人数	
Text1			随机显示参加抽奖人员名单
Text2			显示目前已中奖人数
List1			显示中奖人的名单
Timer1	Interval	10	
Timer1	Enabled	.F.	程序最初运行时时钟停止

7）设置数据环境对象。在表单空白处单击鼠标右键，从快捷菜单中选择"数据环境"。在数据环境中单击右键，从快捷菜单中选择"添加"，将"抽奖.dbf"加入到数据环境中，如图 1-12 所示。这里的数据环境充当连接表单和数据库的桥梁作用。

8）编写程序代码。双击表单，选择表单的 activate 事件，写入程序代码，如图 1-13 所示。

9）选择 Timer1 对象，在其 timer 事件中写入程序代码，如图 1-14 所示。

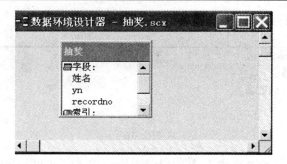

图 1-12

```
对象(B): 圖Form1          过程(R): Activate
select 抽奖
go top
scan
repl recordno with recn()
endscan
```

图 1-13

```
对象(O): ⓞtimer1        过程(R): Timer
r=255*rand()
g=255*rand()
b=255*rand()
Totalrecord=reccount()
*产生随机记录
select top 1 *,int(rand()*(reccount()+1)) as 中奖人 from 抽奖 where yn=.f. order by 中奖人 into cursor tmp1
thisform.text1.value=tmp1.姓名
thisform.shape1.backcolor=rgb(r,g,b)
thisform.shape2.backcolor=rgb(r,g,0)
thisform.shape3.backcolor=rgb(r,0,b)
thisform.shape4.backcolor=rgb(150,g,b)
thisform.shape5.backcolor=rgb(g,150,b)
```

图 1-14

10）选择命令按钮 Command1，在其 click 事件中写入程序代码，如图 1-15 所示。

```
对象(O): 圖Command1      过程(R): Click
select 抽奖
if this.caption="开始"
    this.caption="停止"
    thisform.timer1.enabled=.t.
else
    this.caption="开始"
    thisform.timer1.enabled=.f.
    replace yn with .t. for 抽奖.recordno=tmp1.recordno
    str1="  抽奖结果:"+chr(13)+alltrim(tmp1.姓名)+"中了大奖！"
    messagebox(str1,0,"祝贺")
    thisform.list1.additem(tmp1.姓名)
    thisform.text2.value=thisform.list1.listcount
endif
```

图 1-15

在 List1 的 Init 事件中写入程序，如图 1-16 所示。

对象(B)：　　List1　　　　　　▼　　过程(R)：　Init　　　　　　　▼

```
scan for 抽奖.yn=.t.
this.additem(姓名)
endscan
```

图 1-16

程序编写完成后，按工具栏上　按钮，运行程序，系统提示用户保存表单，将其保存为"抽奖"。

VFP 既支持传统的结构化语言，也支持面向对象程序设计，上边程序中既有传统的 VFP 命令（见第 3 章），也有面向对象的 VFP 语言（见第 4 章、第 5 章）。

1.7　学好 Visual FoxPro 应具备的基础知识

通过上边示例，可以看出，使用 VFP 程序设计，简单易学。但要真正学好 VFP，应掌握以下基本知识。

（1）VFP 面向对象程序设计的语言。VFP 面向对象主要体现在表单中，要掌握表单中各种控件的主要属性、方法和事件。

（2）一些必要的 FoxPro 命令。VFP 是在 FoxPro 的基础上发展而来的，FoxPro 中的命令可以全部在 VFP 中使用，要灵活地开发应用程序，就要掌握一些必要的命令。要注意的是有一些 FoxPro 命令如 List、Display 等，在面向对象程序设计中已不再需要。

（3）掌握 SQL。VFP 中内嵌了 SQL，一些情况下，使用 SQL 语言替代传统的 VFP 命令，可以取得事半功倍的效果。上边示例中使用了 SQL 中 select 语句随机选取中奖人，达到了事半功倍的效果。

2 创建和使用数据库

2.1 VFP 开发环境

当正常启动 Visual FoxPro 系统后，首先进入的是系统的主屏幕界面，一般也称为系统窗口或者主窗口。VFP 的主窗口是一个由标题栏、菜单栏、工具栏、状态栏及命令窗口组成的一个标准的 Windows 应用程序窗口，如图 2-1 所示。

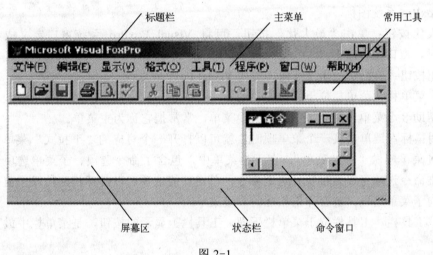

图 2-1

系统窗口的操作继承了一般 Windows 窗口的放大、缩小、最大化、最小化、移动、关闭等各种操作方式。所不同的仅仅是在屏幕上增加了一个"命令"小窗口，命令窗口也可以放大、缩小、最大化、移动、关闭及打开。总之，对 Windows 窗口的操作命令和操作方式完全适用于 VFP 窗口。

用户可以通过命令窗口，输入命令操作 Visual FoxPro。如果用户对 VFP 操作是通过菜单完成的，在命令窗口中会显示相应的命令。命令操作中执行的命令一般可作为初学 VFP 时练习使用，比如对一些命令或函数，可通过命令窗口中直接输入命令，执行后的结果如果发生错误，系统会马上给出提示。当然也可以先建立命令文件，然后通过执行程序实现对数据库的操作。

下面介绍主界面中各部分的组成及功能：

（1）标题栏。标题栏位于系统窗口的第一行，它包含系统程序图标、系统标题、关闭按钮、最小化和最大化按钮 5 个对象。

系统程序图标：单击 Microsoft Visual FoxPro 系统程序图标，可以打开系统窗口控制菜单，在系统窗口控制菜单下，可以移动系统窗口，并可以改变系统窗口的大小。双击系统程序图标可以关闭 Visual Foxpro 系统。

系统标题：系统标题是系统窗口名称。

如果要更改系统的标题栏，用户可以使用系统变量_SCREEN 或_VFP 来实现。如：

_Screen.Caption="VFP 程序设计教程"&&将 VFP 的标题栏变为"VFP 系统程序设计"

_Screen.Icon="face01.ico" &&将 VFP 系统图标改变为 Face01.ico

标题栏也可通过_VFP 系统来实现：

_VFP.Caption="VFP 程序设计教程"

说明：_VFP 和_Screen 是 VFP 的系统变量。在 VFP 中所有的系统变量都有是以"_"开头的。

命令中&&后边的内容是对该语句的注释说明，不用在命令框中输入。

最小化按钮：单击"最小化"按钮，可将 Visual FoxPro 系统窗口缩小成图标，并存放在 Windows 桌面底部的任务栏中。若想再一次打开这一窗口，可在任务栏中单击 Visual FoxPro 系统图标。

最大化按钮：单击"最大化"按钮，可将 Visual FoxPro 系统窗口定义成为最大窗口，此时，窗口没有边框。

关闭按钮：单击"关闭"按钮，关闭 Visual FoxPro 系统。

（2）菜单栏。菜单栏位于系统窗口的第二行，它包含文件、编辑、显示、工具程序、窗口和帮助 8 个菜单项。为了区别于其他菜单，常常把它称为主菜单。

当用鼠标左键单击某一个菜单项时，就可以打开一个对应的"下拉式"菜单窗口，所以把这种菜单叫做"下拉菜单"。在下拉菜单中，包含了命令选项、子菜单选项及功能选项。单击命令选项可以直接执行选定命令，单击功能选项可以打开相应的操作窗口，若将鼠标指向子菜单选项，就会弹出相应的二级菜单。

（3）工具栏。工具栏位于菜单栏下面，工具栏上显示的按钮，是菜单栏中最为常用的操作。

Visual FoxPro 一旦启动，可以根据需要用鼠标将工具栏拖到任意位置，随时打开和关闭工具栏，可以重新设置工具栏中的工具也可以定制新的工具栏。

Visual FoxPro 系统提供了常用工具栏、布局工具栏、表单控件工具栏、表单设计器工具栏、视图设计器工具栏、数据库设计器工具栏、报表控件工具栏、表设计器工具栏、调色板工具栏和打印预览工具栏等 10 个基本的工具栏。启动 VFP 系统时，默认打开的是常用工具栏。

工具栏中的工具只有在工具栏打开时才能使用。当某一工具栏打开后，单击其中的某一个按钮，便可以实现对应的操作。所以要使用哪一类工具必须事先打开相应的工具栏。打开工具栏的操作是执行菜单"显示"|"工具栏"。

下边以设置文件的默认工作路径、搜索路径，及如何设置 VFP 的帮助文件为例，说明工具栏的使用。

1）设置默认路径。在系统开发过程中，要将自己开发的文件放在一个文件夹中，以便于使用。默认情况下，工作文件的位置 VFP 是设置在 VFP 的系统文件下，要指定自己的工作路径，可通过菜单和命令完成。菜单指定路径的方法是：执行菜单中"工

具"|"选项"，出现"选项"对话框，从选项卡中选择"文件位置"选项卡，从列表项中选择"默认目录"，如图 2-2 所示。单击"修改"命令按钮，显示更改文件对话框，如图 2-3 所示。

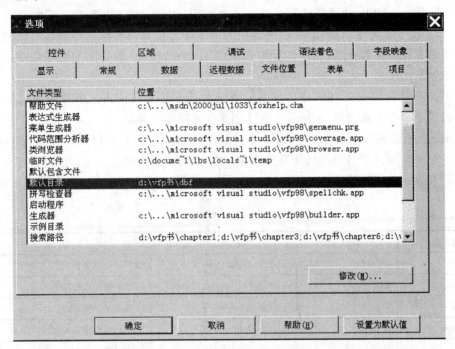

图 2-2

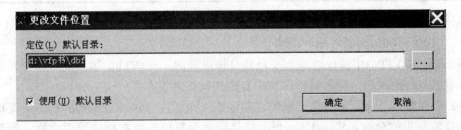

图 2-3

单击▦按钮，显示"选择目录"对话框，在选择文件目录后，单击"选定"后即可。

2）设置文件搜索路径。在设置好默认工作路径后，VFP 运行后，就从指定的位置查找文件。如果有一些文件不在指定的目录下，而是存放在另一文件夹下，如本书中示例的目录，是以图 2-4 的方式指定的，此时就要设置搜索路径。

由于书中的示例，分别保存在各自的章节中，示例中的库文件是保存在 DBF 目录中，示例用到的图片是保存在 images 目录中，此时除指定默认目录是 D:\示例\DB 外，还要指定搜索文件的位置，即如果在指定目录中找不到文件，就从指定的搜索位置中查找要使用的文件。

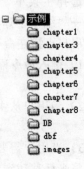

图 2-4

在图 2-2 中，选择"搜索路径"，单击"修改"命令按钮，在出现的"更改文件位置"对话框中依次设置搜索路径。要说明的是搜索路径可以设置多个位置，而默认目录只能设置一个位置。

（4）屏幕区。VFP 的屏幕对象可以被认为是 VFP 最大的容器对象，表单集、表单都包含在屏幕中。在 VFP 以前的非面向对象的版本中，也具有屏幕，屏幕是用户的人机交互的主要地方。如果要在 VFP 中运行以前使用 FoxPro、DB3 等开发的应用程序，运行后的结果就显示在屏幕上。

由于有表单的存在，VFP 中的屏幕，其地位明显不如 FoxPro 屏幕的地位重要。在 VFP 中提供了一个系统变量_Screen，通过此变量可以操纵屏幕。

_Screen 尽管是作为一个系统变量的身份出现的，但用户可以像使用对象一样使用它。其具有许多属性和方法，具体可参考 MSDN 中的相关帮助。

设置_Screen 属性的语法格式是：_Screen.属性=值，表 2-1 列举了一些_Screen 的属性。

表 2-1

属　性	值	示　例	示　例　说　明
BackColor	RGB(r,g,b)	_Screen.BackColor=rgb(0,255,0)	设置屏幕背景色绿色
ForeColor	RGB(r,g,b)	_Screen.ForeColor=rgb(255,0,0)	设置屏幕前景色红色
FontSize	数值	_Screen.FontSize=20	屏幕显示字体 20 号
MaxButton	.T.或.F.	_Screen.MaxButton=.F.	VFP 标题栏中最大化按钮禁用
Width	数值	_Screen.Width=200	设置屏幕大小为 200 像素
Caption	字符串	_Screen.Caption="数据库"	设置主窗口标题栏文字为"数据库"

另外_Screen 变量也具有很多方法，如：_Screen.Circle(50,100,100)是在屏幕上以 50 为半径，（100，100）为圆心画一个圆。

_Screen 在 VFP6 中是仅以系统变量的身份出现的，在 VFP6 以后的版本中，它是以对象变量的身份出现的，可在属性窗口中直接找到该对象。

（5）命令窗口。命令窗口位于编辑工作区右上角。在 Visual FoxPro 中，主菜单所列的只是最为常用的命令，Visual FoxPro 提供的命令窗口，能直接接受用户输入的各种命令，成为用户与 Visual FoxPro 交流的主要渠道。

如果要改变命令窗口中命令字符的大小，方法是：

选择主菜单"格式"→"放大字体"，可将命令框中的字符变大；选择主菜单"格式"→"缩小字体"，可将命令框中的字符变小。

用户直接在命令窗口中输入命令时，应注意以下几点：

1）键入命令语句尚未按 Enter 键执行之前，用户可以按 Esc 键删除刚才键入的命令语句。

2）当用户从主菜单中选择某一选项时，该选项所对应的命令行便在命令窗口中显示出来。

3）当用户需要再次输入以前已执行过的命令时，只要滚动命令窗口找到所要的命令行并将光标移动到该命令行上，然后按下 Enter 键，所选命令将再次执行。

4）从用户进入 Visual FoxPro 系统，主菜单或命令窗口中输入的命令在退出系统以前均会保留在命令窗口中。因此，用户不仅可以通过命令窗口来执行命令，还可以通过命令窗口学习和巩固 Visual FoxPro 的命令。

5）用户在命令窗口中可以将以前输入命令加以修改。然后再次执行。

6）并非所有命令都能在命令窗口运行。如表单中常用到的命令 Thisform.Release；If 语句，For 循环语句等。

（6）状态栏。状态栏位于屏幕的最底部，用于显示当前数据管理和操作的状态。状态栏可以随时打开和关闭。在主菜单的"工具"选项的下拉菜单中"选项"对话框中选择"显示"选项卡，指定"状态栏"复选项可以打开或关闭状态栏。也可以用 Set 命令来设置，命令格式如下：

Set Status OFF/ON

如果当前工作区中没有表文件打开，状态栏的内容是空白的，如果当前工作区中有表文件打开，状态栏显示的是表名、表所在的数据库名、表中当前记录的记录号、表中的记录总数、表中当前记录的共享状态等内容。

说明：在 VFP 中有许多的 Set 命令，用于对系统进行设置，上边介绍的只是其中的一条。表 2-2 列举了一些常用的 Set 命令。

表 2-2

Set 命令	说　明
Set Talk OFF/ON	是否显示命令执行的结果
Set Path To C:\123;D:\456	指定文件搜索路径为 C:\123 和 D:\456
Set Safety ON/OFF	在覆盖已存在的文件时，VFP 出现"文件已存在，是否覆盖"的对话框
Set Date To	设置日期显示的格式
Set Century On/OFF	是否显示日期的世纪
set default to curdir()	设置默认文件的位置。curdir()自动返回应用程序安装的目录，而 sys(5)返回的是应用程序安装的盘符，而 sys(2003)返回的是应用程序文件夹
set default to sys(5)+sys(2003)	

2.2　项目管理器

在第 1 章使用 VFP 进行程序开发的流程中已经提到：首先要建立项目文件。在 VFP 中应用程序以项目为组织单位，所谓项目（Project）就是一种文件，它是数据、文档、类库、代码及其他一些对象的集合。项目文件的扩展名为.PJX。

尽管 VFP 没有强迫用户非要建立项目管理器，但建立项目管理器有以下功能：

（1）采用"目录树"结构对资源信息进行集中管理。

（2）其集成环境为用户提供了快捷访问系统设计工具的窗口，在项目管理器窗口中，有多种功能按钮，可以根据需求创建、修改、增加和删除资源文件。

（3）用简单面向对象的方法，将其系统资源编译成可独立运行的.APP 或.EXE 文件。

（4）支持项目建立数据字典，用以存储各数据表间的关系。

从项目管理器具有的功能可以理解为项目管理器实际上就是 Visual FoxPro 系统环境

下的资源管理器。

2.2.1 创建项目文件

建立项目文件可以通过命令和菜单操作完成，这里只介绍后一种方法。操作步骤如下：

（1）执行菜单"文件"|"新建"，单击"新建文件"按钮，如图 2-5 左图所示，显示"创建"对话窗口，如图 2-5 中右图所示。

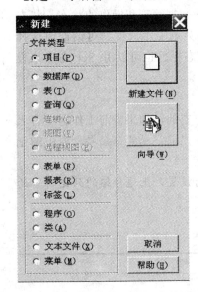
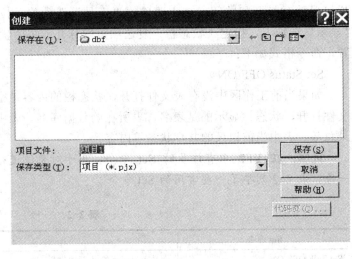

图 2-5

（2）在出现的建立项目文件的对话框中，选择项目文件准备保存的位置。在"项目文件"后的文本框中输入文件名。

（3）单击"保存"，完成项目文件的建立，VFP 自动显示项目管理器，如图 2-6 所示。

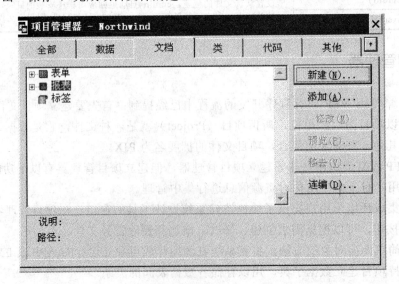

图 2-6

2.2.2 项目管理器的使用

在项目管理器中，系统是以类似于大纲的形式组织各种类型文件的，其风格类似于 Windows 的资源管理器，可以扩展或折叠它们。项目管理器窗口共有 6 个选项卡，每一选项卡负责管理不同类型的文件。

（1）使用"全部"选项卡用于显示与管理所有类型的文件。

（2）使用"数据"选项卡，可以组织和管理项目文件中包含的所有数据，如自由表、数据库、数据库中的表、视图和查询等。

（3）使用"文档"选项卡，可以组织和管理项目文件中利用数据进行操作的文件。如：表单、报表、标签等。

（4）使用"类"选项卡，可以组织和管理项目文件中的类和类库。

（5）使用"代码"选项卡，可以组织和管理项目文件中的程序代码文件。

（6）使用"其他"选项卡，可以组织和管理项目文件中其他类型文件。如：菜单、文本文件、位图文件、图标文件和帮助文件。

通过项目管理器，可以完成文件的以下操作，其操作方法与使用 Windows 资源管理器基本相同：

（1）向项目中添加已有文件。

（2）在项目中新建文件。

（3）在项目中修改文件。

（4）从项目中移走文件。

（5）在项目中运行文件。

2.2.3 连编项目

在对应用程序各功能模块完成调试后，即可进行项目的连编工作。连编是把一个项目文件中的所管理的所有文件编译并连接成一个可运行软件的过程。连编生成的可执行文件是 APP 或 EXE 文件。APP 文件只能在 VFP 环境下运行，而 EXE 文件可在 Windows 环境下单独运行，而且运行速度要快于 APP 文件。

要连编一个项目，在项目管理器中选择"连编"，将显示连编选项对话框，如图 2-7 所示。

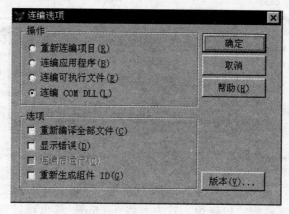

图 2-7

这些选项包括：

"重新编译项目"：重新编译所有改变过的程序、类库或者表单，生成扩展名为 PJX 和 PJT。

"连编应用程序"：执行的步骤和重新连编项目所执行的相同，但同时生成一个扩展名为 APP 的文件。这个文件是由所有在项目管理器中指定的编译过的组件构成。

"连编可执行程序"：将项目中的各文件编译成一个扩展名为 EXE 的可执行文件。

"连编 COM DLL"：将项目中的各文件编译成一个扩展名为 DLL 的动态链接库文件。

"重新编译全部文件"：重新编译所有文件。在创建一个可执行文件前，最好选择此项，这样可减小 EXE 文件的大小。

"显示错误"：显示所有编译中出现的错误。不选择此项，VFP 将所有错误信息保存在一个扩展名为 ERR 的文件中。

"连编后运行"：在建立过程结束后立即运行应用程序。

"重新生成组件 ID"：如果应用程序是一个 OLE 自动化服务程序，会有一个"重新生成组件 ID"的选项。这个选项为 OLE 服务程序创建新的标识并在 Windows 中注册这些服务程序。

2.2.4 项目管理器使用中的有关问题

项目管理器使用简单，其相当于是一个控制中心，对文件的各种操作，可通过它直接完成。在使用项目管理器中有一些问题，须引起注意。

（1）文件重命名和文件删除。如果要对某一文件如表单文件 myform 重新命名为 order，使用项目管理器比资源管理器要方便。项目管理器中重命名的方法是：选择表单文件 myform，单击右键，从弹出的快捷菜单中选择"重命名文件"，显示"重命名"对话框，如图 2-8 所示。将 myform.scx 改为 order.scx 即可。

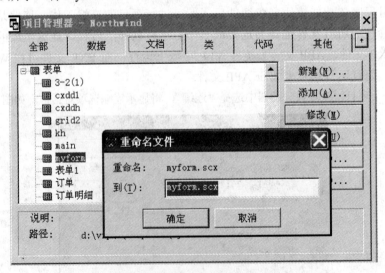

图 2-8

如果使用资源管理器则比较麻烦，首先要将 myform 移出项目管理器（不是删除）。

由于表单文件、库文件等一般是成对出现的，如表单文件有 1 个 SCT 文件就有 1 个 SCT 与其相对应，资源管理器中重命名时，要将 myform.sct 和 myform.scx 这两个文件都重新命名为 order.sct 和 order.scx，然后还须使用项目管理器中将重新命名后的文件再添加到项目管理器中。

在删除文件时，同样存在这样的问题。如要在项目管理器中删除 myform 表单文件，会自动将 myform.sxt 和 myform.scx 都删除。

（2）文件的包含与排除。一个项目文件通常可以包含若干个各种类型的文件，但这些文件在项目中的位置和存取方式是不同的。如数据库中的表是项目中的数据部分，一般情况下是动态数据，在运行数据维护时经常要改写；而表单、报表和菜单等在系统运行时是不需要改写的，他们是项目中的命令代码部分，是静态数据。因此在编译前，需要将这部分动态数据排除在项目之外，而把静态数据包含在项目中，在编译应用程序时，包含在项目中的文件将会包含在编译文件中。

在项目管理器中对包含可执行程序的文件，其默认状态是"包含"，而数据库文件及表文件的默认状态是"排除"。用户可根据具体情况进行修改，方法是选中文件，单击鼠标"右键"，从中选择"包含/排除"即可。

在项目管理器中对以下内容不能进行"包含"或排除操作：

数据库中的视图、连接和存储过程：因为它们不是以单独的文件形式保存的，而是保存在数据库文件中。

主文件：因为它是运行应用程序的主控程序，不能排除。

说明：表单文件、菜单文件、类文件、报表文件一般都设置为"包含"，这意味着编译成 EXE 文件后，这些文件被编译到 EXE 文件中，如果将这些文件删除后，EXE 文件照样可以运行。库文件、表文件、视图等一般是"排除"，其没有包含在 EXE 文件中。这样在交付用户使用时，除要交给 EXE 文件外，这些文件也是必需的。

（3）主程序。在一个项目中，可以执行的模块有多个，但它们只能有一个是主程序，它是这个应用系统运行的起点，其他可执行模块由该主控程序直接或间接地启动。这个主控程序在 VFP 中称为主文件。一个项目只能有一个主文件，主文件的文件名是以加粗的形式显示的。主文件应该完成如下任务：

1）设置初始化环境。如文件默认路径、搜索位置、系统设置等。

2）显示系统启动的用户界面。

3）控制事件循环。当应用系统的环境建立起来并显示初始用户界面后，就需要建立一个事件循环，等待用户交互使用应用系统。控制事件循环使用 READ EVENTS 命令，该命令使 VFP 开始处理如鼠标单击等用户事件。从执行 READ EVENTS 命令开始，到 CLEAR EVENTS 命令为止，这期间主文件所有的处理过程被全部挂起，因此 READ EVENTS 在主文件中的位置很重要，通常放在初始化环境并显示用户界面后边执行。如果主文件中没有 READ EVENTS，则编译 EXE 后，应用程序运行时将立即返回操作系统，用户不能交互使用系统。结束循环命令是 CLEAR EVENTS，该命令是挂起 VFP 事件处理过程，同时将控制权返回到主文件，并从 READ EVENTS 命令的下一条语句处开始。CLEAR EVENT 一般放在一个菜单项或表单上的一个"退出"按钮中。

下边是一个简单的主程序文件的示例。

在命令框中输入命令：Modify Command Main.prg，进入命令程序编辑器。输入以下命令：

Set Safety off

Set Talk off

Set Century On

Set Default to Curdir()

Do Form main

Read Event

将 main.prg 程序文件保存，在项目管理器中将其设置为主文件。程序的前 4 句是设置系统环境，其中 Curdir()函数用于检测文件所在的目录。这里一般不使用绝对路径如 D:\VFP\ABC 等的格式，原因是将来如果将系统制作成安装盘，用户在安装程序时，有可能不是安装在 D 盘或者不是在 D 盘的 VFP\ABC 目录下，从而导致程序运行时出现错误。

2.3　数据库

数据库本身是不存储数据的，它只存储表、视图及它们之间的关系等，所以从形式上看数据库像是一个可以容纳其他对象的容器。在数据库中的数据表叫做数据库表，数据库为数据表提供了数据字典、各种数据管理功能，所以数据库表比自由表要完善得多。一个数据库由数据库文件（.DBC）、数据库备份文件（.DCT）和数据库索引文件（.DCX）3 类文件组成。

建立数据库可以使用项目管理器的方法，也可以通过命令完成，还可以通过菜单的方式建立。一般建立数据库采用的是项目管理器的方法。

在项目管理器中，选择"数据"选项卡中的"数据库"，单击"新建"命令按钮，显示"新建数据库"对话框。VFP 提供了"数据库向导"和"新建数据库"两种建库方式，一般选择"新建数据库"。在创建数据库对话框中输入数据库名，如 Northwind，单击"确定"按钮后，进入数据库容器。

在数据库容器中单击右键，从弹出的快捷菜单中选择"新建表"，显示"新建表"对话框，询问是采用向导建表，还是手工建表，一般选择"新建表"，以手工方式建立新表。如果已经采用项目管理器建立了"自由表"，由于某种原因，要将自由表添加到数据库中，可从弹出的快捷菜单中选择"添加表"，将自由表添加到数据库中。

2.3.1　建立数据库中的表

在 VFP 中的表有两种：一种是存在于数据库外边的表，称之为自由表，另一种是存在于数据库中的表，为了便于和自由表区别，可称之为数据库表。可以将自由表加入到数据库中，也可将库中的表移出数据库，使之成为自由表。

2.3.1.1　数据库表和自由表的区别

数据库表和自由表是有区别的，主要表现在以下几个方面：

（1）字段名长度。数据库表字段名，长度最长可达 254 个，而自由表中的数据最长只有 10 个字符，即 5 个汉字。

（2）文件名的长度。数据库表文件名支持长文件名，而自由表则不支持长文件名。

（3）字段的属性和规则。数据库表可以为字段设置标题、格式、输入掩码等，字段可以设置有效性规则，而自由表则不可以。

（4）表属性规则。数据库中表可以设置一个表中字段间的规则，而自由表则不可。

（5）建立表与表间的永久性关系。如果要在表与表之间建立永久性关系，如一对多关系，那么这两个表必须是同一数据库中的表。

（6）事务处理。对于自由表中的数据不能进行事务处理，而数据库中的表可以进行事务提交、事务回滚。

2.3.1.2 建立数据库表

下边以建立 Northwind 数据库中的"订单"和"订单明细"为例，说明数据库表的建立。准备建立的"订单"和"订单明细"中的字段见表 2-3 和表 2-4。

表 2-3

字 段 名	类 型	长 度	小 数 位 数
订单 ID	数值型	5	0
客户 ID	字符型	5	
雇员 ID	数值型	2	0
订购日期	日期型	8	0
到货时期	日期型	8	0
发货日期	日期型	8	0
运货商	数值型	3	0
运货费	数值型	6	2
货主名称	字符型	10	
货主地址	字符型	40	
货主邮编	字符型	8	

表 2-4

字 段 名	类 型	长 度	小 数 位 数
订单 ID	数值型	5	0
产品 ID	数值型	2	0
单 价	数值型	6	2
数 量	数量	5	0
折 扣	折扣	5	2

这两个表存在 1∶m 的关系。所谓 1∶m 指的是"订单"表中的一个订单，在"订单明细"中可以存在多个订单。

A 设计表的结构

在建立数据表或自由表的时候，首先是设计表的结构。数据库表的结构是建立在充分调查研究的基础上的。在项目编制程序前，要确定数据表的结构，包括以下内容：字段名、类型、长度。

　　合理的数据库，要以数据库基础理论为指导。目前的数据库管理系统（DBMS）大多数是关系型数据库，建立的数据表一般要满足 3NF（第三范式，The Third Normal Form），具体请参照第 1 章的相关知识。

　　字段名反映的是客观事物某一方面的特性，要以字母或汉字开头。字段名的长度在数据库表中最长 254 个字符，自由表中最长 10 个字符。

　　字段类型、字段宽度及小数位数用于描述字段值，表 2-5 列出了字段类型的说明与宽度的取值范围。

表 2-5

字段类型	说　明	字段宽度	取 值 范 围
字符型（C）	汉字、图形符号及可打印的 ASCII 码字符等	最多 254 个字节	
数值型（N）	可以进行算术运算的数据。小数点及正、负号各占一个字节	最多 20 个字节	-.9999999999E+19~+.9999999999E+20
货币型（Y）	与数值型不同的是数值保留 4 位小数	8 个字节	-.922337203685477.5808~+922337203685477.5807
整型（N）	不带小数点的数值	4 个字节	-2147483647~+2147483646
双精度型（N）	双精度数值	8 个字节	±4.94065645841247E-324~±8.9884656743115E-307
日期型（D）	格式为 mm/dd/yy	8 个字节	01/01/100~12/31/9999
日期时间型（T）	存放日期与时间	8 个字节	日期 01/01/100~12/31/9999 时间 00:00:00a.m.~11:59:59p.m.
逻辑型（L）	存放逻辑值 T 或 F	一个字节	T 表示"真"，F 表示"假"
备注型（M）	存储文本	4 个字节	只受可用内存空间的限制
通用型（G）	存放图形、图像、表格、声音等多媒体数据	4 个字节	只受可用内存空间的限制

　　说明：（1）对于字符型、数值型和浮点型字段，在设计表结构时应根据实际需要设置适当的宽度，其他类型字段的宽度均由 VFP 规定，其值固定不变。

　　（2）备注型字段的宽度为 4 个字节，并不意味着只能存储 2 个汉字。其存储的是一个指针（即地址），该指针指向备注内容存放的地址，备注内容存放在与表同名、扩展名为.FPT 的文件中。该文件随表的打开而自动打开，如果它被破坏或丢失，则表也就不能打开。如果 1 个表中有多个备注字段，所有备注字段的内容都放在 1 个 FPT 文件中。

　　（3）通用型字段的宽度为 4 个字节，用于存储一个指针，该指针指向.FPT 的文件中存储通用型字段内容的地址。所有的通用型字段和备注型字段都保存在 1 个与表名相同的FPT 文件中。

　　（4）字段类型中 C、Y、N、D、T、L、M、G 等，当在使用 SQL 语句 Create Table建立数据表时要使用这些符号。

　　B　建立"订单"和"订单明细"表

　　有两种方法可以完成：一种方法是使用"数据库设计器"；另一种方法是使用 SQL语句。

a 使用"数据库设计器"建立"订单"表

（1）在项目管理器中选择 Northwind 数据库，单击"修改"命令按钮，打开数据库设计器。

（2）在"数据库设计器"的空白处单击右键，选择"新建表"，显示新建表对话框，从中选择"新建表"按钮，显示"创建表"对话框，输入表名"订单"，确定后进入数据库的"表设计器"。

从图 2-9 可以看出，数据库中表设计器由"字段"、"索引"和"表"三个选项卡构成。在"字段"选项卡中建立表的字段名、设置字段类型、大小及字段的属性和规则；"索引"选项卡中建立表的索引；"表"选项卡建立表级的有效性规则。

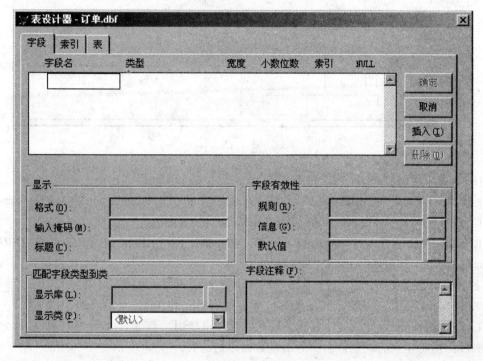

图 2-9

（3）按照表 2-3 逐次键入相应的字段名、字段类型、字段宽度、小数位等信息即可。如图 2-10 所示。如果是第 1 次建立表（不是修改表结构），表建立完成后，单击"确定"按钮，会显示"是否输入数据"对话框。单击"是"，开始输入数据；单击"否"，不输入数据。

以同样的方法，建立"订单明细"表。

b 使用 SQL 语句建立数据库表

在 SQL 语句中提供了 Create Table 语句，建立数据表，语法格式为：

CREATE TABLE | DBF TableName1 [NAME LongTableName] [FREE]
    (FieldName1 FieldType [(nFieldWidth [, nPrecision])])
[NULL | NOT NULL]　　[CHECK lExpression1 [ERROR cMessageText1]]
[DEFAULT eExpression1] [PRIMARY KEY | UNIQUE]

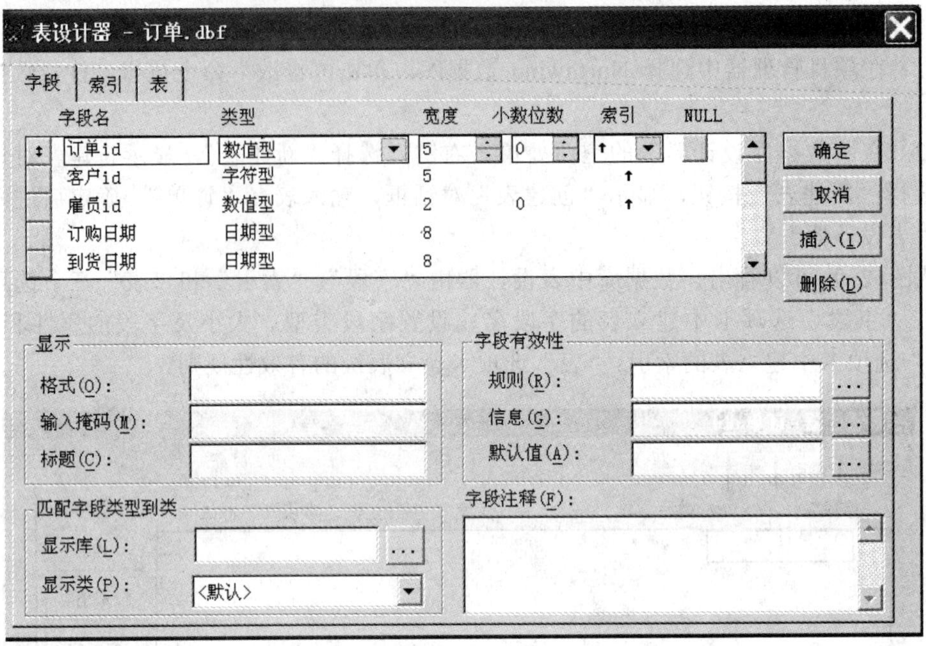

图 2-10

[REFERENCES TableName2 [TAG TagName1] [, FieldName2 ...]

[,PRIMARY KEY eExpression2 TAG TagName2 |, UNIQUE eExpression3 TAG TagName3]]

[, FOREIGN KEY eExpression4 TAG TagName4 [NODUP]

REFERENCES TableName3 [TAG TagName5]] [, CHECK lExpression2 [ERROR cMessageText2]])| FROM ARRAY ArrayName

各参数的含义如下：

TableName1：指的是要创建的表名，其前边的 Dbf 和 Table 是等同的。

LongTableName：是长文件名，当数据库时才可使用。

Free：指明建立的表是自由表而不是数据库中的表。

FieldName1：表示的是字段名。

FieldType：表示的是字段的类型，具体见表 2-5 中字段类型的符号。

nFieldWidth：是字段的长度。

nPrecision：当字段为数值型时小数位数。

Null 与 Not Null 指定字段是否允许为空。

Check LExpression1：设置字段的有效性规则，LExpression1 可以是用户自定义的函数。

Error cMessageText1：违反字段有效性时显示的出错信息。

DEFAULT eExpression1：设置字段的默认值。

PRIMARY KEY：设置字段为主索引。

Unique：设置字段为候选索引。

REFERENCES TableName2：建立永久关联时的父表。

TAG TagName1：子表和父表相关联的索引标记。

建立表 2-4 中的"订单明细"如果使用 Create 语句，应该写作：

Create Table 订单明细(订单 id n(5),产品 id n(2),单价 n(6,2),折扣 n(5,2))

建立的"订单明细"表还没有建立索引及设置各字段的属性。

2.3.2 表中数据的输入

新建立数据表后，VFP 询问是否增加数据，如果单击"是"，就会出现增加新数据的画面，如图 2-11 所示。

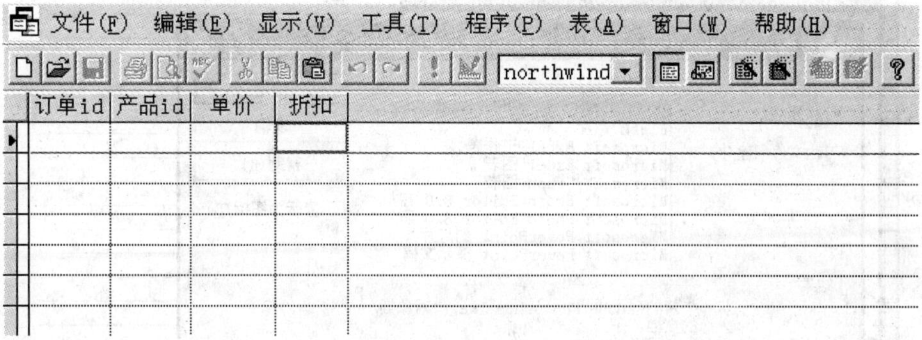

图 2-11

如果新建立表后，没有选择"是"向表中增加记录，可通过项目管理器，选择 Northwind 数据库，单击其前边的"+"，展开后显示出"表"等内容，再展开表下的内容，选择要查看的数据表，如"订单明细"后，单击"项目管理器"右侧的"浏览"，显示图 2-11。在显示出图 2-11 后，发现此时并不能向表中增加记录，原因是表没有处于记录的"追加"模式，可执行菜单"显示"|"追加方式"进行记录的添加。

在"显示"菜单中有"编辑"和"浏览"两种方式来显示数据，图 2-12 是编辑方式，如果选择"浏览"方式，显示图 2-11。

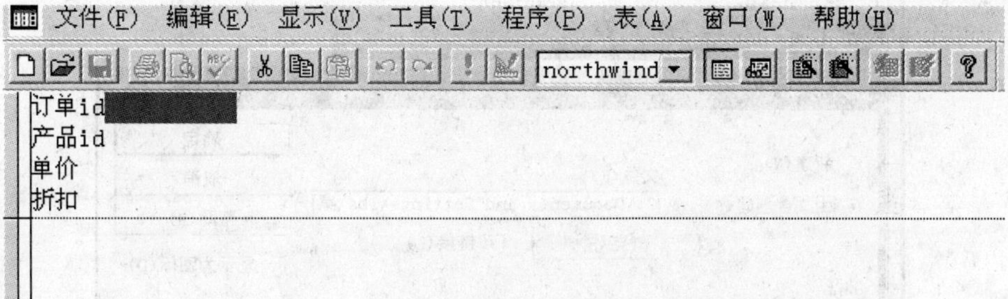

图 2-12

在输入数据时有几个问题要加以说明：

（1）备注型数据的输入：打开表后，用鼠标左键双击备注型字段。

（2）通用型数据的输入：通用型字段数据多数是用于存储 OLE 对象，如：图像、声音、电子表格、文字处理文档等。打开表后，用鼠标左键双击通用型字段，如示例中"类别"的图片字段。执行菜单"编辑"|"插入对象"，显示"插入对象"对话框，如图 2-13 所示。

图 2-13

如果要插入的对象不存在，选择"新建"，从"对象类型"列表框中选择要插入对象的类型后单击"确定"按钮；如果要插入的对象已经存在，比如插入一张图片，可选择"由文件创建"，从中选择要插入的文件，单击"确定"按钮即可，如图 2-14 所示。

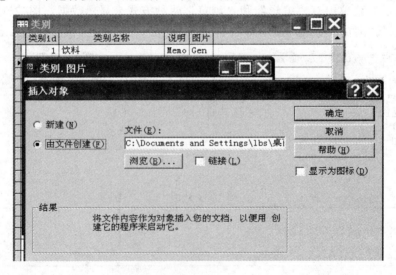

图 2-14

如果要删除通用字段中已经插入的对象，数据表显示后，双击通用字段，执行菜单"编辑"|"剪切"。

2.3.3 通过菜单维护表中的数据

在 Visual FoxPro 系统环境下，当表建立完成后，可以通过菜单"表"下拉菜单中的各项功能进行维护，也可以用命令窗口键入各种命令对表进行维护。使用菜单命令简单易学，但要想通过程序控制表中数据，必须掌握各种命令。下面以"订单"表为例，介绍"表"菜单中各种功能的用法及相应的各种命令。

2.3.3.1 记录的定位

对数据表记录的操作是靠记录指针定位的，记录指针指向的记录叫当前记录，每次只能对当前记录进行操作。同一时刻，只能有一条记录是当前记录。

打开"订单"表浏览窗口后，可以看到其中的记录显示，如图 2-15 所示。

订单id	客户id	雇员id	订购日期	到货日期	发货日期	运货商	运货费
10248	ANTON	7	07/15/96	08/01/96	07/16/96	3	32.38
10249	SPLIR	6	07/05/96	08/16/96	07/10/96	1	11.61
10250	HANAR	4	07/08/96	08/05/96	07/12/96	2	65.83
10251	VICTE	3	07/08/96	08/05/96	07/15/96	1	41.34
10252	SUPRD	4	07/09/96	08/06/96	07/11/96	2	51.30
10253	HANAR	3	07/10/96	07/24/96	07/16/96	2	58.17

图 2-15

在窗口左端第一列是记录指针按钮，当前记录的指针按钮上会有一个黑色三角。可以单击指针按钮列来改变当前指针。也可以选择菜单"表"|"转到记录"来改变当前记录，如图 2-16 所示。

（1）"第一个"表示指针的当前位置在第一条记录上。

相当于在命令窗口键入：GO TOP

（2）"最后一个"表示指针的当前位置在最后一条记录上。

图 2-16

相当于在命令窗口键入：GO BOTTOM

（3）"下一个"表示指针相对当前位置往下跳一条记录。

相当于在命令窗口键入：SKIP 或 SKIP+1

（4）"上一个"表示指针相对当前位置往上跳一条记录。

相当于在命令窗口键入：SKIP-1

（5）"记录号"表示指针的当前位置在所输入的记录号上，如图 2-17 右图所示。

相当于在命令窗口键入：GO n（n 表示第 n 条记录）

（6）"定位"先确定对数据表的"作用范围"，再指定选择记录的条件，最后单击"定位"按钮，记录指针将移到满足条件的首条记录上，如图 2-17 所示。

作用范围：包括有 All、Next、Record 和 Rest 四种选择。All 是默认值，是从全部记录中定位 For 或 While 中指定条件的记录。Next 是从当前记录开始（包括当前记录），向前移动 n 条记录，n 是用户指定。Record 是根据记录号移动。Rest 是当前记录开始（包括当前记录），向前的记录中定位到由 For 或 While 指定的条件中。

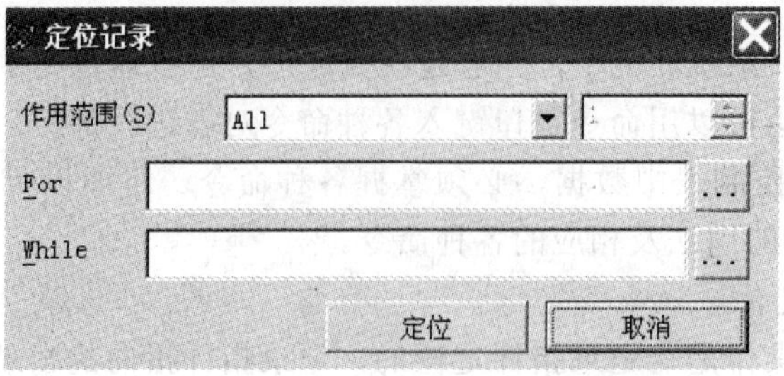

图 2-17

For 与 While 条件：条件是一个表达式，此表达式一般是由字段名、函数和运算符组成的，可单击 ... 按钮，由"表达式生成器"生成此表达式，也可由用户直接输入表达式。

此操作相当于在命令窗口中输入 Locate For 命令。要注意的是无论当前记录在什么位置，定位记录时都从第 1 条记录开始。

2.3.3.2　记录的删除

在 VFP 中，有两种删除：一种是逻辑删除，另一种是物理删除（或叫永久删除）。

所谓逻辑删除就是给要删除的记录加上一个删除标记，记录虽然加上了删除标记，但并没有将记录从数据表中真正删除。

（1）通过菜单"表"|"删除记录"，显示删除记录对话框（如图 2-18 所示）。使用与定位记录基本上是一样的。

图 2-18

（2）通过命令删除记录

通过命令删除记录，语法格式是：

DELETE[<范围>][FOR<条件>][WHILE<条件>]

说明：

[<范围>]选项可以指定命令操作的范围。有以下几种选择：

1）All 表示全部。

2）NEXT n 表示从当前记录起的 n 条记录（包括当前记录）。

3）REST 表示从当前记录起到最后一条记录（包括当前记录）。

4）RECORD n 表示第 n 条记录。

5）[FOR<条件>]选项指定命令操作的条件，只有满足条件的记录才能操作。该选项将从头到尾测试每条记录。

6）[WHILE<条件>]选项指定命令操作的条件，只有满足条件的记录才能操作。该选项将从头测试，但是一旦遇到不满足条件的记录时，将停止继续测试。

（3）打开订单表浏览窗口后，可以单击第二列的删除按钮列来删除指定的记录。

（4）所谓物理删除就是把加上删除标记的记录从数据表中彻底删除掉，物理删除的记录无法恢复。有以下几种方法：

1）打开订单表浏览窗口后，选择菜单"表"|"彻底删除"

2）在命令窗口键入命令：Pack

（5）ZAP 命令。执行此命令将数据表中的记录全部删除（不管是否做了逻辑删除标记）。使用此命令时一定要慎重，删除的记录是无法恢复的。

（6）记录的恢复

所谓"恢复"就是将做过逻辑删除的记录，取消掉逻辑删除标记。它实际上是逻辑删除的逆运算。

恢复有删除标记记录有以下几种方法：

1）打开订单表浏览窗口后，单击第二列（即删除标记列）中已加删除标记的记录。

2）用菜单时，选择"主菜单"/"表"/"恢复记录"，其他短语的用法同"逻辑删除"中的用法一样。

3）使用命令：RECALL[<范围>][FOR<条件>][WHILE<条件>]

2.3.3.3 记录值的替换

（1）使用 Replace 命令。

语法格式为：

REPLACE <字段 1> WITH <表达式 1>[ADDITIVE<字段 2> WITH<表达式 2>[ADDITIVE][… [<范围>]] FOR[<条件>] WHILE[<条件>]

例：以订单明细表为例，将订单号为 10250 的折扣在原有的基础上加 10%。

Replace 折扣 With 折扣*（1+0.1）For 订单 id=10250

要注意的是：这里"订单"字段是数值型字段，如果是字符型字段，则应写作：

Replace 折扣 With 折扣*（1+0.1）For 订单 id="10250"

（2）选择菜单"表"|"替换字段"，弹出"替换字段"窗口，输入或选择相应的字段或表达式，如图 2-19 所示。

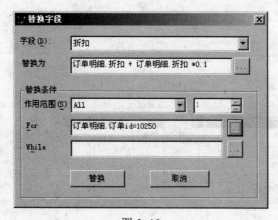

图 2-19

2.3.3.4　记录的筛选

对数据表行的筛选条件是一种对记录的选择操作，对数据表列的筛选条件是一种对字段的投影操作。筛选也可通过菜单和命令完成。

A　菜单操作

例如：要从"订单"表中选出谢小姐的记录并只筛选出订单 ID、客户、货主名称、货主邮政编码字段。操作步骤为：

（1）选择菜单"表"|"属性"，弹出"工作区属性"窗口，如图 2-20 所示。

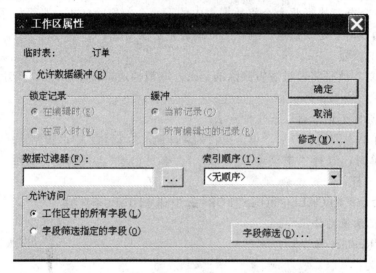

图 2-20

（2）单击"数据过滤器"后的 ... 按钮，弹出"表达式生成器"，如图 2-21 所示，生成表达式：订单.货主名称="谢小姐"。单击"确定"后返回图 2-20。

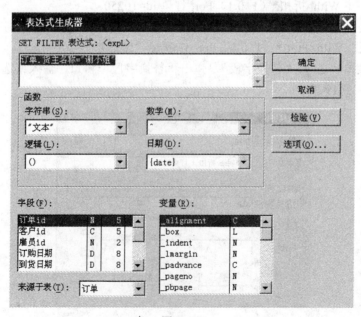

图 2-21

（3）在图 2-20 中单击“字段筛选”按钮，显示“字段选择器”对话框，如图 2-22 所示。选择要显示的字段，单击“确定”后返回到图 2-20，选中“字段筛选指定的字段”单选按钮，单击“确定”，显示结果如图 2-23 所示。

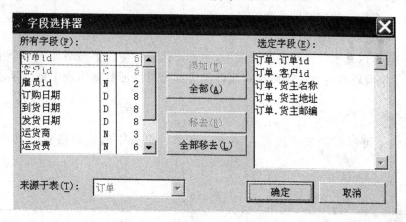

图 2-22

订单id	客户id	货主名称	货主地址	货主邮编
10249	SPLIR	谢小姐	青年东路 543 号	440876
10250	HANAR	谢小姐	光化街 22 号	754546
10253	HANAR	谢小姐	新成东 96 号	545486
10331	BONAP	谢小姐	机场西路 63 号	576744
10340	BONAP	谢小姐	明川街 79 号	356780
10362	BONAP	谢小姐	新技术开发区 28 号	234645
10364	EASTC	谢小姐	青年东路 53 号	353662
10400	EASTC	谢小姐	前进北路 746 号	746746
10438	TOMSP	谢小姐	师大辅路 364 号	464674

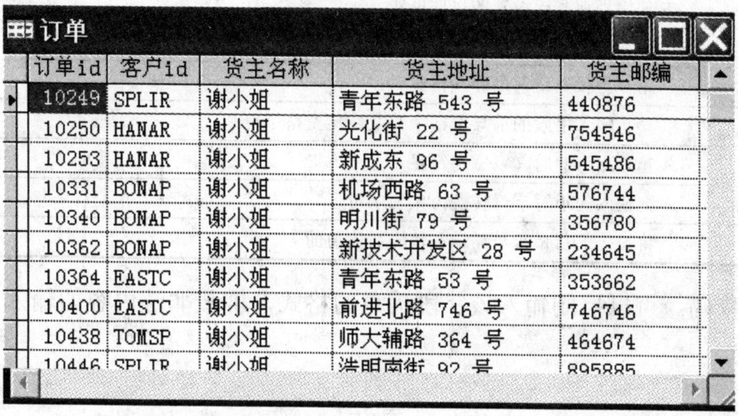

图 2-23

B 命令操作

筛选命令的格式：Set Filter To 过滤条件

筛选“货主名称”是“谢小姐”的筛选命令为：Set Filter To 货主名称="谢小姐"

指定访问表中的字段：Set Fields To 字段名列表

使当前工作表中所有字段可见：Set Fields On

只有指定字段的字段可见：Set Fields Off

设置显示字段订单 ID、客户、货主名称、货主邮编的语句为：

Set Fields To 订单 ID，客户,货主名称,货主邮编

Set Fields On

2.3.4 数据库表的属性

在 2.3.1 节中建立了订单和订单明细表，在建立这两个数据表时，还可以为这两个表

中的字段和记录设置属性和规则。这些属性和规则将作为数据库的一部分保存起来。如果将数据库表从数据库中移出变成自由表时，这些属性和规则的设置将不再存在。这些属性都存放在系统自动生成的数据库备注文件（扩展名为．DCT）中，这个文件叫做"数据字典"，它存放了有关该数据库的所有信息。

2.3.4.1　字段级别的属性

从图 2-10 可以看出，在数据库管理下，"表设计器"窗口下部增加了 4 个小对话框，用来设置关于字段属性内容。字段级别属性的设置可以保证数据库表中每个字段的合理性和可靠性。

A　显　示　框

（1）格式：可以控制该字段值在浏览、表单、报表中的输出格式。其中控制码见表 2-6。

表 2-6

控 制 码	功　　能
A	允许文字字符，禁止数字、空格及标点符号
D	使用当前系统设置的日期格式
I	使输出值位于字段中间
L	用 0 替代数值前面和空格
T	禁止输入字段的前导空格字符及结尾空格字符
Z	当输出为 0 时，以空字符显示
!	把输入的小写字母转变为大写字母
$	将设定的货币符号显示在输出数值前面

（2）输入掩码：可以控制输入该字段信息的格式，屏蔽非法内容的输入。其控制码见表 2-7。

表 2-7

控 制 码	功　　能
A	只允许输出字母
L	只允许输出逻辑型数据 Y,y,N,n,T,t,F,f
N	只允许输出字母和数字
X	允许任何字符
Y	只允许输出 Y,y,N,n，并且自动转换为逻辑 T,t,F,f
!	把小写字母转换为大写形式
9	允许数字和正负号
#	允许数字\空格及下负号
$	在固定位置上显示当前货币符号
$$	浮动显示当前货币符号
*	在数值左面显示星号
.	指定小数点位置
,	设定整数部分的 3 位划分

（3）标题：在浏览、报表及表单上需要显示该字段名时，以标题的内容作为字段的标识。在建立数据表时，字段名不见得非要用中文名。用中文名的好处是直观，其缺点是编程时书写麻烦。如果字段名采用英文名或拼音，一般要设置标题属性，这样在浏览、报表及设计表单时，会以标题作为字段的标识。

B 字段有效性

字段有效性区包括规则、信息、默认值3个文本框。规则文本框用于输入对字段数据的有效性进行检查的规则，即一个条件。

信息文本框用于指定出错提示信息，当在该字段中输入的数据违反条件时，出错信息将照此显示。

默认值文本框用于指定字段的默认值。当增加记录时，字段默认值就会在新记录的相同字段中显示出来，这一功能主要是为了提高数据的输入速度。

下面以"订单"表为例，举例说明显示框和字段有效性的用法。

在设计"订单"表时，如果要求限定"订单"表中：货主邮政编码字段只能输入数字；将"货主邮编"字段名输出显示后变为"货主邮政编码"；显示"运货费"字段加上货币符号；"订单 ID"字段的值要大于等于 10000；指定错误提示信息为"订单号不能小于 10000"；"订单 ID"字段的默认值为 10000。在打开"订单"表后，操作方法如下：

（1）选择货主邮编字段（选中后字段名左侧有一个小标志），然后在输入掩码文本框输入 999999；

（2）在标题文本框输入"货主的邮政编码"；此 2 步的操作结果见图 2-24。

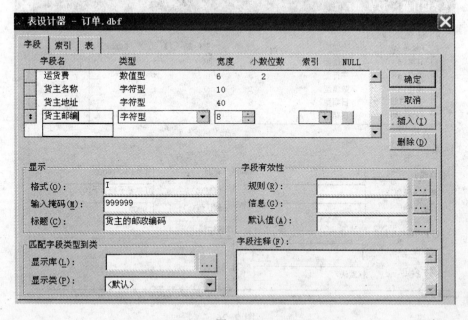

图 2-24

（3）选择"运货费"字段，在格式文本框输入$，如图 2-25 所示；

（4）选择"订单 ID"字段，在字段有效性规则中输入"订单 ID>10000"；

（5）在"字段有效性规则"的"信息"文本框中输入"订单号不能小于 10000"；

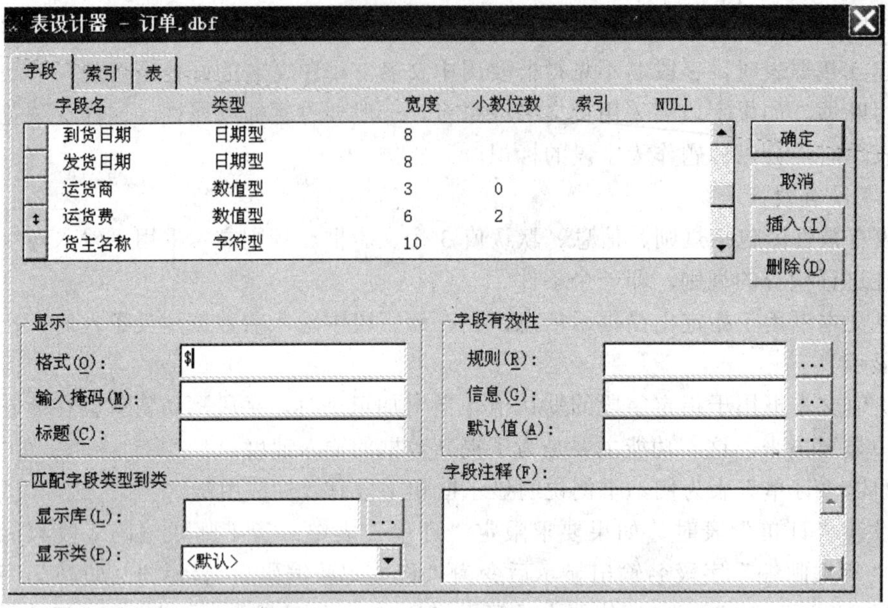

图 2-25

（6）在默认值文本框输入"10000"。

字段"订单 id"属性的设置如图 2-26 所示。

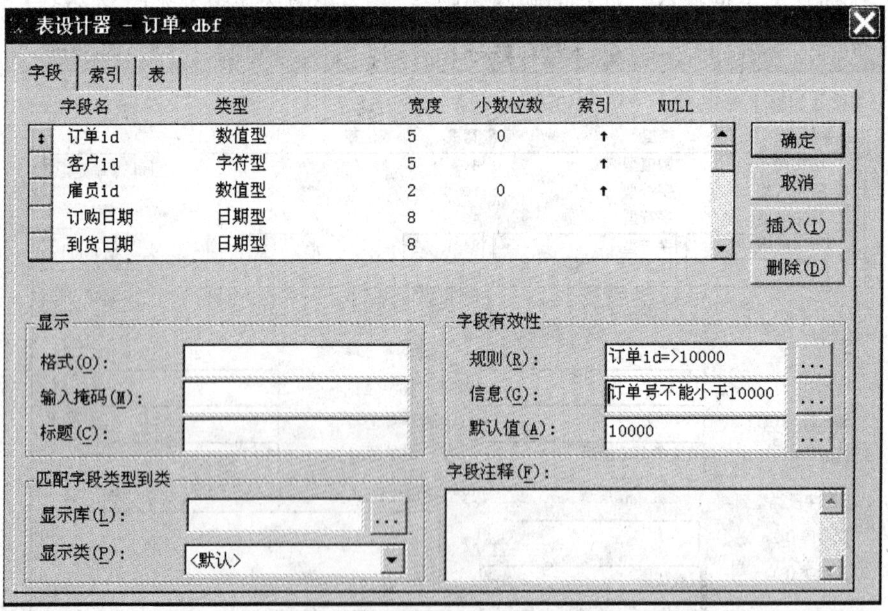

图 2-26

修改完"订单"表的数据结构后，单击"确定"，保存修改结果，在"项目管理器"中选择"订单"表，单击"浏览"按钮，结果如图 2-27 所示。

可以看出，运货费数字前加上了$符号，货主邮编的标题发生了改变。当新增加记录时，订单 ID 自动填充为 10000，如果输入的"订单 ID"小于 10000，将显示"订单号不能小于 10000"出错提示。

订单id	客户id	雇员1	订购日期	到货日期	发货日期	运货商	运货费	货主名称	货主地址	货主的邮政编码
10248	ANTON	7	07/15/96	08/01/96	07/16/96	3	$32.38	余小姐	光明北路 124 号	111078
10249	SPLIR	6	07/05/96	08/16/96	07/10/96	1	$11.61	谢小姐	青年东路 543 号	440876
10250	HANAR	4	07/08/96	08/05/96	07/12/96	2	$65.83	谢小姐	光化街 22 号	754546
10251	VICTE	3	07/08/96	08/05/96	07/15/96	1	$41.34	陈先生	清林桥 68 号	690047
10252	SUPRD	4	07/09/96	08/06/96	07/11/96	2	$51.30	刘先生	东管西林路 87 号	567889
10253	HANAR	3	07/10/96	07/24/96	07/16/96	2	$58.17	谢小姐	新成东 96 号	545486
10254	CHOPS	5	07/11/96	08/08/96	07/23/96	2	$22.98	林小姐	汉正东街 12 号	301256
10255	RICSU	9	07/12/96	08/09/96	07/15/96	3	148.33	方先生	白石路 116 号	120477

图 2-27

C 匹配字段类型到类

在"匹配字段类型到类"中有"显示库"和"显示类"两项内容。在设计表单时,一般要对表单上的控件和表中的数据进行绑定,可以采取从数据环境中拖动字段的方法完成这一工作。拖动到表单上的控件默认情况下,一般均为文本框。如果有一个"性别"字段,希望每次拖到表单时,显示为单选按钮,此时就要设置该项内容。

如果"订单"表中"订单 ID"从数据环境中拖动到表单时,希望显示为 Spinner 控件,操作方法是:(1)选择字段"订单 ID",在"显示类"组合框中选择 Spinner 控件,如图 2-28 所示。单击"确定"按钮,保存表结构的修改;(2)在"项目管理器"中选择表单,新建一个表单,在表单上单击右键,选择"数据环境",在"数据环境"中单击"右键",选择"添加",将"订单"表加入到数据环境中,拖动"订单"表中"订单 ID"字段到表单上,显示出来的是 Spinner 控件,而不再是默认的文本框控件。

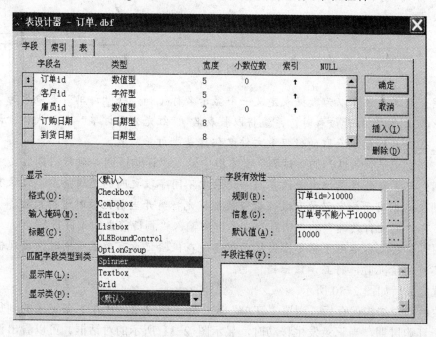

图 2-28

2.3.4.2　记录级别的属性

设置了表字段的属性，一定程度上保证了字段的合理性和有效性，但并不能保证字段间的合理性。要保证字段间的合理性及各记录的合理性，就要设置数据库表的记录级属性。

以"订单"表为例，说明记录级属性的使用和设置方法。

如果要在"订单"表中设定"订购日期"必须在"到货日期"之前的记录级属性，操作方法是：

（1）在"订单"表的表设计器中，单击"表"选项卡，显示结果如图 2-29 所示。

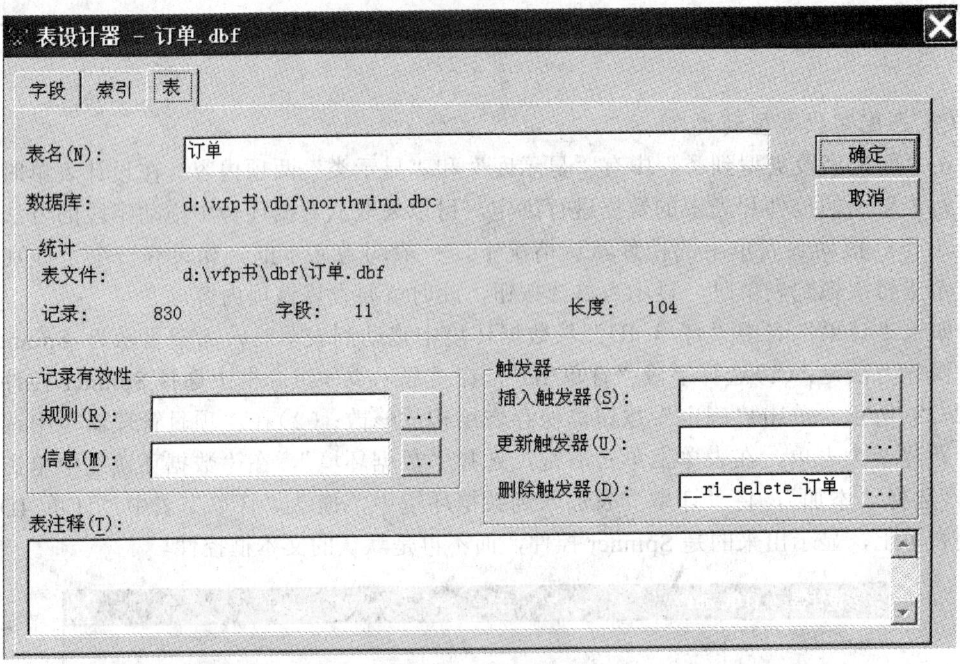

图 2-29

说明：表名属性可以为数据表定义一个显示名称（如：给"订单"表命名为"红光公司订单"表），以后打开该表时，系统将以长表名（"红光公司订单"表）代替"订单"表的表名。但是在磁盘上存取的数据表文件名仍然是"订单"表。

（2）在"记录有效性"的"规则"文本框中输入"订购日期<=到货日期"；

说明：记录有效性属性用于检查同一记录中不同字段之间的逻辑关系。记录有效性区中的规则文本框用于指定记录有效性检查规则，光标离开当前记录时进行校验。

（3）在"记录有效性"的"信息"文本框中输入"到货前必须先订货！"

说明：信息文本框用于指定出错提示信息，在校验记录有效性规则时，发现输入内容与规则不符的情况时，将显示该出错信息。

设置完成后如图 2-30 所示。

修改后的表结构保存后，浏览"订单"表，修改图 2-27 中第 1 条记录的到货日期，使其小于订购日期，当记录发生移动时，显示图 2-31 所示的对话框。可以看出设置记录校验一定程度上可以防止输入中出现的错误。

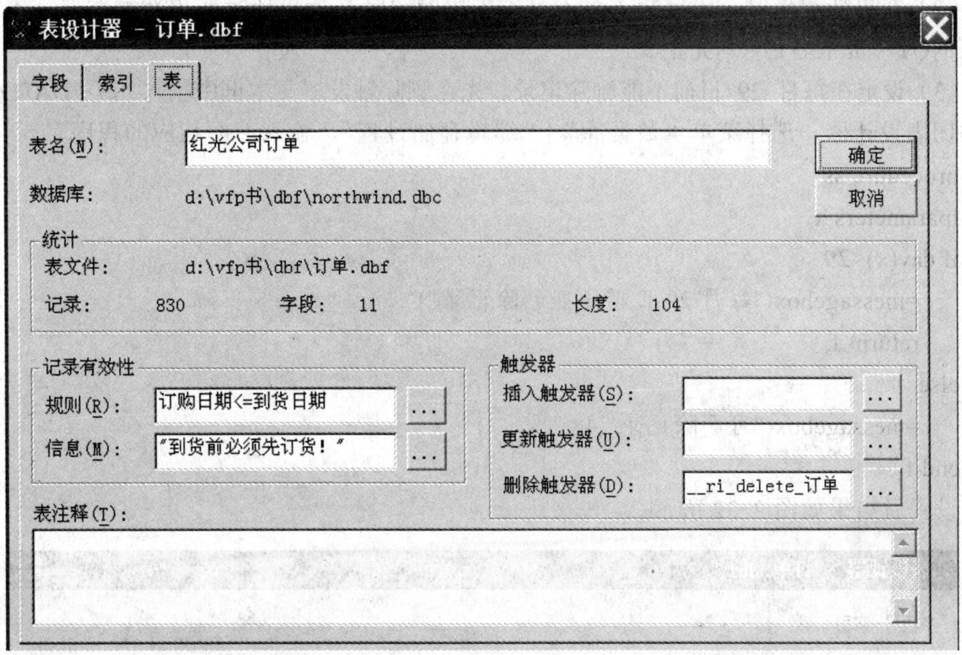

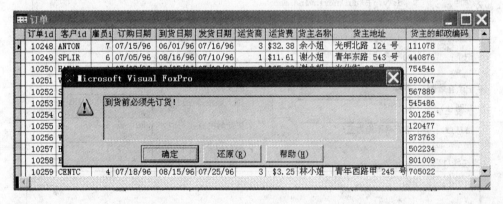

图 2-30

图 2-31

2.3.4.3 触发器属性的设置

对当前数据表进行编辑、修改，会引发某些事件。数据库提供的"触发器"属性可以控制事件执行的合法性，并为每一种事件设计了对应的控制触发器，包括有"插入触发器"、"更新触发器"、"删除触发器"。

在对数据表进行编辑操作时，如果触发器的值为"真"表示检验通过，可以接受对当前记录的编辑修改。如果其值为"假"，将显示出错信息，不允许对当前记录进行编辑修改。

下面以订单表为例来说明三种触发器的用法：

（1）当要求插入或追加记录时订单号的范围只能在 10000～99999 之间，在插入触发器文本框中输入"订单 ID>=10000 AND 订单 ID<99999"

（2）在更新记录时，设定货主名不是刘先生的记录都能更新，在更新触发器文本框中输入 NOT（货主名称='刘先生'）

（3）设定在每月 29 日前不能删除记录。先在删除触发器文本框中输入 SS（DATE()），再关闭表设计器，选择菜单"数据库"|"编辑存储过程"，输入下面相应的程序。

```
procedure ss
lparameters x
if day(x)<29
    =messagebox("每月 29 日前不能删除记录")
    return .f.
else
    =messagebox("可删除记录",48,"提示")
endif
```

设置后结果如图 2-32 所示。

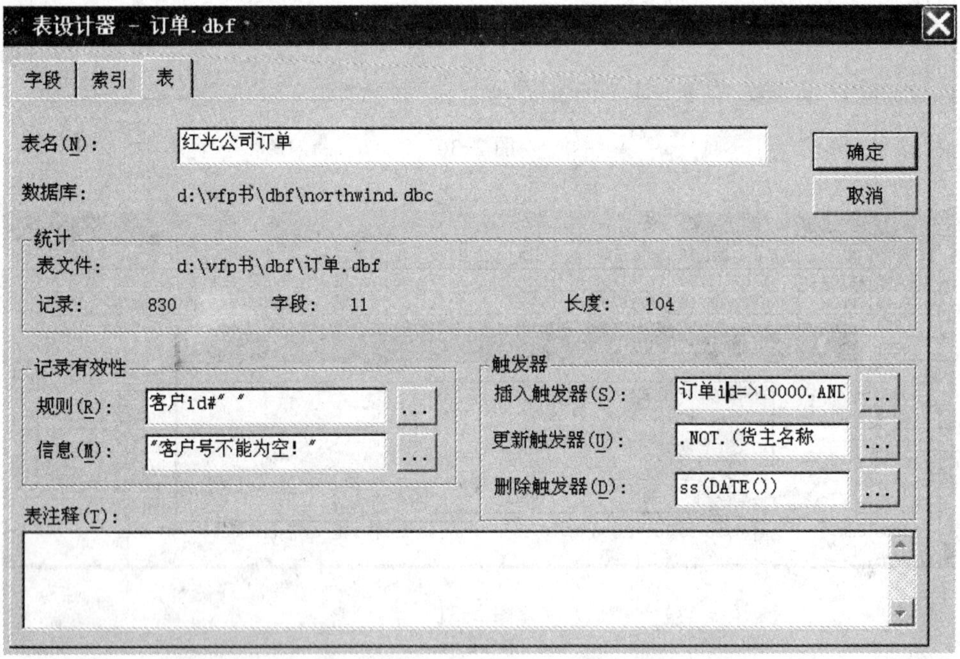

图 2-32

2.4 数据库表的索引与关联

对于已经建好的表，可以利用索引对其中的数据进行排序，以便加快检索数据的速度。可以用索引快速显示、查询或者打印记录，还可以选择记录，控制重复字段值的输入并支持表间的关系操作。

索引并不改变表中所存储记录的顺序，它只改变了 VFP 读取每条记录的顺序。可以为一个表建立多个索引，每一索引代表一种处理记录的顺序。

2.4.1 VFP 索引的分类

2.4.1.1 按扩展名来分类

可以将 VFP 中索引分为两大类：复合索引文件（CDX）和单索引文件（IDX）。复合索引指的是在一个索引文件中可以有多个索引标识，而一个单索引文件中，只能有一个索引标识。单索引文件是为了与老版本的 FoxPro 兼容而保留的，建立一个索引标识就要生成一个 Idx 文件，在 VFP 中一般很少使用它。

复合索引文件可分为结构复合索引和非结构复合索引。结构复合索引的索引文件名与表名是相同的。使用表设计器建立的索引全部是结构复合索引。结构复合索引有一个特点，就是它会随着表文件的打开而自动打开，故而不用使用命令：Set Index To 索引文件名，指定索引。

建立结构复合索引的命令为：

Index On ＜索引关键字＞ Tag 索引标识名 [for ＜条件＞][Compact] [Ascending|Descending][Unique|Candicate]

其中：Ascending| Descending 表示索引是升序还是降序；

Unique 表示建立的是唯一索引；

Cadicate 表示建立的是候选索引；

缺省 Unique 和 Candicate 时建立的是普通索引。

非结构复合索引不能使用表设计器建立，必须使用命令来建立。 建立非结构复合索引的命令是：

Index On ＜索引关键字＞ Tag 索引标识名 Of ＜复合索引文件名＞ [for ＜条件＞][Compact][Ascending| Descending][Unique|Candicate]

【例 2-1】 根据"到货日期"为"订单"表建立一个结构复合索引，命令为：

use 订单

Index On 到货日期 Tag dhrq

执行此二条命令后，浏览"订单"表，则"订单"表中的记录按"到货日期"由小到大排列。

如果用户是通过使用表设计器建立这个索引，浏览"订单"表时，会发现记录并没有按照"到货日期"进行排序。原因分析如下：

由于在复合索引中有多个索引标识，那么谁是当前的主索引标识呢？如果使用的是命令建立的结构复合索引，以最后执行的索引命令中的索引标识作为主索引。如果使用的表设计器建立的索引，要浏览表后，执行菜单"表"|"属性"，在"工作区属性"的对话框中指明索引顺序。

如果使用命令建好结构复合索引后，使用 Close data all 命令关闭所有表文件和索引文件，然后再打开表文件。由于是结构复合索引，故索引文件自动打开，此时直接浏览表时，记录并没有按照"到货日期"排序，因为系统无法确定谁是主控索引。此时就要使用 Set Order To 索引标识来指明主索引。

【例 2-2】 根据"到货日期"为"订单"表建立一个非结构复合索引，命令为：
use 订单

Index On　到货日期　Tag dhrq of dhrqindex

其中：dhrqindex 是非结构复合索引的文件名。

建立非结构复合索引后，如果要使用索引，在打开表后，要使用 Set index to dhrqindex 指定索引文件名，然后使用 Set Order to dhrq 指明主索引是 dhrq。

2.4.1.2　按功能分类

索引除了具有建立记录的逻辑顺序的作用外，还能控制是否允许相同索引关键字值在不同的记录中重复出现，或者允许在永久关系中建立参照完整性。

Visual FoxPro 系统提供了 4 种不同类型的索引，分别是主索引、候选索引、普通索引和唯一索引。表 2-8 列出了各种索引的对照关系，以便掌握各种索引的用法。

表 2-8

主 索 引	候 选 索 引	普 通 索 引	唯 一 索 引
一个表中只能指定一个	一个表中可指定多个	一个表中可指定多个	为了和低版本的软件兼容
字段值是唯一的	字段值是唯一的	字段值不是唯一的	
在数据表中创建，不能在自由表中创建	在数据表中创建也能在自由表中创建	在数据表中创建也能在自由表中创建	

2.4.2　建立数据库表的永久关系和参照完整性

2.4.2.1　建立数据库表间的关系

在一个数据库中可以包含多个表，它们彼此之间不是孤立的，而是存在着各种联系。通过这种联系，可以将数据库中的表在逻辑上形成一个整体。通过链接不同表的索引，"数据库设计器"可以很方便地建立表之间的关系，因为这种关系作为数据库的一部分保存起来，所以称为永久关系。每当用户在"查询设计器"或"视图设计器"中使用表，或者在创建表单时所用的"数据环境设计器"中使用表时，这些永久关系将作为表之间的默认链接，在 Visual FoxPro 系统提供了 2 类联系。

一对多（1∶m）：指当前表中的一条记录可以对应另一个表中的多条记录。

一对一（1∶1）：指当前表中的一条记录可以对应另一个表中的一条记录。

现实生活中事物和事物间存在 3 种联系，除 1∶1 和 1∶m 外，还有一种联系是 m∶n（多对多）。在目前关系数据库中不能直接处理这种联系，而是将 1 个 m∶n 变成 2 个 1∶m。比如客户和产品，就是典型的多对多关系，1 个客户可以订购多种产品，1 种产品可以有多个客户订购。在示例中建立的 Northwind 数据库中，将其分成两个 1∶m，为此引入了 1 个"订单明细"表。"订单"与"订单明细"是 1∶m 的关系，"产品"与"订单明细"也是 1∶m 的关系。

刚开始学习数据库时，有两个问题需要弄清楚。一是为什么数据库中有这么多表？二是能否将多个字段名少的表合并成一个大的数据表，这样在编制程序时，岂不是简单？如将"订单明细"表的全部字段都加到"订单"表中。如果将二者合并在一起，显示记录时，结果如图 2-33 所示。

从图中可以看出，对每个客户如 ANTON，前几个数据列"订单 ID"、"客户 ID"、"雇员 ID"、"订购日期"、"货主名称"、"货主地址"都是相同的，这样为如果 ANTON

的订单有 100 条，这几列的数据要重复 100 次，存在着严重的数据冗余。数据冗余的结果一方面是浪费存储空间，另一方面更主要的是数据冗余会引起数据不一致，如在输入 10248 订单时，由于输入失误将货主名称误输为"佘小姐"，这样同一订单就出现两个货主。

订单id	客尸id	雇员id	订购日期	货主名称	货主地址	产品id	单价	数量	折扣
10248	ANTON	7	07/15/96	佘小姐	光明北路 124 号	17	14.00	5	0.50
10248	ANTON	7	07/15/96	佘小姐	光明北路 124 号	42	9.80	10	0.00
10248	ANTON	7	07/15/96	佘小姐	光明北路 124 号	72	34.80	5	0.00
10249	SPLIR	6	07/05/96	谢小姐	青年东路 543 号	14	18.60	9	0.00
10249	SPLIR	6	07/05/96	谢小姐	青年东路 543 号	51	42.40	40	0.00
10250	HANAR	4	07/08/96	谢小姐	光化街 22 号	41	7.70	10	0.00
10250	HANAR	4	07/08/96	谢小姐	光化街 22 号	51	42.40	35	0.15
10250	HANAR	4	07/08/96	谢小姐	光化街 22 号	65	16.80	15	0.15
10251	VICTE	3	07/08/96	陈先生	清林桥 68 号	22	16.80	6	0.05
10251	VICTE	3	07/08/96	陈先生	清林桥 68 号	57	15.60	15	0.05
10251	VICTE	3	07/08/96	陈先生	清林桥 68 号	65	16.80	20	0.00

图 2-33

对于"订单"和"订单明细"这种存在 1 : m 关系的表，是不能将其合并在一起的，否则数据冗余，导致数据不一致。

目前基本上所有的 DBMS 都能建立表与表间的关系，为什么要建立表与表之间的关系？以"订单"和"订单明细"为例，说明这个问题。

（1）在"订单明细"数据输入时，如果输入的"订单 ID"在"订单"表中不存在，输入的"产品 ID"在"产品"表中不存在，对此应该采取什么措施？

（2）在"订单"表中，由于某种原因要删除 10248 号订单，在将此订单从"订单"表中删除后，"订单明细"表中的该订单内容将成为数据垃圾，因为只有订单 ID，此订单是谁的，将不得而知。

（3）在"订单"表中，如果修改"订单 ID" 10248 为 30248，那么在"订单明细"表中 10248 号订单该如何处理？如果不采取处理措施，该订单的信息也将成为数据垃圾。

在早期的 Foxpro 中由于没有数据库的概念，无法建立表和表之间的永久性关系，在处理以上问题时，需要专门编制相关程序。VFP 中这部分工作可由系统自动完成，编程人员需要做的工作是正确建立表的索引，在此基础上建立表与表间的关系，设置关系的参照完整性。

下面以订单表和订单明细表来说明如何建立一对多的永久关系。

要建立两个表之间的"一对多"关系，首先要使两个表都有同一名称、属性的字段；然后定义父表中该字段为主索引字段或候选索引字段，子表中与其同名的字段为普通索引字段，步骤如下：

（1）打开已经建好的"订单"表的表设计器，单击"索引"选项卡，显示界面如图 2-34 所示。

建立索引时，索引名可以自己定义，索引类型根据需要可以选择表 2-7 中的一种。如果要建立的是一对多关系，主表（指 1 : m 关系中的 1 方）要建立主索引或候选索引。索引表达式一般是字段名的表达式，可以自己输入也可借助表达式生成器生成。筛选指的是对符合条件的记录进行索引。在"订单"表中要以"订单 ID"建立主索引。

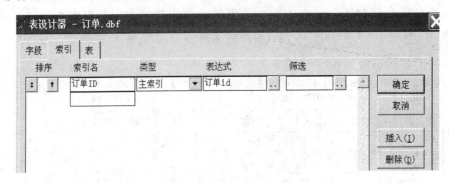

图 2-34

（2）以同样的方式，在"订单明细"表中以"订单 ID"作为索引表达式，建立一个名为"订单 ID"的普通索引。要建立 1∶m 关系，子表（1∶m 的 m 方）中要以主表中相同的表达式，建立普通索引。

（3）关闭表设计器，选中"订单"表中"订单 ID"，拖动到"订单明细"表中"订单 ID"，如图 2-35 所示，VFP 根据二者的索引关系，用一条线为这两个表建立 1∶m 关系，这条线就是关联线。

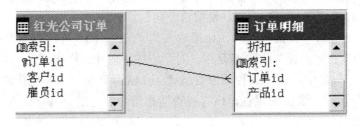

图 2-35

2.4.2.2　参照完整性

简单地说，参照完整性就是一个规则系统，它可以避免用户意外地删除或者修改数据。一般的 DBMS（数据库管理系统），都提供了此规则系统。在"订单"和"订单明细"中，如果在"订单明细"中输入数据时，输入的"订单 ID"在"订单"表中不存在，或者是在"订单"表中修改或者删除"订单明细"表中已存在的"订单 ID"时，一般都要设置参照完整性。

VFP 中设置参照完整性的方法是：

（1）选择"订单"和"订单明细"中建立的永久关联线，单击右键，从弹出的快捷菜单中选择"编辑参照完整性"，显示"参照完整性生成器"，如图 2-36 所示。要注意的是如果在未设置参照完整性前在数据库表中已输入数据，在设置参照完整性前要先"清除数据库"，方法是在数据库设计器中，执行菜单"数据库"|"清理数据库"。

（2）在参照完整性生成器中有三个选项卡，分别为"更新规则"、"删除规则"和"插入规则"。

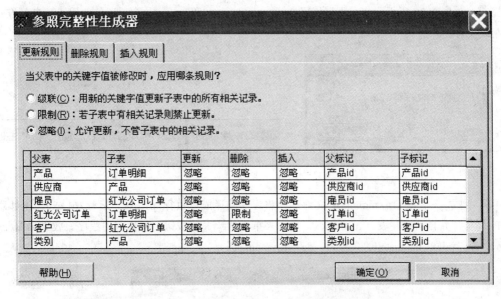

图 2-36

"更新规则"选项卡用于指定修改父表中关键字值时所用的规则。

级联：在更新父表时，用新的关键字值更新子表中的所有相关记录。

限制：在更新父表时，若子表中有相关记录则禁止更新。

忽略：允许更新父表，不管子表中的相关记录。

"删除规则"选项卡用于指定删除父表中记录时所用的规则。

级联：在删除父表记录时，同时删除子表中所有相关记录。

限制：在删除父表记录时，若子表中有相关记录，则禁止删除。

忽略：在删除父表记录时，不管子表中的相关记录

"插入规则"选项卡用于指定在子表中插入新记录或更新已存在的记录时所用的规则。

限制：若父表中没有匹配的关键字值，则禁止插入。

忽略：可以随意在子表中插入记录。

在图 2-37 中，由于在 Northwind 数据库中建立了多个表间的关系，故列出了多个父表和子表间关系设置，供用户选择。要设置"订单"和"订单明细"的参照完整性规则，在图 2-37 的列表框中，选择父表是"订单"，子表是"订单明细"的记录行，分别更改"删除"、"插入"和"更新"的规则，单击"确定"按钮，保存对参照完整性的修改。

课后练习题

1. 通过_screen 对象，练习将屏幕大小设置为 500*500，改变屏幕上输出字体为隶书，字体大小为 20 后，输出"数据库程序设计"，改变标题栏上的 为 。

2. 用项目管理器建立一个程序文件，运行程序文件，显示一个对话框，对话框中显示文字"我知道你按了哪个按钮"，如图 2-37 所示。当单击不同的按钮后，用 Wait window 语句给出不同

的提示，如图 2-38 所示。分支语句使用 do case，do case 和 wait window 语句的用法请自己查看一下帮助文件。

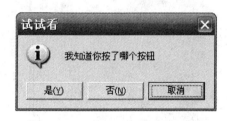

图 2-37 图 2-38

3．建立一个主程序 main.prg 文件，并将程序编译成可执行 p1.exe。运行 p1.exe，能够隐藏 VFP 屏幕，并自动打开表单 main.scx，单击表单上的 ❌ 关闭按钮，结束应用程序。效果如图 2-39 所示。（运行表单 main.scx 的命令为：do form main.scx）

图 2-39

4．填空题

（1）关闭 Visual FoxPro，可在命令框中输入命令_____。

（2）通过_____可以将应用程序编译成可执行文件。

（3）在项目管理器中要设置某文件为_____，作为程序的入口。

（4）在主程序中执行了命令 read event，在退出系统应用程序前，一定要执行_____语句，否则不能退出 Visual FoxPro。

（5）Visual FoxPro 中使用_____可向屏幕或者表单上输出信息。

（6）设置参照完整性时，更新规则为"级联"时，若修改主表中的关键字段的值，则_____。

（7）数据库表的索引有 4 种类型，分别为_____，普通索引，唯一索引和候选索引。

（8）确定主索引，可使用的语句是_____。

（9）存在于数据库表中的主索引，一个表只能有_____个。

5．选择题

（1）下列叙述中正确的是_____。

　　（A）索引改变记录的逻辑顺序　　　（B）索引改变记录的物理顺序

　　（C）索引要建立一个新表　　　　　（D）创建索引并不需要创建新文件

（2）下列叙述中正确的是_____。

（A）只有数据库表才能建立索引　　（B）自由表可以建立主索引

（C）索引文件可以单独使用　　　　（D）索引文件不能自动打开

（3）两个表建立 1：m 永久性关联，主表的字段必须建立_____索引。

（A）主索引　　　　　　　　　　　（B）唯一索引

（C）单项索引　　　　　　　　　　（D）普通索引

（4）只能使用命令建立的索引是_____。

（A）结构复合索引　　　　　　　　（B）非结构复合索引

（C）主索引　　　　　　　　　　　（D）单项索引

6．操作题

建立一个学生数据库 xs，其中包括三个表：student、class 和 score，三个表的结构见表 2-9～表 2-11。建立索引，建立三个表的参照完整性，为表中输入记录。

表 2-9（student）

字 段 名	字 段 类 型	长 度	小 数 位 数
学 号	字 符	6	
姓 名	字 符	10	
性 别	字 符	2	
出生年月	日 期	8	
电 话	字 符	13	
住 址	字 符	20	
照 片	通 用	4	

表 2-10（class）

字 段 名	字 段 类 型	长 度	小 数 位 数
课程号	字 符	6	
课程名	字 符	20	
上课时间	日 期	8	
上课地点	字 符	10	
任课教师	字 符	10	

表 2-11（score）

字 段 名	字 段 类 型	长 度	小 数 位 数
学 号	字 符	6	
课程号	字 符	6	
成 绩	数值型	5	1

3 Visual FoxPro 的语言基础

要学好 VFP 就要熟练掌握 VFP 的语法结构和函数。由于 VFP 中继承了 DB3 和 FoxPro 的大多数命令，再加上 VFP 面向对象的语法和函数，使得其函数和命令众多。本章介绍的是一些关于这方面的必要知识。

3.1 数据类型

与其他程序设计语言一样，VFP 提供了多种数据类型，可以将数据存入各种类型的表、数组、变量或其他容器中。

VFP 中的数据类型分为两大类：一类用于变量和数组，另一类则用于表中的字段。它们是：字符型、货币型、数值型、浮点型、日期型、日期时间型、双精度型、整型、逻辑型、备注型、通用型、字符型（二进制）和备注型（二进制）。其中，浮点型、双精度型、整型、备注型、通用型、二进制字符型和二进制备注型只能用于表中的字段。

（1）字符型数据(Character)是不用计算的文字数据，可由字母（汉字）、数字、空格和 ASCII 码字符组成。字符数据的长度为 0~254，每个字符占 1 个字节。

（2）数值型数据(Numeric)是描述数量的数据类型。可细分为(数值型、浮点型、双精度型、整型、货币型)

（3）日期型数据(Date)是用于表示日期的数据。

（4）日期时间型数据(Date Time)是描述日期和时间的数据。

（5）逻辑型数据(Logic)是描述客观事物真假的数据，只有真(.T.)和假(.F.)两种值。

（6）备注型数据(Memo)。用于存储较长字符型数据类型，只能用于数据表中字段的定义。在表中备注字段占 10 个字节，并用这 10 个字节来引用备注字段的实际内容，实际内容的多少只受内存可用的存储空间的限制。

由于备注型字段的实际内容变化很大，不能直接将备注内容存储在 DBF 文件中，系统将备注内容存储在一个相对独立的文件中，该文件的扩展名为 DBT。

由于没有备注型的变量，在对备注型字段处理时，需将其转换成字符型变量，然后使用字符型函数进行处理。

（7）通用型数据(General)。用于存储 OLE 对象的数据，只能用于数据表中字段的定义。该字段包含了对 OLE 对象的引用，而 OLE 对象的具体内容可以是一个电子表格、一个字处理器的文本、图片等，是由其他应用软件建立的。

3.2 常量和变量

3.2.1 常量

常量是指其值固定不变的数据，Visual FoxPro 中常量有以下 6 种类型。

3.2.1.1 字符型常量

字符型常量(C)是用定界符括起来的字符串。定界符可以是" "、' '、和[]。如果在字符串中有 3 种定界符中的一种如''，那么此字符串的定界符要使用另一种，在书写 SQL 语句时常常要用到这一点。如在书写一个 SQL 语句的字符串"select * from student where name='张三' "。"张三"是字符，需要使用定界符将其括起来，由于字符串外边已经有一个" "，故"张三"的定界符要改成' 或者[]。

3.2.1.2 数值型常量

数值型常量(N)由数字 0～9 字符、小数点和正负号组成，如：123、–123、0 等。

3.2.1.3 逻辑型常量

逻辑型常量(L)表示逻辑判断结果"真"或"假"的符号组成。输入逻辑"真"值，可用.t.、.T.、.Y.、.y.表示，输入逻辑"假"值，可用.n.、.N.、.F.、.f.表示。

3.2.1.4 日期型常量和日期时间型常量

日期型常量(D)是表示日期的，日期时间型常量(T)表示日期和时间。

日期型常量要用{}括起来，例如{08/30/2004}，{8/30/04}，空白的日期可表示为{}或{/}。

日期时间型常量的写法如{8/30/1980 12:30}，空白的日期时间可表示为{/:}。

还有一种严格的日期格式为：{^yyyy-mm-dd[,][hh][:mm[:ss]][a|p]，分别表示年月日时分秒上下午。格式中的^表明该日期是严格的，并且要按照年月日的格式来解释日期和时间，格式中的-号可用/代替。

默认情况下 VFP 使用的是严格的日期格式，故赋值 x={09/30/1980}是错误的，而必须写作 x={^1980/09/30}。如果要使用通常的日期格式，必须先执行 Set StrictDate To 0 命令，否则会引起错误。如果要设置严格的日期格式，可执行命令 Set StrictDate To 1。

3.2.1.5 货币型常量

货币型常量是数值常量的货币格式，如：$123.45。

3.2.2 变量

在命令操作和程序运行过程中其值允许变化的量称为变量。VFP 中的变量有三种类型：内存变量、字段变量和系统变量。

3.2.2.1 内存变量

内存变量可用来存储数据，定义内存变量时需要为其取名并赋初值，内存变量建立后存储在内存中。

A 内存变量赋值

VFP 中内存变量的赋值有两种方法，格式 1 为：

内存变量=表达式

格式 2 为：

Store　表达式　to　内存变量列表

使用格式 2 可以使用一条语句为多个变量赋值，而格式 1 一次只能为一个变量赋值。

如：Store 100 to x,y,z &&将变量 x,y,z 赋值为 100。

s="数据库" &&将字符串"数据库"赋值给变量 s。

B　　显示表达式的值

除了借助面向对象的方法来显示表达式值外，可以直接使用？和？？来显示表达式的值。格式为：?|??表达式

?表示的是从屏幕下一行的第一列起显示结果。

??表示从当前行的当前列起显示结果。

如在命令框中输入：? "计算机系列丛书"

语句执行后如果再输入：? "数据库"，字符串"数据库"和"计算机系列丛书"在屏幕上成两行显示；如果再输入的是：?? "数据库"，则"数据库"紧接在"计算机系列丛书"的后边显示在屏幕上。

3.2.2.2　数组

数组是一组有序数据值的集合，其中的每一个数据值称为数组的元素。对于每一个数组元素，可以通过一个数值下标被引用。在 VFP 中，一个数组中的数据可以是不同的数据类型。

VFP 中的内存变量在使用前可以不用声明，但使用数组时要提前声明。声明的方式为：

使用 Declare|Dimension 命令

如：Declare x(5),ab(2,2)，声明了一个数组名为 x 的一维数组和数组名为 ab 的二维数组。数组 x 下标的上界为 5，其下界规定为 1，故该数组有 5 个数组元素，分别为 x(1)，x(2)，x(3)，x(4)，x(5)。对于二维数组 ab，将第 1 个下标 2 称为行标，第 2 个下标 2 称为列标，故二维数组 ab(2,2)共有 4 个元素，分别表示为 ab(1,1)，ab(1,2)，ab(2,1)，ab(2,2)。

在 VFP 中最多可以定义为二维数组。

使用 Public 命令

如 Public m(3)，定义了一个全局数组 m。

在定义数组后，如果没有为数组中的元素赋值，默认情况下其值为.F.。二维数组各元素在内存中按行的顺序存储，可以按一维数组表示其数组元素。如数组元素 ab(2,2)表示第 2 行第 2 列，也可以用 ab(4)表示。

如果要清除内存变量，可使用命令：

Release　内存变量表

如 Release x,y,z

3.2.2.3　字段变量

字段变量是数据库系统中的一个重要概念。所谓字段变量就是指数据表中任意一个字段(任意一个属性)。在一个数据表中同一个字段名下有若干不同的数据值，它是随记录的变化而改变的，所以称之为字段变量。字段变量的数据类型与该字段定义的类型一致。字段变量的类型有字符型、数值型、浮点型、双精度型、整型、日期型、日期时间型、逻辑型、通用型、备注型等。

字段变量只有在数据表或自由表已经打开的情况下才能使用，使用命令如 use 打开某

一个数据表的过程，实际上就是将字段变量调入内存的过程。

如果在程序中内存变量和字段变量重名，VFP 优先使用的是字段变量。如：

use 订单明细 **&&**打开"订单明细"表

?订单 id **&&**显示字段变量的值为 10248。

如果在命令框中输入：订单 id=500，再次执行：?订单 ID，显示的结果还是 10248，而不是 500。在这种情况下如果要指定变量"订单 id"是内存变量而不是字段变量，可以通过"m->订单 id"的方法实现。

为了避免由于这种情况带来的不必要的麻烦，建议在命名内存变量时，最好不要与字段变量重名。

3.2.2.4 系统变量

系统变量是 VFP 自动生成和维护的变量。为了与一般变量区分，VFP 中的系统变量都有是以下划线 "_" 开头。分别用于控制外部设备、屏幕输出格式、处理有关计算器、日历、剪贴板等方面的信息。下面是系统变量的几个例子：

_Tally：最后执行表操作命令后表中的记录数。

_ClipText：剪贴板中包含的内容。如：_ClipText="数据库"，将字符串"数据库"放到剪贴板中。

_Calcvalue：存放在计算器显示屏上的值。

执行下边两条语句后，将打开计算器，并在计算器显示屏上显示数值 500。

STORE 1234 TO _CALCVALUE

ACTIVATE WINDOW calculator

3.3 函数和表达式

3.3.1 函数

VFP 提供函数有 200 多个，这些函数包括有：字符串处理函数、数值型函数、日期时间处理函数、逻辑函数、判别函数等。

3.3.1.1 函数的组成

函数是由函数名、参数和函数值三要素组成的。函数名起标识作用；参数是自变量，一般是表达式，写在函数名后边的（）内；函数运算后会有一个值，称为函数值。

有的函数缺少参数，但仍然具有返回值，如 Date()返回系统当前的日期。

3.3.1.2 函数的类型

函数的类型指的是函数返回值的类型。在表达式中嵌入函数时，一定要了解函数值的类型，否则会出现数据类型不匹配的错误。

要检测函数的类型，可以使用函数 Type()完成。如：

?Type("year(Date())")

屏幕上显示为 N，表明 year(Date())是数值型函数。

说明：使用 Type()函数检测数据类型时，需要用 ""将要检测的变量或函数括起来。

A 数值型函数

ABS(X)   取 X 绝对值函数

SQRT(X)   求 X 平方根函数

INT(123.56)   取整函数，返回值为 123

ROUND(123.56,1)   四舍五入函数，返回值为 123.6

MOD(8,3)   取模（取余数）函数，返回 2。

RAND(数值表达式)   返回 0 到 1 的随机数（包括 0，但不包括 1），如果要产生一个

N～M（M>N，包括 M,N）的随机数，表达式是：Int(rand()*(M-N+1)+N)

要产生随机英文字母：英文字符 A 的 ASCII 码为 65，26 个大写字母的 ASCII 码值的范围是 65～90，因此可以先用 rand 函数产生一个 65～90 之间的随机整数，然后将该随机整数视为 ASCII 码，通过 chr 函数将其转换成对应的字符，其实现语句为：

num=int(rand()*26)+65

letter=chr(num)

以上语句每一次可以产生一个随机英文字母，借助循环控制语句，就可以产生随机英文字母序列。一些英文打字训练软件范文就是利用这种方法产生的。

B   字符串函数

STR(<数值表达式 1>[,<数值表达式 2[,<数值表达式 3>]>])

将<数值表达式 1>转换为长度为<数值表达式 2>位具有<数值表达式 3>位小数的字符串。如 str(234.56,5,1) 的值是字符串 234.6。

SUBSTR(字符串，起始位置[, [长度]])

在指定字符串中，从起始位置开始取出指定长度的字符串。

如 Substr("abcde",2,3)为"bcd"。

使用此函数时要注意的是：如果截取的字符串是汉字，起始位置应为奇数，长度应为偶数。如 Substr("冶金工业出版社",3,4)，结果为"金工"。如果省略截取长度的参数，则子串截取到字符串最后一个字符。

LEN(字符串)

测试字符串的长度。

如：Len("北京科技大学")，结果为 12。

AT(<字符表达式 1>,<字符表达式 2>[,<数值表达式>])

返回字符串<字符表达式 1>在<字符表达式 2>中第<数值表达式>次出现的位置，如果缺省<数值表达式>，即求第 1 次出现的位置。

如：At("山", "山羊上山山碰山羊脚", 2)，结果为 7

ALLTRIM(<字符串>)

删除字符串前边和后边的空格。

如 Alltrim(" abcd")，结果为"abcd"

SPACE(<数值>)

返回空格。

如"北京"+Space(5)+ "大学"，在"北京"和"大学"间加 5 个空格。

VAL(<字符表达式>)

将字符串转变成数值。

如 Val("36.78")，结果为 36.78。

如果 Val()参数的第 1 个字母不是数字，则转换后结果为 0。

如：Val("2a.5")，结果为 2.00；Val("a123")结果为 0。

CHR(<数值表达式>)

以<数值表达式>表示的 ASCII 返回字符。

如：Chr(13)表示回车 ；Chr(10)表示换行；Chr(27)表示"ESC"键

ASC(<字符表达式>)

返回字符的 ASCII 码值。

如 Asc("A")为 65

INLIST(eExpression1,eExpression2[,eExpression3 ...])

函数返回逻辑值或空值，在 eExpression1 不为空情况下，如果在 eExpression2 [,eExpression3 ...]中能找到 eExpression1，返回值为.T.，否则为.F.。

C   日期时间函数

DATE(   )取系统日期

TIME(   )取系统时间

DOW(<日期表达式>) 根据日期表达式返回数值。2009/04/02 是星期四，?dow({^2009/04/02})输出结果为 5。

YEAR(<日期表达式>) 返回年份。如 Year(Date())返回系统当前年

CTOD(<字符表达式>) 将<字符表达式>转换为日期。

DTOC(<日期表达式>) 将<日期表达式>转换为字符

CDOW(<日期表达式>)将<日期表达式>转换为星期，返回值为字符串。

D   判别函数

BOF([<工作区>])

记录指针指向首记录之前时返回.T.，否则为.F.。如执行下边语句：

use 订单

?bof()   &&结果为.F.

skip -1

?bof() &&结果为.T.

BOF([<工作区>])

记录指针指向末记录之后时返回.T.，否则为.F.。如执行下边语句：

use 订单

go bottom &&转到最后一条记录

?eof()   &&结果为.F.

skip

?eof() &&结果为.T.

FOUND([<工作区>])

使用 locate、continue、seek、find 等查找记录时，如果查找到指定条件的记录，返回为.T.，否则为.F.。

FILE([<字符表达式>])

文件<字符表达式>存在时返回.T.，否则返回.F.。

如：判断 c:\lbs.dbf 是否存在，可使用 file("c:\lbs.dbf")来判断此文件是否存在。

E　其他一些函数

RECNO([<工作区>])

返回当前工作区中当前记录的记录号。

RECCOUNT([<工作区>])

返回当前工作区表中的记录数。

3.3.2　表达式

3.3.2.1　数值表达式

运算符：+、−、＊、／、^(或**)、%（取模）、还可以有( )

优先级：( )、^或**、*、+−

3.3.2.2　字符表达式

运算符：+、−、$

A　完全连接 "+"

格式：串 1+串 2+……+串 n

功能：将 n 个字符串合并为一个字符串。

B　完全连接 "—"

格式：串 1—串 2……—串 n

功能：将 n 个字符串的尾部空格移到合并后的串尾，没有空格的部分合并为一个字符串。

例如：?　"北京科技　□□□"+"大学□□"

结果：　　"北京科技　□□□大学□□"

　　　　?　"北京科技　□□□"—"大学□□"

结果：　　"北京科技大学□□□□□"

其中：□表示空格。

C　包含运算符 "$"

格式：子串$父串

功能：如果串 1 是串 2 的子串，则运算结果为.T.，否则为.F.

例如：?　"COMPUTER"$"TER"

结果：.F.

3.3.2.3　关系表达式

运算符：>(大于)、<(小于)、＝(等于)、＝＝(完全相等)、>=(大于等于)、<=(小于等于)、<>、#、!（不等于）

结果：逻辑值. T. 或. F.

例如：?　3>5

结果：.F.

说明：（1）对数值的比较：按数值大小比较。（2）对字符比较：按字符的 ASCII 码比较。（3）对日期值比较：先比年份，然后比月份，最后比日期（日期在前小，日期在后大）。（4）对逻辑型无关系比较。

3.3.2.4 逻辑表达式

运算符：AND(与)、OR(或)、NOT(！非)

优先级：NOT、AND、OR

逻辑表达式实际上是一种判断条件，条件成立则表达式值为.T.，条件不成立则表达式值为.F.。

例如：找出"订单"表中货主城市是"北京"、货主名称是"谢小姐"的记录

货主城市="北京".AND. 货主名称="谢小姐"

例如：找出"订单明细"表中单价不等于14，折扣为0.15的记录

.NOT.单价=14 .AND. 折扣=0.15

3.3.2.5 时间与日期表达式

日期或日期时间的运算，以运算符+表示数据相加，以运算符–表示数据相减。时间与日期数据间可以相减，时间、日期数据与数值可以相加减。

3.4 Visual FoxPro 的常用命令

VFP 支持面向对象的程序设计，同时也支持面向过程程序设计。程序总是由命令、函数及 VFP 可以理解的其他操作组成。VFP 的命令格式为：

<命令动词> [范围] [<字段表达式清单>][for/while <条件>]

（1）命令动词。表示实施一种操作，为了简化键盘输入，VFP 允许命令动词和功能子句中的命令字使用缩写形式，只要写出这些字的前 4 个字母即可，如 CREATE 可简写为 CREA。一条命令中含有多个功能子句时，子句的书写次序无关紧要。如下边两命令含义相同：

Display all fields 姓名 for 年龄>40

Display fields 姓名 all for 年龄>40

一条命令最长为 256 个字符，一行写不下时，用;作换行符。VFP 命令不分大小写，命令动词必须是一条命令的第一项。

（2）FOR <条件>和 While <条件>。<条件>是一个返回值为逻辑值的表达式，如工资<100,姓名="张三"，写成条件为： FOR 工资<100,For 姓名="张三"。while 条件先顺序找出第一个满足条件的记录，再继续找出后续的也满足条件的记录，一旦发现有一个记录不满足条件，就不再寻找。一般 FOR 和 WHILE 条件不同时使用，如果同时使用，WHILE 条件优先。

（3）范围。范围任选项指出了命令所作用的记录范围，其值可有以下 5 种选择：

ALL：范围从首记录开始的全部记录

NEXT N：范围是从当前记录开始的 N 个记录，N 是一个具体的十进制数

RECORD N：范围仅为第 N 号记录

REST：范围为从当前记录开始直到文件结束的所有记录。

（4）表达式清单。此项往往是表文件中字段名的清单，或者是包含字段名的表达式清单，其中的各项用"，"分开。省略此项，一般为全部字段。

需要说明的是：在面向对象程序设计中，有一些传统的 FoxPro 命令一般不再使用，

比如 List、Display 等。面向对象程序中，显示记录时，一般是将其显示在表单的 Grid 控件中。对一些不适合面向对象编程的命令本书中不作详细的介绍。

3.4.1　表维护命令

对表中数据的维护，包括有记录显示、删除、插入、替换等方式。在第 2 章中使用菜单操作建立表时，有一部分命令已经作过介绍，在此将其单独列出来，并作详细的解释。

在 VFP 中对数据库的维护提供了两套命令，一套命令是用户可以使用传统的 FoxPro 命令，进行表记录的操作；另一套命令是使用 SQL 语句进行记录的维护。传统的数据维护，首先是要使用 use 命令将数据表打开，而使用 SQL 语句时，会自动打开要操作的数据表。

3.4.1.1　打开数据表命令 use

格式：use 表名

如打开"订单"表：use 订单

如果在打开"订单"表后，再执行命令：use"订单明细"，则"订单"表被关闭。在许多情况下希望多个表同时被打开，为此 VFP 引入了工作区的概念。在不同的工作区中可以打开不同的数据表，同一个工作区只能打开一个表，当前的工作区只能有一个。这样在打开"订单"表时可以是：use 订单 in 2，表示在第 2 个工作区中打开"订单"表。

3.4.1.2　Select 命令

这里指的不是 SQL 中的 Select，而指的是转向工作区。由于只能有一个工作区是当前工作区，改变当前工作区时，可以使用此命令。例如：

use 订单 in 1 &&在第 1 工作区打开"订单"表

use 订单明细 in 2 &&在第 2 工作区打开"订单明细"表，目前的工作区是 2

select 1 &&当前工作区转向 1

在多个工作区中打开多个表的情况下，要记住工作区号，不太方便，为此 VFP 提供了工作区别名，可以由用户给工作区起个好记的名字，而不是难记的数字。默认情况下如果不指定别名，VFP 使用表名作为别名。

Select 1 &&在 1 工作区

Use 订单

Select 2

Use 订单明细

Select 订单 &&当前工作区转到 1，也可写为 select 1

如果在打开表时给表起个别名，那么在 select 中可以使用此别名。如：

use 订单 in 1 alias dd

use 订单明细 in 2 alias ddmx &&当前工作区是 1

select ddmx &&转到 2 工作区，ddmx 是"订单明细"的别名。

要注意的是 select 0，表示的不是选择 0 工作区，而是表示选择已经打开工作区的最小工作区。

如何在一个工作区中要使用另一个工作区中的字段变量？有两种用法：一种用法是工作区别名.字段名，一种用法是工作区别名->字段名。由于前者和 SQL 语句中字段的用法是一致的，因此一般使用前种用法。

【例 3-1】 查看"订单"表中"订单 ID"是 10255 的客户的联系电话。涉及"订单"表和"客户"表。

Select 1
use 订单
locate for 订单 id=10255 &&找到"订单 id"是 10255 的记录
select 2
use 客户
locate for 客户 id=订单.客户 id
?电话

在当前工作区中引用当前表的字段时，可以省略别名.字段名中的"别名."，如：locate for 客户 id=订单.客户 id 语句就是这样，为了增加程序的可读性，建议在进行多个工作区操作时，最好不要省略"别名."，这样上边的语句为：locate for 客户.客户 id=订单.客户 id。

上例中的语句比较多，如果只是在命令窗口中一条条地输入后运行，下次运行时还要输入，不方便。VFP 提供了程序文件（.prg），可以将许多命令保存起来，然后再运行。建立程序文件的方法是在命令窗口中输入：modify command mytest，其中 mytest 是程序文件名，运行此命令后，将打开 VFP 的程序编辑器，在其中可以输入要执行的 VFP 命令。

3.4.1.3 关闭表文件

可以使用下列命令之一关闭表：

（1）use 命令。

功能：use 命令关闭当前工作区中的表

如：select 1
use 订单
use &&关闭订单

（2）Close Database[All]

关闭当前数据库及其中表；若无打开的数据库，则关闭所有的自由表，并选择工作区 1。带有 All 则关闭所有打开的数据库及其中的表和所有打开的自由表。

（3）Close All

关闭所有打开的数据库与表，并选择工作区 1。同时关闭的还有：关闭表单设计器、查询设计器、报表设计器、项目管理器。

（4）Clear All

关闭所有的表，并选择工作区 1；从内存中释放所有内存变量及用户定义的菜单和窗口，但不释放系统变量。

（5）Close Tables [All]

关闭当前数据库中所有的表，但不关闭数据库。如果没有打开的数据库，则关闭所有的自由表。带有 All 则关闭所有的数据库中的所有的表和所有的自由表，但不关闭数据库。

（6）Quit

通过退出 VFP 关闭。或者在命令窗口中执行 quit 命令退出 VFP。

3.4.1.4　拷贝表与表的结构

（1）复制任何文件

命令格式：Copy File <文件名 1> To <文件名 2>

功能：将<文件名 1>复制到<文件名 2>

说明：在复制表文件时，要保证表处于关闭状态。

（2）从表中复制出表或其他类型的文件

Copy To <文件名>[<范围>][For <条件>][While <条件>][Fields <字段名列表>]

[[Type][SDF|XLS|Delimited[With <定界符>|With Blank|With Tab]]]

功能：将当前表选定的部分记录或部分字段复制生成一个新表或者其他类型的文件。

说明：使用此命令前，必须先使用 use 打开源表。

如果源表中含有备注型字段，复制生成新表时也自动复制扩展名为 FPT 的备注文件。

新文件类型除了可以是表外，还可以是其他类型文件，如文本文件，Excel 文件

（XLS）。文本文件默认扩展名为 TXT，在其中只有数据，没有表结构。

例：复制"订单"表中"订单 ID<10260"的数据到 neworder 表

use 订单

copy to neworder for 订单 id<10260

如果要将"订单"表中"订单 ID<10260"的数据到 Excel 文件 neworder.xls 中，

语句是：

use 订单

copy to neworder for 订单 id<10260 xls

（3）复制表的结构

格式：Copy Structure To <文件名>[Fields <字段名列表>]

功能：仅复制当前数据表的结构到另一个文件中，省略字段列表时，新表中包含源表

的全部字段。

3.4.1.5　记录指针的移动

字段变量的值随着记录指针位置的不同而不同，VFP 提供了一套移动记录指针的

命令。在表打开时，记录指针停在第一个记录上。函数 Recno()返回的是当前记录的记

录号。

（1）Go[to] Top|Bottom

Go[to] top：将记录指针移动到表的第一个记录。

Go[to] Bottom：将记录指针移动到表的最后一个记录。

要注意的是：表的第一条记录不一定是 recno()=1 的记录！Recno()得到的是记录号，

如果使用了索引，记录号是 1 的记录就有可能不是第一记录。

（2）[Go[to]] <数值表达式>

将记录指针指向表的某个记录，<数值表达式>指的是该记录的记录号。

（3）Skip [<数值表达式>]

从当前记录开始移动记录指针，<数值表达式>表示移动记录的个数。如果<数值表达

式>是正数，则指针向文件头移动；如果<数值表达式>是负数，则指针向文件尾移动；缺省<数值表达式>等同于 Skip 1。

（4）Locate 命令

格式：Locate For <条件>[<范围>][While <条件>]

功能：按顺序在指定的范围查询符合条件的第一条记录。

说明：省略范围时，不管当前指针在什么位置，从文件头开始查找。如果找到符合条件的记录，记录指针就指向该记录；在搜索后如果没有找到符合条件的记录，记录指针定位到文件尾部，Eof()为.T.。查找到符合条件的记录后，如果要继续查找满足条件的记录，必须使用 Continue 命令。

【例 3-2】 在"订单"表中查找"订单 id=99999"的订单

建立一个程序文件 cx1.prg，输入以下命令：

```
use 订单
locate for 订单 id=99999
if not found()
messagebox("无有此订单")
else
display
endif
use
```

由于没有"订单 id=99999"的记录，故显示"无有此订单"的对话框。

（5）Seek 命令

格式：Seek <表达式>

功能：在已经确定主控索引的表中按照索引关键字搜索满足<表达式>值的第一个记录。如果找到记录，记录指针就移动到该记录上；找不到记录，则 Found()为.F.，Eof()为.F.。

说明：Locate 是顺序查询命令，使用前表中可以没有索引。而 Seek 是索引查询命令，使用前必须指明主控索引，其查询速度要比 Locate 快。

【例 3-3】 建立一个 cx2.prg 文件，使用 Seek 命令查询"订单"表

cx2.prg 中输入内容如下：

```
use 订单
index on 订单 id tag ddh
seek 10260
if found()
display
else
    messagebox("没有此订单")
endif
use
```

如果在"订单"表中已经根据"订单 id"建立了结构复合索引，则不需要重新建立索

引，将第二条语句改为：set order to ddh，指定主控索引即可。

3.4.1.6　记录的插入和追加

（1）插入新记录

命令格式：Insert [Blank][Before]

说明：使用 Before 子句能在当前记录之前插入一条新记录，缺省 Before 则在当前记录之后插入一条新记录。

使用 Blank 子句立即插入一条空白记录，缺省 blank 时出现记录编辑窗口，等待用户输入记录。

（2）追加新记录

1）Append 命令

命令格式：Append [Blank]

说明：使用 Blank 时在表尾部增加一条空白记录，等待以后填入数据。

如果缺省 Blank 时会出现记录编辑窗口，并且窗口内会有空白的记录位置，等待用户输入数据。

2）Append From 命令

命令格式：Append From <文件名> [Fields <字段列表>][For <条件>]

[[Type] [Delimited [With <定界符>| With Blank |With Tab]|SDF|XLS]]

功能：在当前数据表尾部追加一批记录，这些记录来自另一个文件。

说明：源文件可以是表，也可以是系统数据格式、定界格式等文本文件，或者是 XLS 文件。

执行命令时，源文件不必打开。

3）Append General 命令

命令格式：APPEND GENERAL GeneralFieldName [FROM FileName]

　[DATA cExpression] [LINK] [CLASS OLEClassName]

功能：从文件中输入 OLE 对象到表的通用型字段中。

说明：GeneralFieldName 指的是通用字段的字段名；

FileName：是 OLE 对象的文件名，使用时文件名要包括路径；

DATA cExpression 是要计算的放到通用型字段中的字符表达式；

LINK 指明通用型字段与 OLE 对象名是链接关系；

CLASS OLEClassName 指明 OLE 对象的类名。

【例 3-4】　设计一个如图 3-1 所示的表单，通过程序可以向"类别"表中当前记录的"图片"字段增加产品的照片。

程序运行后，单击"增加图片"按钮，打开如图 3-2 所示的打开图片文件对话框，再选择图片文件后，将选中的图片文件增加到当前记录的"图片"字段中。

操作步骤：

（1）将类别表加入到数据环境中，选择"类别"表的字段，将其拖动到表单上，具体可参照第 4 章的表单。

（2）在表单上增加如图 3-1 所示的命令按钮组。

（3）在"增加图片"命令按钮的 Click 事件中写入代码：

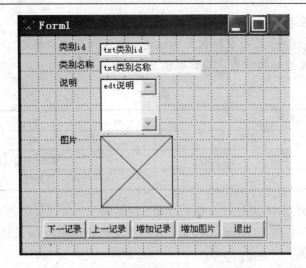

图 3-1

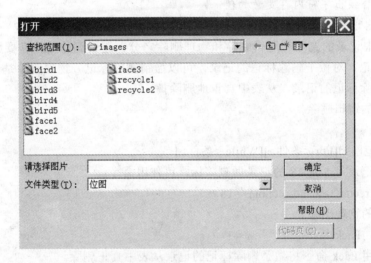

图 3-2

xx=getfile("bmp","请选择图片文件")

if isblank(xx)&&没有选择文件

　　　messagebox("您没有选择图片文件！",48,"增加图片")

else

　　　append general 图片 from &xx

endif

thisform.refresh

（4）其他命令按钮中的代码参考 5.1.3 节。

说明：1）Getfile()函数：选择打开文件对话框，返回选择的文件名。其语法格式为：

GETFILE([cFileExtensions] [, cText] [, cOpenButtonCaption]

[, nButtonType] [, cTitleBarCaption])

其中 cFileExtensions 是打开文件的扩展名；

cText：是显示在打开对话框列表框前的文字；

cOpenButtonCaption：显示在按钮上的标题，默认标题为"确定"；

nButtonType：是按钮的种类，按钮取值见表 3-1。

表 3-1

按 钮 类 型	取　　值
0	确　定
1	确定+新建+取消
2	确定+无+取消

cTitleBarCaption：打开文件对话框的标题。

2）append general 图片 from &xx 中 "&" 是宏代换函数，xx 是选择的图片文件名。宏代换函数的格式为：

&<字符型内存变量>[,<字符表达式>]

其功能是替换出字符内存变量的值。

3.4.1.7　表记录的删除和恢复

在 VFP 中记录的删除有逻辑删除和物理删除之分，逻辑删除是指在要删除的记录上做一个删除标记，对做了删除标记的记录，可以撤销删除标记。物理删除是使用 Pack 命令，对做了删除标记的记录，从表中真正地删除掉。

（1）记录的逻辑删除

命令格式：

Delete [<范围>][For <条件>][While <条件>]

如：要将记录号 5 到 18 的记录做删除标，可使用命令：

Delete for recno()>5 and recno()<=18

（2）记录的物理删除

命令格式：Pack

功能：使用 Pack 命令将做了删除标记的记录从表中真正删除。

（3）记录的恢复

记录的恢复是指去除删除标，但已被物理删除的记录是不可恢复的。

命令格式：

Recall [<范围>][For <条件>][While <条件>]

功能：对当前表中指定范围内满足条件的记录去除删除标记。如果省略全部可选项，只恢复当前的记录。

（4）记录的清除

命令格式：Zap

功能：物理地删除当前表中的全部记录。执行 ZAP 命令，相当于执行 Delete All 和 Pack 两道命令。

3.4.1.8　表数据的替换

命令格式：

Replace <字段名 1> With <表达式 1> [Additive][,<字段名 2> With <表达式

2>][Additive]

......[<范围>][For <条件>][While <条件>]

功能：在当前表指定的记录中，将有关字段的值用相应的表达式来替换。若<范围>与<条件>等选项都缺省，只对当前记录的有关字段进行替换。

例："订单明细"表中将所有产品的单价增加 1%，使用的语句为：

Use 订单明细

Replace All 单价 With 单价*(1+1%)

Additive 用于备注字段，表示将表达式值添加到字段的原有内容后边，而不是替代原有内容。例如：

Use 雇员

Replace 备注 With Chr(13)+"1998 年获得博士学位" Additive &&Chr(13)表示换行。

3.4.2 过滤和统计命令

3.4.2.1 设置过滤器

有时 VFP 中的若干命令都要求满足某种条件，如果每一个命令中都输入一个相同的条件，显然浪费了人力和时间。此时可以使用过滤器将不满足条件的记录"屏蔽"掉，让这些记录在逻辑上消失，当操作完成后，再去除过滤器恢复这些记录。

命令格式：Set Filter To [<条件>]

功能：从当前表中过滤出符合条件的记录，不符合条件的记录将被过滤掉，在此以后的操作仅作用于满足过滤条件的记录。

取消过滤：Set Filter To

在 VFP 中表单中，将表加入到数据环境后，选择表，在属性列表中有一个 Filter 属性，其含义与 Set Filter To 相同。

3.4.2.2 VFP 中的统计命令

（1）Count 命令。

用于统计指定范围内满足条件的记录数。命令格式为：

Count [<范围>][For <条件>][While <条件>] [To <内存变量>]

使用 To <内存变量>将统计后的结果放在此变量中，如果缺省此短语，则统计结果显示在主窗口的状态条中。缺省范围时，指的是所有记录。统计完成后，Eof()为.T.。

例：统计"订单明细"表中订单金额超过 5000 元的订单数量，将统计结果放到变量 result 中。

Use 订单明细

Count for 数量*单价*(1−折扣)>5000 to result

（2）Sum 命令。

命令格式：

Sum [<数值表达式>][<范围>][For <条件>][While <条件>][To <内存变量列表>|Array <数组>]

功能：在打开的表中，对<数值表达式>的各个表达式分别求和。

说明：（1）<数值表达式>中的各表达式的求和数可依次存入内存变量或数组。如果缺省该表达式，则对当前表中所有的数值表达式分别求和。

（2）缺省范围时指表中的所有记录。

例：计算"订单明细"表中全部订单的订单总金额，结果保存在 amount 变量中。

use 订单明细

sum 数量*单价*(1–折扣) to amount

（3）求平均值命令。

命令格式：

Average[<数值表达式>][<范围>][For <条件>][While <条件>]

[To <内存变量列表>|Array <数组>]

功能：在打开所有表中，对<数值表达式>中的各个表达式分别求平均值，其用法与 Sum 完全相同。

3.5　VFP 中的程序设计

前边介绍的操作表命令，运行时都是在命令窗口中进行的，退出 VFP 后，这些命令将不存在。如果将这些命令组织起来，加上判断语句、循环语句，保存起来，就可成为程序文件（扩展名为 prg）。

VFP 程序设计包括结构化程序设计和面向对象程序设计，前者是传统的程序设计方法，如果采用此方法来设计 VFP 程序的用户界面，工作量大，难度大。后者面向对象，用户界面可以使用 VFP 提供的表单设计器等完成，应用程序也可生成，工作量小。但在面向对象程序开发时，仍少不了编写一些程序代码，可以说结构化程序设计是面向对象程序设计的基础。

3.5.1　程序文件

VFP 中将命令文件称为程序文件或程序。本节介绍程序文件的建立和运行的相关命令。

3.5.1.1　程序文件的建立和修改

建立和修改程序文件既可通过命令窗口输入命令完成，也可通过项目管理器完成。

命令格式：modify command <文件名>

功能：打开文本编辑窗口，用来建立或修改程序文件。

说明：程序文件缺省的扩展名为 prg，可以在文件名中包括磁盘名和路径。进入文本编辑窗口后，输完一条语句后，回车，接着输入下一条语句，程序输入完毕后，按 Ctrl+W 保存程序文件。

在项目管理器中选择"代码"选项卡，从列表中选择"程序"后，单击"新建"，进入代码编辑窗口。

修改程序文件时，可在命令窗口中输入：modify command <程序文件名>或者在"项目管理器"的"代码"选项卡的列表中选择要修改的程序文件名，单击"修改"。

3.5.1.2　程序文件的运行

命令格式：Do <文件名>

3.5.1.3 程序文件中的命令

（1）Return。放在程序末尾，使程序结束运行，返回到调用它的上级程序继续执行。如果无上级程序，则返回命令窗口。一般情况下，可以省略 return。

（2）Cancel。使程序运行停止，清除程序的私有变量，并返回到命令窗口。

（3）Quit 命令。退出 VFP 系统时使用。

（4）Wait 命令。在屏幕上显示信息，命令格式为：

Wait [<提示信息文本>][To <内存变量>][window [At <行>,<列>]]

[Nowait][Clear][Noclear][Timeout <数值表达式>]

功能：暂时停止程序的运行，直到用户输入一个字符，也可以用于输出一条提示信息。

说明：（1）<内存变量>用于保存用户键入的字符，如果不选择 To 短语，则输入的数据不保存。

（2）Window 子句使主屏幕上显示一个 Wait 提示窗口，显示的位置由 At 选项决定，如果缺省 At 子句，窗口显示在屏幕的右上角。

（3）使用 Nowait 选项时，系统将不等待用户按键，立即往下执行。

（4）Timeout 子句用来设定等待时间（秒数），时间一到，继续往下执行。

（5）Clear 选项用来关闭提示窗口。Noclear 表示不关闭提示窗口。

【例 3-5】 用 Wait 显示如图 3-3 所示的窗口，要求显示内容为两行，显示信息的窗口在屏幕中央。

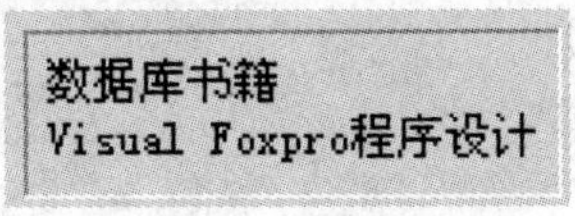

数据库书籍
Visual Foxpro程序设计

图 3-3

可以使用下边两条语句：

showmsg="数据库书籍"+chr(13)+"Visual Foxpro 程序设计"

WAIT WINDOW showmsg NOCLEAR NOWAIT;

AT Srows()/2, (Scols()-Len(showmsg))/2

说明：（1）提示窗口出现后，可以使用 Wait Clear 命令清除。

（2）srows()返回 VFP 主窗口中的行数，scols()返回 VFP 中主窗口的列数。

3.5.2 程序的控制结构

与其他程序语言一样，VFP 中有 3 种控制结构，即顺序结构、分支结构和循环结构。顺序结构按照命令书写的先后顺序依次执行；分支结构根据指定的条件在两条或多条程序路径中选择执行一条；而循环结构则由指定条件的当前值来控制循环体中的语句是否重复执行。

下面介绍分支语句和循环语句。

3.5.2.1 分支语句

A 简单的分支语句

语句格式：

IF <逻辑表达式>

<语句序列>

ENDIF

功能：判断<逻辑表达式>的值，若为.T.，则执行<语句序列>;若为.F.，则执行 ENDIF 后边的语句。流程图见图 3-4。

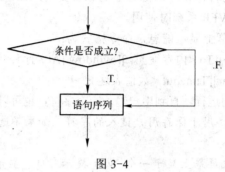

图 3-4

【例 3-6】 在"订单"表中查找订单 ID=10290 订单，如果找到，使用 Display 命令显示在屏幕上，没有找到，给出提示。

建立程序文件 3-6.prg

```
Use 订单
Locate for 订单 ID=10290
If not found()
Messagebox("没有此订单！")
return
Endif
Display
Use
```

B 带 Else 的条件语句

语句格式：

```
IF <逻辑表达式>
    <语句序列 1>
ELSE
    <语句序列 2>
ENDIF
```

流程图见图 3-5。

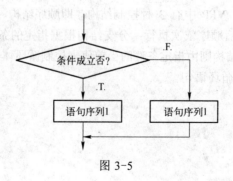

图 3-5

提示：在 VFP 中有一个函数 IIF（），其功能与 IF 语句有相同之处，如执行语句?iif(9>8, "a","b")，其输出结果是"a"，表示如果"9>8"条件成立，输出结果为"a"，否则输出结果为"b"。IIF（）函数可以嵌套着使用，如?iif(9>8,iif(5>6,"good","bad"),"b")，输出结果为"bad"。

C 多路分支语句

```
DO CASE
    CASE <逻辑表达式 1>
    <语句序列 1>
    CASE <逻辑表达式 2>
    <语句序列 2>
    ……
    CASE <逻辑表达式 n>
    <语句序列 n>
    OTHERWISE
    <语句序列 n+1>
ENDCASE
```

流程图如图 3-6 所示。

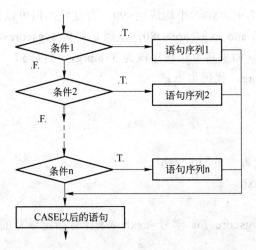

图 3-6

【例 3-7】 根据在 score 表中要查找的学号，计算该生的平均成绩，并给出对该生的评语。评语标准是：平均成绩>=90，为优秀；80=<平均成绩<90，为良好，60=<平均成绩<80，为及格，平均成绩<60，为不及格。

建立程序文件 3-7.prg，代码如下：

```
Close data all
Clear
Use score
Accept "请输入学生的学号" to cxxh
locate for  学号==cxxh
```

```
    If found()
    Average 成绩 to avgscore for 学号=cxxh &&计算指定学号的平均成绩，并将结果放
在变量 avgscore 中
    Do case
        Case   avgscore<60
            Messagebox("不及格")
        Case avgscore<80
            Messagebox("及格")
        Case   avgscore<90
            Messagebox("良好")
        Othercase
            Messagebox("优秀")
    endcase
Else
    Messagebox("没有该学生的成绩记录!")
Endif
use
```

【**例 3-8**】 在例 3-7 中，80=<平均成绩<90，为良好，但可以使用条件 avgscore<90，
而没有写作 avgscore<90 and avgscore>=80，原因是如果 avgscore<80 时，已经先执行了第
二个分支语句。想一想，如果将上边程序改为 3-8.prg，可以吗？

编写程序文件 3-8.prg，代码如下：

```
Close data all
Clear
Use score
Accept "请输入学生的学号" to cxxh
locate for  学号==cxxh
If found()
    Average 成绩 to avgscore for 学号=cxxh &&计算指定学号的平均成绩，并将结果放
在变量 avgscore 中
    Do case
        Case avgscore>=90
            Messagebox("优秀")
        Case avgscore>=80
            Messagebox("良好")
        Case avgscore>=60
            Messagebox("及格")
        Othercase
            Messagebox("不及格")
    endcase
```

```
Else
     Messagebox("没有该学生的成绩记录!")
Endif
use
```

思考：例 3-8.prg 中，如果改变条件判断时的先后顺序，如将 case avgscore>=60 作为第一个判断条件，可以吗？

3.5.2.2   循环结构

A   条件循环

语句格式：

```
DO WHILE <逻辑表达式>
     <语句序列>
ENDDO
```

语句格式中的逻辑表达式称为循环条件，语句序列称为循环体。当循环条件为真时，一直执行循环体，为假时，结束循环。流程图见图 3-7。

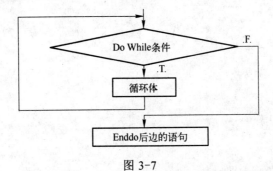

图 3-7

【例 3-9】   使用 Do While 循环，利用公式 $e=1+\dfrac{1}{1!}+\dfrac{1}{2!}+\dfrac{1}{3!}+\cdots+\dfrac{1}{N!}$ 可以求出自然数的底 e 的近似值，要求累加到最后一项值小于 0.0000001 为止。

```
e=0
Item=1
n=1
do while 1/item>=0.0000001
e=e+1/item
item=item*n
n=n+1
enddo
?" 自然数的底 e 的近似值为： "+str(e,8,6)
```

B   步长循环

语句格式：

```
FOR   <内存变量>=<数值表达式 1> TO <数值表达式 1>   [STEP <数值表达式 3>]
     <语句序列>
ENDFOR|NEXT
```

格式中<内存变量>称为循环变量，<数值表达式 1>、 <数值表达式 1>、 <数值表达式 3>分别为循环初始值、终止值、步长。省略 Step 时默认步长为 1。

【例 3-10】 在屏幕上输出图 3-8。

```
    * * * * * * * * *              *
      * * * * * * *              * * *
        * * * * *              * * * * *
          * * *              * * * * * * *
            *              * * * * * * * * *
```

图 3-8

```
clear
_screen.fontsize=15
for i=5 to 1 step −1
  ?space(10−2*i)
  for j=1 to 2*i−1
    ??"*"+" "
  next j
  ??space(10)
  for k=1 to 11−2*i
    ?? "*"+" "
  next k
next i
```

程序中使用了两层循环嵌套，"?"表示换行输出，"??"表示不换行输出

【例 3-11】 编写程序，计算 $1+2+2^2+2^3+\cdots+2^{63}$ 的值

```
t=1
n=1
for i=1 to 63
  n=2*n
  t=t+n
next
messagebox("计算结果是： "+str(t))
```

C 数据表扫描循环

在当前选择的表文件中移动记录指针，如果遇到符合条件的记录就执行一组命令。

```
SCAN [范围] [FOR/WHILE <条件>]
    <语句序列>
ENDSCAN
```

注意：Scan 自动把记录指针移向下一个符合条件的记录，并执行同样的命令组。

【例 3-12】 student 表中，列出年龄在 20 到 30 岁间的男生的姓名。程序内容为：

clear

use student

scan for 性别="男" and year(date())-year(出生年月)>20 and year(date())-year(出生年月)<30

?姓名

Endscan

Use

3.6 程序模块化

结构化程序设计中，一般将一个大的程序分成几个小的模块，每个小模块完成特定的功能。本节介绍子程序、用户自定义函数的使用方法。

3.6.1 子程序

3.6.1.1 调用和返回

两个具有调用关系的程序文件，常常称调用的程序为主程序，被调用的程序为子程序。使用 DO 命令可以运行程序文件，也可执行子程序模块。主程序执行到 DO 命令时，转向子程序，称为调用子程序，当子程序执行到 RETURN 语句，返回到主程序的调用处，继续执行主程序的下一条语句，称之为子程序返回。

3.6.1.2 主程序和子程序的参数传递

执行 DO 命令时，可以带 WITH 子句，进行参数的传递。

命令格式：

DO <程序名 1> [WITH <参数表>][IN <程序名 2>]

说明：（1）参数表中的参数必须是表达式，但如果是内存变量时必须具有初值。

（2）当<程序名 1>是 IN 子句<程序名 2>中的一个过程时，DO 命令调用该过程。

在调用子程序时参数表中的参数要传递给子程序，子程序中也必须设置相应的参数接收语句。VFP 中的 PARAMETERS 命令就具有接收参数和回送参数的作用。其命令格式为：

PARAMETERS <参数表>

功能：指定内存变量以接收 DO 命令发送的参数值，返回主程序时把内存变量的值回送给调用程序中相应的内存变量。

说明：（1）PARAMETERS 必须是被调用程序的第一条语句。

（2）命令中的参数与调用命令中 WITH 子句的参数相对应，故两者参数个数必须相同。

【例 3-13】 设计一个求阶乘的子程序，在主程序中带参数调用它。

num=3

result=1

do jx with num,result

messagebox(str(result))

*jx.prg

```
parameters m,n
for i=1 to m
n=n*i
next
return
```

例 3-13 程序中在调用子程序前 num 和 result 都被赋了初值，在调用子程序时，调用语句的 num 值传给了子程序的 m，子程序 jx 在计算完阶乘后返回主程序时变量 n 的值回传给变量 result。

3.6.2　自定义函数

尽管 VFP 提供了许多函数，但在某种情况下，可能会觉得这些函数不够使用，为此 VFP 提供了用户自定义函数的方法。

自定义函数的格式如下：

[FUCTION <函数名>]

[PARAMETERS <参数表>]

<语句序列>

[RETURN <表达式>]

说明：（1）如果使用 Fuction 指定函数名，表示该函数包含在调用的程序中；如果缺省此语句，表明该函数是一个独立的文件，函数名将在建立文件时确定，其扩展名为 prg，并可使用 Modify Command <函数名>来建立或编辑该自定义函数。要注意的是自定义函数的函数名不能与系统的函数名相同，也不能与内存变量重名。

（2）<语句序列>组成了函数体，用于各种处理；简单的函数其函数体也可以为空。

（3）RETURN 语句用于返回函数值，其中的表达式值就是函数值。如果缺少该语句，则返回的函数值为.T.。

（4）自定义函数的调用方法与系统函数相同，其形式为：

函数名（<参数表>）

【例 3-14】　在财务软件中经常要把数字金额转为人民币大写格式，编写一个自定义函数将实现这个功能。

编写一个程序文件 changemoney.prg，输入以下内容：

```
PARA Money
*辨别是否是数字金额
IF TYPE("Money") #"N"
    =messagebox(" 金额类型出错",0,_screen.caption)
    Return " "
EndIF
*转换金额为字符型
IF Money>9999999999999.99
    =messagebox(" 数值太大,无法处理",0,_screen.caption)
    Return " "
```

```
EndIF
CMoney=Allt(Str(Money,16,2))


*定义数组
DIME CaseFormat(10)
CaseFormat(1) ="壹"
CaseFormat(2) ="贰"
CaseFormat(3) ="叁"
CaseFormat(4) ="肆"
CaseFormat(5) ="伍"
CaseFormat(6) ="陆"
CaseFormat(7) ="柒"
CaseFormat(8) ="捌"
CaseFormat(9) ="玖"
Dime Unit(3)
Unit(1) ="拾"
Unit(2) ="百"
Unit(3) ="千"
*开始转换
M_Cmoney=""
m_c=""
MoneyLen=len(CMoney)
J=0
For i=MoneyLen To 1 step -1
   Nowmoney=val(substr(CMoney,i,1))
   IF Nowmoney>0
       do case
             Case i = MoneyLen
                 M_Cmoney=CaseFormat(Nowmoney)+"分"
             Case i = MoneyLen-1
                 M_Cmoney="元"+CaseFormat(Nowmoney)+"角"+M_Cmoney
             Case i = MoneyLen-3
                 M_Cmoney=CaseFormat(Nowmoney)+M_Cmoney
             Case i < MoneyLen-3
                 IF mod((J+1),4)>0
                  M_Cmoney=CaseFormat(Nowmoney)+Unit(mod(J+1,4))+M_Cmoney
                 Else
                     M_J = int((j+1)/4)-1
                     IF M_J>0
```

```
                    IF M_J = 1 or M_J = 3
                          M_C = "万"+m_C
                    Else
                          M_C = "亿"+m_C
                    Endif
                  EndIF
                  IF left(M_Cmoney,2)="万"
                      M_Cmoney=right(M_Cmoney,len(M_Cmoney)-2)
                  EndIF
                  M_Cmoney=CaseFormat(Nowmoney)+M_C+M_Cmoney
              EndIF
            EndCase
        Else
            do case
                Case i = MoneyLen-1
                    IF Empty(M_Cmoney)
                        M_Cmoney="元整"
                    Else
                        M_Cmoney="元零"+M_Cmoney
                    EndIF
                Case i < MoneyLen-3
                    IF mod((J+1),4)>0
          IF substr(M_Cmoney,1,2)#"零" and !substr(M_Cmoney,1,2)$ "万亿元"
              M_Cmoney="零" +M_Cmoney
          EndIF
          Else
                          M_J = int((j+1)/4)-1
                          IF M_J>0
                              IF M_J = 1 or M_J = 3
                                    M_C = "万"+m_C
                              Else
                                    M_C = "亿"+m_C
                              Endif
                          EndIF
                          IF substr(M_Cmoney,1,2)="万"
                              M_Cmoney=right(M_Cmoney,len(M_Cmoney)-2)
                          EndIF
                          M_Cmoney=M_C+M_Cmoney
                  EndIF
```

```
            EndCase
        EndIf
    j=j+1
    EndFor
    Return M_Cmoney
```

如果要将 5809.53 转换成人民币大写，调用 changemoney(5809.53) 函数即可。

【例 3-15】 建立一个汉字日期转换函数 hzrq，输入日期如{^1980/7/12}，输入"一九八〇年七月十二日"。

建立一个 hzrq.prg 文件，在文件中输入代码：

```
*汉字日期转换函数
parameter d
set talk off
set cent on
set date ansi
zh="〇一二三四五六七八九十"
v=dtoc(d)
y=subst(v,1,4) &&取出年
m=val(subst(v,6,2))&&取出月
r=val(subst(v,9,2))&&取出日
k=1
store "" to yz,mz,rz
do while k<=4
    yz=yz+subst(zh,val(subst(y,k,1))*2+1,2)
    k=k+1
enddo
mz=iif(m<10,"","+")+iif(mod(m,10)=0,"",subst(zh,mod(m,10)*2+1,2))
rz=iif(r<10,"",substr(zh,int(r/10)*2+1,2*int(int(r/10)/2)))+"十")
rz=rz+iif(mod(r,10)=0,"",substr(zh,mod(r,10)*2+1,2))
dz=yz+"年"+mz+"月"+rz+"日"
set cent off
return dz
```

在命令框中输入：?hzrq({^1980/7/12})后，屏幕上显示：一九八〇年七月十二日。下边结合表单，说明 hzrq() 函数在表单中的简单使用。

【例 3-16】 新建立一个表单，在表单上加入 2 个标签控件和 2 个文本框控件。修改 2 个标签控件的 Caption 属性后，显示结果如图 3-9 所示。

设置 Text1 的 Value 属性为：{}，DatFormat 属性为 2-ANSI，在 text1 的 LostFocus 事件中写入代码：

```
rq=thisform.text1.value
thisform.text2.value=hzrq(rq)
```

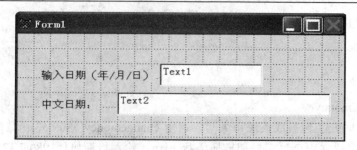

图 3-9　中文日期转换设计界面

程序运行后，在 Text1 中输入 2004.06.30 后，显示效果如图 3-10 所示。

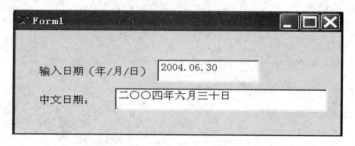

图 3-10　日期转换成结果

课后练习题

1. 选择题

（1）结构化程序设计的三种基本逻辑结构是＿＿＿＿＿＿＿＿。

　　（A）选择、循环、嵌套　　　　　（B）顺序、选择、循环

　　（C）选择、循环、模块　　　　　（D）顺序、递归、循环

（2）VFP 中建立程序文件的命令是＿＿＿＿＿＿＿＿。

　　（A）modi comm　文件名　　　　（B）modify　文件名

　　（C）modify procedure　　文件名　　（D）B 和 C 都对

（3）关于过程调用的陈述中，＿＿＿＿＿＿＿＿正确。

　　（A）实参和形参数量必须相等

　　（B）当实参数量多于形参时，多余的实参被忽略

　　（C）当形参数量多于形参时，多余的形参被忽略

　　（D）B 和 C 都对

（4）如果一个过程中不包含有 return 语句，或者 return 语句中没有指定表达式，那么该过程

＿＿＿＿＿＿＿＿。

　　（A）没有返回值　　　　　　　（B）返回 0

　　（C）返回.t.　　　　　　　　　（D）返回.f.

（5）执行? IIF（5>8,1,0）的结果是＿＿＿＿。

　　（A）5　　　　　（B）8　　　　　（C）1　　　　　（D）0

（5）设已打开学生表中有性别，年龄等字段，要统计其中男生的总数并将统计结果放入变量 W 中，应使用的命令是_____：

  （A）count for 性别="男" to W   （B）count for 性别="男" W

  （C）sum for 性别="男" to W   （D）sum for 性别="男" W

（6）假设已经打开一个表及其索引文件，当前记录号为 100，要使记录指针指向记录号为 50 的记录，应该使用的命令是：

  （A）SKIP 50   （B）SKIP -50

  （C）LOCATE FOR 记录号=50   （D）GO 50

2．分别使用表设计器和命令，对 student 表建立基于"出生年月"的复合结构索引文件，索引类型为普通索引，索引后，浏览表，按"出生年月"排序。

3．对表文件 score 建立基于"学号"的非结构复合索引文件，浏览 score 表，按"学号"排序。

4．统计"北京"学生的总成绩和平均成绩。

5．编制九九乘法表程序，并在屏幕上显示出来，要求不显示重复的算式。程序运行结果如图 3-11 所示。

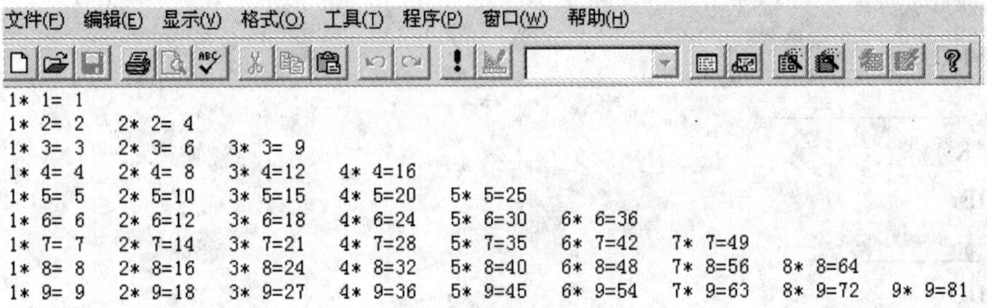

```
文件(F)  编辑(E)  显示(V)  格式(O)  工具(T)  程序(P)  窗口(W)  帮助(H)

1* 1= 1
1* 2= 2    2* 2= 4
1* 3= 3    2* 3= 6    3* 3= 9
1* 4= 4    2* 4= 8    3* 4=12    4* 4=16
1* 5= 5    2* 5=10    3* 5=15    4* 5=20    5* 5=25
1* 6= 6    2* 6=12    3* 6=18    4* 6=24    5* 6=30    6* 6=36
1* 7= 7    2* 7=14    3* 7=21    4* 7=28    5* 7=35    6* 7=42    7* 7=49
1* 8= 8    2* 8=16    3* 8=24    4* 8=32    5* 8=40    6* 8=48    7* 8=56    8* 8=64
1* 9= 9    2* 9=18    3* 9=27    4* 9=36    5* 9=45    6* 9=54    7* 9=63    8* 9=72    9* 9=81
```

图 3-11

6．已知数据库表 LESSON.DBF 的结构为：学号(C,3)，学期(N,1)，课程名(C,10)，成绩(N,6,1)。表中各记录为：

记录号	学号	学期	课程名	成绩
1	S01	1	高数	79
2	S02	1	高数	85.5
3	S03	1	高数	69
4	S01	2	C 语言	88
5	S02	2	C 语言	91.5
6	S03	2	C 语言	49
7	S01	3	数据库	72

执行以下程序的结果是什么？

```
SET TALK OFF
USE LESSON
INDEX ON 学号+STR（成绩） TO IND1
DISP
GO BOTT
```

```
LIST    REST 学号，课程名，成绩
SKIP –1
DISP
SET    TALK    ON
```

7. 填空题

（1）在循环体中使用＿＿＿＿＿＿＿＿＿语句，提前结束本次循环。

（2）表扫描的循环语句是＿＿＿＿＿＿＿＿＿。

（3）定义过程 tv 的语句为＿＿＿＿＿＿＿＿＿。

（4）函数和调用该函数的程序在一个文件中,在定义函数时,要使用＿＿＿＿＿＿＿语句。

（5）清除内存变量除了使用 clear all 外，还可以使用＿＿＿＿＿＿＿＿＿＿＿＿＿。

（6）阅读程序，按照逻辑要求在＿＿＿＿＿上填写适当的语句。

计算 70 以内 9 的倍数的乘积并输出结果。

```
SET TALK    OFF
JI=＿＿＿＿
K=1
DO WHILE    ＿＿＿＿＿＿＿
    IF    ＿＿＿＿＿＿＿＿
JI=JI*K
ENDIF
＿＿＿＿＿＿＿＿
ENDDO
＿＿＿＿＿＿＿
SET TALK ON
```

（7）KAOSHI.DBF 文件中有"考号"、"姓名"、"上机成绩"、"笔试成绩"、"合格否"等字段，若笔试成绩和上机成绩均不低于 60 分，则在合格否字段中填写"合格"，否则填写"不合格"，最终分屏显示修改后的全部记录。

```
    SET    TALK    OFF
    ＿＿＿＿＿＿＿＿＿
    DO    WHILE    ＿＿＿＿＿＿＿＿
        IF ＿＿＿＿＿＿＿＿＿＿＿＿
            REPLACE    合格否    WITH    "合格"
        ELSE
            REPLACE    合格否    WITH    "不合格"
        ENDIF
        ＿＿＿＿＿＿＿＿＿＿
    ENDDO
    ＿＿＿＿＿＿＿＿＿＿＿
USE
SET    TALK    ON
```

4 SQL 和查询设计器

4.1 SQL

SQL（Structured Query Language）结构化查询语言是一种在关系数据库中定义和操作数据的标准语言，1974 年由 Boyce 和 Chamberlin 提出，当时称为 SEQUEL 语言，1976 年由 IBM 公司的 San Jose 研究所在研制关系数据库管理系统 System R 时，修改为 SEQUEL2，也就是目前十分流行的 SQL 语言。

SQL 语言通常分为 4 类：

查询语言（Select）

操纵语言（Insert、Update、Delete）

定义语言（Create、Alter、Drop）

控制语言（Commit、RollBack）

SQL 语言的最大特点是直观、易学。在不同的数据库管理系统中，SQL 基本上是相同的，但在个别地方也存在差异，如在 VFP 和 Access 中统配符是 "*"，而在 SQL Server 中统配符是 "%"，这一点在编写数据库应用程序时要特别注意。

在 VFP 中内嵌了 SQL 语句，SQL 一条语句往往可以起到传统 Foxpro 数条语句的效果，常用的 SQL 语句，主要包括有：Select、Delete、Update、Insert 等语句。

执行 SQL 语句时，不用使用 use 命令打开数据表，表会自动打开。

下边以第 2 章课后练习题 5 中建立的 xs 为例，说明 SQL 的用法。

4.1.1 Select 单表数据查询

Select 语句的基本语法：select……from……where……

（1）查询 student 表中全部记录，要求列出全部字段。

在命令框中输入命令：

Select student.* from student

语句中 "*" 表示所有字段，也可以写作 "student.*"。如果查询的内容来自于一个表，可以省略 "表名."，上边的语句可以写作：Select * from student。执行后输出到屏幕，如图 4-1 所示。

（2）从 student 表中查询学生全部记录，列出 "学号","姓名","性别" 3 列。

使用的语句是：Select 学号,姓名,性别 from student

或者 Select student.学号,student.姓名,student.性别 from student，执行结果见图 4-2。

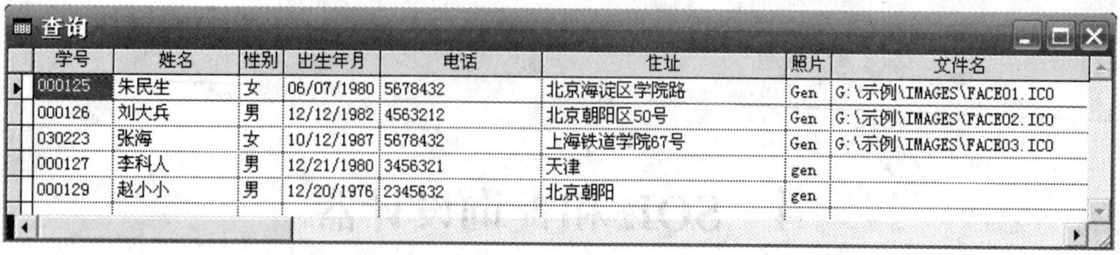

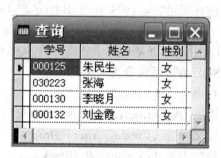

图 4-1

（3）从 student 表中查询女学生记录，列出"学号"，"姓名"，"性别"3 列，语句为：

Select 学号,姓名,性别 from student where 性别="女"

执行结果如图 4-3 所示。"where"用于条件查询。

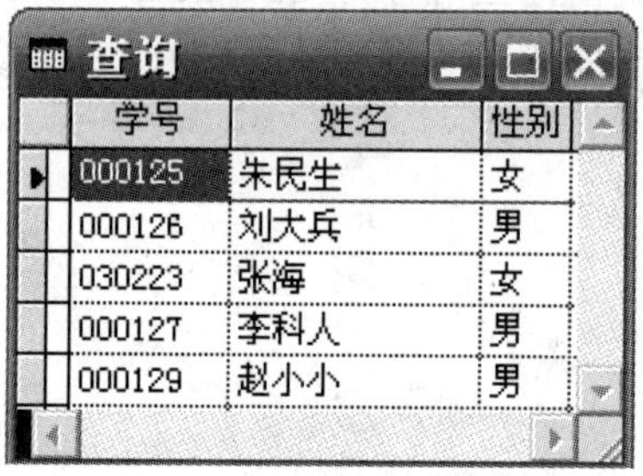

图 4-2　　　　　　　　　　　　图 4-3

（4）从 student 表中查询姓"刘"的学生，列出全部字段，语句为：

Select * from student where 姓名 like "刘%"

语句中"%"是统配符，表示多个字符，在有的语言如 access 中要写作"*"。可以将 VFP 中的函数应用在查询语句中，下边语句完成与上边语句相同的功能：

Select * from student where substr(姓名,1,2)= "刘"

或者使用"$"运算符：Select * from student where "刘"$姓名

除"%"外，还有一个统配符"_"，表示单个字符。如果要查询姓"刘"，且名字为两个字的记录，语句为：

Select * from student where 姓名 like "刘_"

（5）查询学号是"000125"或者"000130"的全部记录

Select * from student where 学号 in("000125", "000130")

语句中使用"in"运算符。多个值之间要用"，"分开。也可以写作：

Select * from student where 学号="000125"or 学号="000130"

显然，如果查询的是多个值，使用"in"要简练。

（6）查询学号在"000125"到"000130"间的记录

Select * from student where 学号 between "000125" and "000130"

查询在某个范围，书写条件时，可以使用 between……and……

（7）查询姓"朱"的女学生

Select * from student where "朱" $"姓名" and 性别="女"

（8）列出 score 表中的课号

Select　课号　from score

该语句执行后，由于一门课可以有多个学生学习，故出现许多重复的课号，要避免此种情况，使用语句：

Select distinct　课号　from score

Distinct 过滤重复的记录。

（9）查询 student 中学生的年龄，显示"学号"，"姓名"，"性别"，"出生年月"，"年龄" 5 列

由于 student 表中没有"年龄"字段，只有"出生年月"，故语句：Select 学号，姓名，性别，出生年月,年龄 from student 是错误的，而应当是：

Select 学号，姓名，性别，出生年月,year(date())-year(出生年月) as 年龄　from student

函数 year(date())返回系统的"年"，year(出生年月)是每条记录的"年"，二者相减即为"年龄"，使用 as 作为列标题。执行结果如图 4-4 所示，如果去除"as 年龄"，结果见图 4-5。

学号	姓名	性别	出生年月	年龄
000125	朱民生	女	06/07/1980	26
000126	刘大兵	男	12/12/1982	24
030223	张海	女	10/12/1987	19
000127	李科人	男	12/21/1980	26
000129	赵小小	男	12/20/1976	30
000128	陈大科	男	12/23/1975	31
000130	李晓月	女	07/30/1973	33
000131	刘建兵	男	06/08/1960	46
000132	刘金霞	女	06/09/1980	26
000133	朱国富	男	07/08/1982	24
000134	刘心	女	09/05/1980	26

图 4-4

学号	姓名	性别	出生年月	Exp_5
000125	朱民生	女	06/07/1980	26
000126	刘大兵	男	12/12/1982	24
030223	张海	女	10/12/1987	19
000127	李科人	男	12/21/1980	26
000129	赵小小	男	12/20/1976	30
000128	陈大科	男	12/23/1975	31
000130	李晓月	女	07/30/1973	33
000131	刘建兵	男	06/08/1960	46
000132	刘金霞	女	06/09/1980	26
000133	朱国富	男	07/08/1982	24
000134	刘心	女	09/05/1980	26

图 4-5

（10）查询 student 中年龄>30 岁的记录，显示"学号"，"姓名"，"性别"，"年龄" 4 列

Select　学号,姓名,性别，year(date())-year(出生年月) as 年龄　from student where year(date())-year(出生年月)>30

但下边的写法是错误的：

Select 学号，姓名，性别，　year(date())-year(出生年月) as 年龄　from student where 年龄>30

4.1.2　Select 语句的排序和输出

语法：select……from……where……order by……into……

（1）查询 student 表中全部记录，且按姓名排序

Select * from student order by　姓名

不指明排序方式的情况下，是升序（按照汉字的拼音字母由 a 到 z），这是默认排序

方式，该语句相当于 Select * from student order by 姓名 asc。Asc 的英文单词是 ascend，是上升，但语句中只能写 asc，不能写 ascend。如果要按姓名降序排列，语句为：

Select * from student order by 姓名 descend

Descend 可以写作 desc，表示下降。排序时姓名第一个相同，比较第二个字。

（2）查询 student 表中全部记录，先按"性别"升序排序，然后再按姓名降序排序

Select * from student order by 性别 asc, 姓名 desc

在 select 语句中，如果 where 子句和 order by 子句同时出现，它们之间可以不分先后顺序。如：Select * from student where 性别="女" order by 姓名 desc 与 Select * from student order by 姓名 desc where 性别="女"，查询结果是相同的。

（3）从 student 表中查询女生记录，将查询结果输出到表 result.dbf

Select * from student where 性别="女" into table result

不指明查询结果的位置，result 表存放在默认目录下。Select * from student where 性别="女" into table c:\result，将查询的结果放入 C:\目录下。

执行语句后，由于将结果输出到表中，故不能直接看到结果，如果要看结果，命令框中直接输入命令 brow 即可。

（4）从 student 表中查询女生记录，将查询结果输出到临时表文件（也称光标文件）中。

Select * from student where 性别="女" into cursor tmp11

Tmp11 是用户自定义的一个光标文件名。光标文件名存在于内存中，不能使用 use 命令打开光标文件。执行上述语句后，光标文件自动处于打开状态。在某些情况下，如果不需要保留查询的结果，只是将查询结果作为计算的中间结果，可以使用光标文件。

要注意的是在表单中，如果要设置组合框、列表框，或者表格的数据源为 SQL 语句，必须将 Select 语句输出到光标文件中，否则查询结果要先在屏幕上显示。

（5）从 student 表中随机查询一名学生

select count(*) as aa from student into cursor tmp1

select top 1 *,int(rand()*tmp1.aa)+1 as bb from student order by bb

前一条语句计算出 student 中记录数，将其保存在光标文件 tmp1 中，后一条语句产生一个随机数，该数在 1 到 tmp1.aa（记录总数）间（包括 1 和记录总数），然后根据此随机数排序，即可完成此任务。

4.1.3　Select 语句的统计和分组

语法：select……from……where……group by……having……

在某些情况下，常常将一些筛选出的数据作一些分类，而将数据分成若干集合，如将所有学生的成绩按学号加以分类，再对每一个集合进行统计分析。不使用 group by 所筛选出的数据也是以集合的形式存在，只是它们自成一个集合而非数个集合。要说明的是所筛选出的数据集合可能包含有多笔数据、一笔数据或无数据。

常用的集总函数（专门为分析 GROUP BY 之后的每一个集合数据而设计的一些函数）有：

（1）count()

语法结构：count([all|distinct expression]|[*])

功能：返回一个集合内所拥有的记录数

参数说明：all：施用于所有的数值； distinct:返回唯一且非 NULL 数值的个数；*计算一个表格中所有记录的总笔数。

1）查询 student 表中有多少学生记录？

select count(*) as 学生总人数 from student

使用可以用 as 为列指定标题，执行后有一条记录，如图 4-6 所示。

2）按照性别，分组统计男女人数各多少？

select 性别,count(*) as 人数 from student group by 性别

执行后有两条记录，如图 4-7 所示。

图 4-6

图 4-7

3）查询 score 表中有多少个不同的课号？

select count(distinct 课号) as 数量 from score

（2）SUM 函数

语法：sum([all|distinct]expression)

功能：返回一个集合内所有数值或不同数值的总和，只能用于数字列，它会排除 NULL

参数说明：ALL：用于所有的数值；DISTINCT：表示 SUM 返回不同数值的总和；expression 为一常数、列或函数

1）查询成绩表中，学生的总成绩

select sum(成绩) as 总成绩 from score

该语句将所有学生的成绩加在了一起，执行结果如图 4-8 所示。

2）根据"学号"，分组小计每个学生的总成绩。

select 学号,sum(成绩) as 总分 from score group by 学号

执行结果如图 4-9 所示。

图 4-8

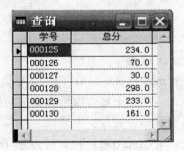

图 4-9

（3）AVG 函数

语法：avg([all|distinct] expression)

功能：返回一个集合内所有数值或不同数值的平均值，它会排除 NULL。

1）根据"学号"，分组小计每个学生的平均成绩。

select 学号,avg(成绩) as 平均分 from score group by 学号

2）根据"学号"，分组小计每个学生的平均成绩，列出平均分大于 75 的学生。

select 学号,avg(成绩) as 平均分 from score group by 学号 having 平均分>75

上边语句也可写作：

select 学号,avg(成绩) as 平均分 from score group by 学号 having avg(成绩)>75

要注意的是：在有些语言中，上边两种写法中只有一种是正确的。

2）相当于在 1）的基础上，选出平均分>75 的记录。相当于执行下边两条 Select 语句的效果。

select 学号,avg(成绩) as 平均分 from score group by 学号 into cursor tmp12

select * from tmp12 where 平均分>75

但如果写作：

select 学号,avg(成绩) as 平均分 from score group by 学号 where 平均分>75

或者：

select 学号,avg(成绩) as 平均分 from score group by 学号 where avg(成绩)>75 都是错误的。对于分组后记录再进行筛选，要使用 having，而不能使用 where。Select 语句中，只要有 having，其前边必须有 group by。在一条 select 语句中，select……from……where……group by……having……有可能同时出现，它们之间的关系可以用图 4-10 表示。

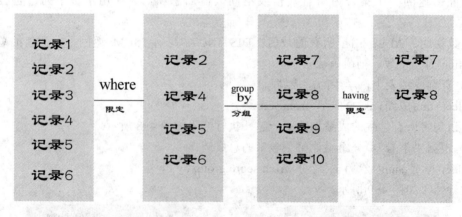

图 4-10

（4）max 函数

语法：max(expression)

功能：返回一个集合内所有数值的最大值

例：查询每一课程中的最高分

select 课号,max(成绩) as 最高分 from score group by 课号

（5）min 函数

语法：min(expression)

功能：返回一个集合内所有数值的最小值

例：查询每一课程中的最低分

select 课号,min(成绩) as 最低分 from score group by 课号

4.1.4 SQL 语言多表数据查询

前面介绍的 select 语句，检索的内容基本上都是来自于一个表，如果需要查询学生的"学号"，"姓名"，"课名"，"成绩"等字段，这时查询的字段来自于多个表，在关系数据库中，将一个查询同时涉及两个以上的表，称为连接查询。在 VFP 中表和表间的关联有以下几种类型（以表 4-1 和表 4-2 为例说明）。

表 4-1

学　号	姓　名	性　别	籍　贯	电　话
9801001	张　三	男	北京	88233444
9801002	李　四	女	上海	86578432
9901001	张　三	女	天津	89876543

表 4-2

学　号	课　号	成　绩
9801001	K001	80
9801001	K002	85
9801002	K001	79
9801002	K002	90

（1）内部连接。建立一个包含表 4-1 和表 4-2 相匹配的结果集。表 4-1 和表 4-2 通过学号可以关联，如果新产生表中希望包含学号、姓名、性别、籍贯、电话、课号、成绩，则这两个表内部连接后产生的结果中的记录，见表 4-3。

表 4-3

学　号	姓　名	性　别	籍　贯	电　话	课　号	成　绩
9801001	张　三	男	北　京	88233444	K001	80
9801001	张　三	男	北　京	88233444	K002	85
9801002	李　四	女	上　海	86578432	K001	79
9801002	李　四	女	上　海	86578432	K002	90

由于表 4-1 中"学号"为 9901001 不能在表 4-2 中找到相匹配的记录，内部连接时，产生的结果中不包含该记录。

（2）左连接。左连接和右连接是相对而言的，表 4-1 与表 4-2 的左连接，就是表 4-2 与表 4-1 的右连接。产生的结果是包含左连接中左边表的全部记录和右边表中与左边表"学号"相匹配的记录。表 4-1 与表 4-2 的左连接，产生的结果见表 4-4。

表 4-4

学　号	姓　名	性　别	籍　贯	电　话	课　号	成　绩
9801001	张　三	男	北　京	88233444	K001	80
9801001	张　三	男	北　京	88233444	K002	85
9801002	李　四	女	上　海	86578432	K001	79
9801002	李　四	女	上　海	86578432	K002	90
9901001	张　三	女	天　津	89876543	NULL	NULL

可以看出，在结果中包含了学号"9901001"的记录，其"课号"和"成绩"是 NULL 值（空值）。

（3）右连接。表 4-1 与表 4-2 右连接，产生的结果中包含表 4-2 中的全部记录和表 4-1 中与表 4-2"学号"相匹配的记录，目前产生的结果与表 4-3 相同。

（4）完全连接。表 4-1 与表 4-2 完全连接，产生的结果中包含表 4-1 中的全部记录和表 4-2 中的全部记录，目前产生的结果与表 4-4 相同。

要说明的是：如果表 A 和表 B 间没有任何关系，表 A 和表 B 建立关联时，表 A 中的每条记录都要与表 B 中的每条记录相匹配，这样如果表 A 中有 100 条记录，表 B 中有 100 条记录，产生的结果集中将有 100*100=10000 条记录，这样的连接是没有任何意义的。

一般情况下使用最多的是内部连接，本书中除非特别说明，一般指的是内部连接。

4.1.5　Select 语句多表查询示例

（1）从 student 和 score 表中查询全部学生的学号、姓名、课号和成绩（使用内部连接）。

Select student.学号,student.姓名,score.课号,score.成绩 from student inner join score on student.学号=score.学号

对于内部连接，还有另外一种写法：

Select student.学号,student.姓名,score.课号,score.成绩 from student,score where student.学号=score.学号

多表查询时，如果某个字段如"学号"，在两个表中都存在，该字段前必须加上"表名."。

（2）从 student 和 score 表中查询"朱民生"的学号、姓名、课号和成绩（使用内部连接）。

Select student.学号,student.姓名,score.课号,score.成绩 from student inner join score on student.学号=score.学号 where student.姓名="朱民生"

或者写作：

Select student.学号,student.姓名,score.课号,score.成绩 from student,score where student.学号=score.学号 and student.姓名="朱民生"

（3）从 student 和 score 表中查询全部学生的学号、姓名、课号和成绩（没有学习过课程的同学也要列出，使用左连接）。

Select student.学号,student.姓名,score.课号,score.成绩 from student left join score on student.学号=score.学号

（4）查询学生的学号、姓名、课名、成绩

此查询涉及 student、class 和 score 三个表，student 与 score 通过"学号"连接，score 与 class 通过"课号"连接，内部连接的语句是：

Select student.学号,student.姓名, class.课名,score.成绩 from class inner join score inner join student on student.学号=score.学号 on score.课号=class.课号

或者写作：

Select student.学号,student.姓名, class.课名,score.成绩 from student,score,class where student.学号=score.学号 and score.课号=class.课号

（5）查询学生的学号、姓名、课名、成绩，按课名和成绩排序（都是降序），结果如图 4-3 所示。

Select student.学号,student.姓名, class.课名,score.成绩 from student,score,class where student.学号=score.学号 and score.课号=class.课号 order by class.课名 desc, score.成绩 desc

4.1.6 Select 语句嵌套

在一条 Select 语句中可以套用另一条 select 语句，这就是 select 语句的嵌套使用，不过要 VFP 中 SQL 语句只能套用两层。

（1）列出 student 中没有不及格成绩的学生的记录

根据前边学习的 select 语句，可以写作：

Select distinct student.* from student,score where student.学号=score.学号 and score.成绩>=60

注意语句中使用了 distinct，想一想，为什么？不使用又如何？

如果使用嵌套，语句写作是：

Select * from student where 学号 in(select 学号 from score where 成绩>=60)

语句中 select 学号 from score where 成绩>=60 返回的是成绩>=60 的学生的学号，查询的条件就是要求 student 中的学号要包含在这些成绩及格的学生的学号中。上述语句中不能用"="替代"in"。

（2）查询哪些同学学习过"政治"课程，要求列出其姓名

由于 VFP 中只能套用两层，故下边语句在其他语言中是正确的，但在 VFP 中是错误的。

Select 姓名 from student where 学号 in(select 学号 from score where 课号 in(select 课号 from class where 课名="政治"))

不过，我们可以改写成一层的 SQL 嵌套：

Select 姓名 from student where 学号 in(select score.学号 from score,class where score.课号=class.课号 and class.课名="政治")

或者不用嵌套，直接写成：

Select 姓名 from student,score,class where student.学号=score.学号 and score.课号=class.课号 and class.课名="政治"

语句中表名，不分先后顺序。

4.1.7 Select 语句综合

有一个数据表"人员档案",其字段类型分别为:

编号 C(2)、部门 C(10)、姓名 C(10)、性别 C(2)、出生日期 D、职务 C(10)、文化程度 C(10),其表中的数据如图 4-11 所示,目前要对表中的人员做出统计分析,希望显示的数据内容如图 4-12 所示。

编号	部门	姓名	性别	出生日期	职务	文化程度
1	工程部	张三	男	08/07/80	工程师	大学
2	销售部	李四	男	08/07/82	经理	硕士
3	工程部	王五	男	04/05/78	工程师	大专
4	后勤处	赵六	女	03/02/85	处长	大专
5	后勤处	牛七	女	03/05/82	技术员	大专
6	销售部	刘小飞	男	05/06/79	技术员	大学
7	后勤处	李东	女	05/09/68	工程师	大学
8	工程部	王海	男	04/05/75	工程师	大学
9	工程部	袁飞	男	05/07/84	经理	大学
10	销售部	张玉	男	08/06/87	总经理	大学
11	销售部	李霞	女	06/08/58	技术员	大专
12	工程部	刘二	女	02/01/79	秘书	大专

图 4-11

部门	男	女	研究生	大学本科	大学专科	技术人员	管理人员	秘书
工程部	3	2	0	3	0	3	1	1
后勤处	1	2	0	1	0	2	0	0
销售部	2	2	1	2	0	2	2	0

图 4-12

如果不利用 SQL,而是利用传统的 Foxpro 命令,完成此功能比较麻烦。下边使用 Select 语句,实现此功能。编写程序文件 ryda.prg,输入如下语句:

```
Select 部门,iif(性别='男',1,0) as 男,iif(性别='女',1,0) as 女,;
iif(文化程度='硕士',1,0) as 研究生,iif(文化程度='大学',1,0) as 大学,;
iif(文化程度='专科',1,0) as 大专,iif(inlist(职务,'工程师','技术员','总工程师'),1,0) as 技
术人员,iif(inlist(职务,'总经理','经理','销售经理'),1,0) as 管理人员,;
iif(inlist(职务,'秘书'),1,0) as 秘书 from 人员档案 into cursor tjresult
Select 部门 as 部门,sum(男) as 男,sum(女) as 女,sum(研究生) as 研究生,;
sum(大学) as 大学本科,sum(大专) as 大学专科,sum(技术人员) as 技术人员,;
sum(管理人员) as 管理人员,sum(秘书) as 秘书;
from tjresult into cursor result group by 部门
brow
```

文件保存后，在命令窗口中输入：do ryda，显示如图 4-12 所示的结果。

程序中使用了两次 select 语句，第 1 条 select 语句运行后，光标文件 tjresult 中的结果如图 4-13 所示。

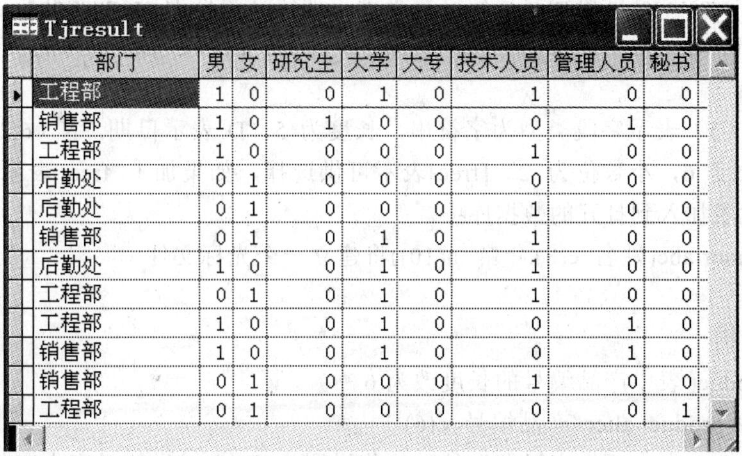
Tjresult

部门	男	女	研究生	大学	大专	技术人员	管理人员	秘书
工程部	1	0	0	1	0	1	0	0
销售部	1	0	1	0	0	0	1	0
工程部	1	0	0	0	0	1	0	0
后勤处	0	1	0	0	0	0	0	0
后勤处	0	1	0	0	0	1	0	0
销售部	0	1	0	1	0	1	0	0
后勤处	1	0	0	1	0	1	0	0
工程部	0	1	0	1	0	1	0	0
工程部	1	0	0	1	0	0	1	0
销售部	1	0	0	1	0	0	1	0
销售部	0	1	0	0	0	1	0	0
工程部	0	1	0	0	0	0	0	1

图 4-13

4.1.8 表单中使用 SQL

表单中使用 SQL 语句时，一般将查询的结果显示在组合框、列表框、表格等控件中。下边是一个简单的示例。例如要编写一个通用查询表单，用户可以自己输入查询条件，如图 4-14 所示。可以看出 select 语句是以字符串连接的形式出现的，然后再将此字符串设置成某个控件的数据源。

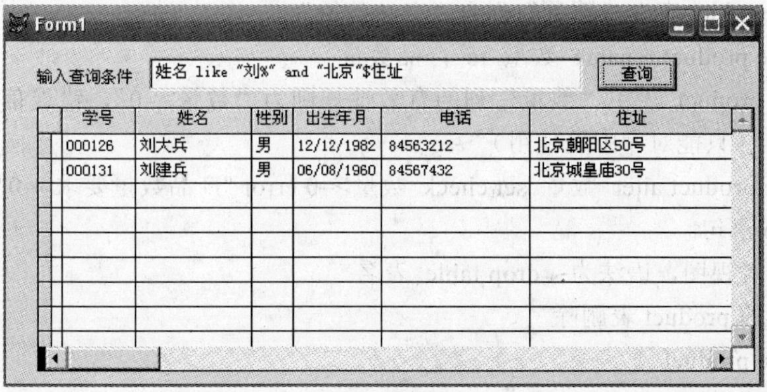
Form1
输入查询条件
姓名 like "刘%" and "北京"$住址
查询
学号 姓名 性别 出生年月 电话 住址
000126 刘大兵 男 12/12/1982 84563212 北京朝阳区50号
000131 刘建兵 男 06/08/1960 84567432 北京城皇庙30号

图 4-14

（1）在表单中增加一个控件 grid1（是一个表格控件），一个文本框 text1 和命令按钮

（2）“查询”按钮的 click 事件中写入以下代码：

```
csearch=alltrim(thisform.text1.value)
cstr="select * from student where "+csearch +" into cursor aaaa"
thisform.grid1.recordsourcetype=4&&指明表格 grid1 的数据源类型是 SQL 语句
thisform.grid1.recordsource=cstr&&指定 SQL 语句
```

4.1.9　其他 SQL

（1）create 语句

可以使用 create table 语句直接建立数据表，如建立数据表 product.dbf，语句为：

Create table product [free](产品编号　C(5),产品名　C(20),产地　c(10),生产日期　D(8),单价　N(6,2))

其中：C（5）表示字段类型为字符串，长度为 5。D 表示日期，N（6,2）表示字段类型为数字，长度 6，小数位为 2。[free]表示可供选择，如果加上 free 表示建立的是自由表，否则将此表加入到打开的数据库中。

Create cursor abc(姓名　c(8),年龄　n(10))将建立一个光标文件

（2）alter

修改表结构

1）将 product 表中产品编号的长度改为 6

Alter table product alter　产品编号　c(6)

2）将 product 表中"生产日期"的默认值设置为 date()（只能对库中表使用）

Alter table product alter　生产日期　set default date()

3）将 product 表中"生产日期"的默认值删除（只能对库中表使用）

Alter table product alter　生产日期　drop default

4）为 product 表中新增加一列，数量　N(5)

Alter table product add　数量　n(5)

5）删除 product 表中"数量"列

Alter table product drop　数量

6) 更改 product 表中"数量"列为"产品数量"

Alter table product rename　数量　to　产品数量

7）设置 product 表中"数量"列的有效性规则为"数量>=0"，错误信息是"产品数量要求>=0"　（只能对库中表使用）

alter table product alter　数量　set check　数量>=0 error "产品数量要求>=0"

（3）Drop 语句

删除表或者视图，语法为：drop table　表名

将新建立的 product 表删除

Drop table product

（4）update

更新表中记录，语法为：update　表名　set　字段 1=值 1[,字段 2=值 2，...] where　条件

1）将 score 表中学生的成绩加 5 分

Update score set　成绩=成绩+5

2）将学号是"000125"的学生各科成绩加 5 分

Update score set　成绩=成绩+5 where　学号="000125"

可以看出此语句相当于：

Replace all　成绩　with　成绩+5 for 学号="000125",但前者是 SQL 语句，在任何数据库

中都可使用，而后者只能在 VFP 中使用。

　　3）将 score 表中女生的成绩加 5 分

　　由于 score 中没有"性别"字段，故不能直接写作：

　　Update score set 成绩=成绩+5 where 性别="女"，而应该是采取 update 和 select 套用的格式：

　　Update score set 成绩=成绩+5 where 学号 in(select 学号 from student where 性别="女")

　　要注意的是上边语句中"in"千万不能写成"="。

　　思考：如果不用 SQL 语句，而是用 replace 语句，该如何完成？

　　（5）Insert

　　使用 insert 语句向表中增加一条记录。

　　语法：insert into 表名(字段 1，字段 2，…，字段 n) values(值 1,值 2,…,值 n)

　　插入一条记录时，要注意的是常量的数据类型要和字段的数据类型相配。

　　如：Insert into class(课号,课名,上课地点,任课教师,上课时间)values("006","生物","逸夫楼 302","赵长安","周三 2-4 点")

　　Insert 语句的另一种用法是：

　　Insert into 表名 from array 数组名

　　或者：

　　Insert into 表名 from 内存变量

　　在 VFP 中的 insert 语句不支持批量数据插入，即下面语句是错误的：

　　Insert into student select * from tmpstudent

　　（6）Delete

　　语法：delete from 表名 where 条件

　　使用 Delete 语句删除一条记录或者多条记录，在 VFP 中只做删除标记。

　　如：Delete from class where 课号="006"

　　如果不使用 where 指定条件，将删除表中所有记录。

　　如果说要删除 score 表中女生的成绩，应该使用 SQL 嵌套：

　　Delete from score where 学号 in(select 学号 from student where 性别="女")

4.2　查询设计器

　　在一般的编程语言中，大多数都提供了可视化地书写 SQL 语言的工具，借助这些工具，可以帮助我们完成 SQL 语句的书写。在 VFP 中，我们可以通过使用"查询设计器"，实现这一功能。在编程中，我们可以将"查询设计器"中的 SQL 粘贴到程序代码处，稍加修改即可。不过 VFP 提供的查询设计器，只能书写 select 语句，不能完成 create、insert 等语句。另外在查询中不能直接修改查询生成的 SQL 语句。

　　VFP 提供的查询设计器，可完成查询的设计。查询后的结果可以直接输出到屏幕，也可以输出到文件、图形中。通过查询，一方面可以找到所需要的数据，另一方面可以将多个相关联组合在一起，逻辑上成为一个表，为报表提供数据源。

4.2.1　通过"查询设计器"，完成多表查询

　　查询显示以下四列："学号"，"姓名"，"课名"和"成绩"，这四个字段来自于三个表。

　　（1）新建立一个查询，在"新建查询"对话框中选择"新建查询"，显示"添加表或视图"对话框，选择数据库 xs，将表 student、score 和 class 加入到查询中，单击"关闭"，进入"查询设计器"，如图 4-5 所示。查询的内容来自三个表，这三个表间存在关联关系。如果在建立数据库时，已经为三个表建立了永久性关联，此关联会被自动加入到"查询设计器"中。在"查询设计器"中单击"右键"，从弹出的菜单中选择"添加表"，可以随时加入要查询的表。

　　（2）选择"字段"选项卡，从"可用字段"列表中将"student.学号"、"student.姓名"、"class.课名"、"score.成绩"加入到"选定字段"列表中。函数和表达式，用于在现有字段的基础上，生成新的列。通过移动"选定字段"列表中的小方块▣，可以改变输出字段的先后顺序。在列表框中选择要移动的字段，双击鼠标，也可以完成"添加"或者"删除"。

　　（3）单击▮运行查询，默认情况下，查询结果以"浏览"方式显示。

　　如果要查询所有不及格的记录，关闭浏览结果，完成第（4）操作。通过命令运行查询的语句是：do 查询文件名.qpr。查询文件的扩展名是 qpr，运行时要写上扩展名。

　　（4）单击"筛选"选项卡，设置查询的条件。在"字段名"下的组合框中选择"score.成绩"，"条件"组合框中选择"<"，"实例"下的文本框中输入 60，如图 4-15 所示。查询设计器可以设置多个查询条件，可以通过"逻辑"下的组合框，选择这些查询条件间的"与""或"关系。

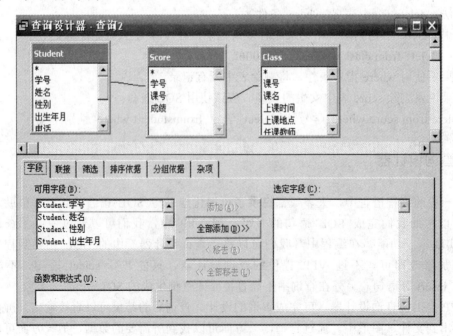

图 4-15

如果对查询的所有不及格的记录排序，关闭浏览结果，完成第（5）操作。

（5）单击"排序依据"选项卡，从"选定字段"列表中，选择要排序的字段。设置排序方式。

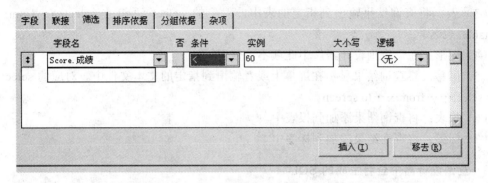

图 4-16

单击"联接"选项卡，显示查询设计器中三个表的关联关系，如图 4-17 所示，默认情况下，表与表间的连接关系为内部连接。表间的关联，具体可参见 4.1.4 节相关内容。

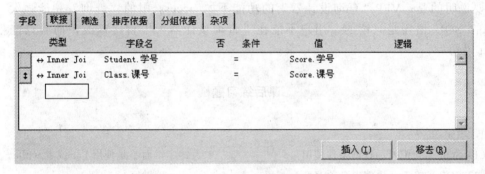

图 4-17

4.2.2 查询结果的输出

默认情况下，查询结果以"浏览"的方式输出，除此之外，可以改变输出。方法是：在"查询设计器"中，单击"右键"，选择"输出设置"，显示图 4-18 对话框。

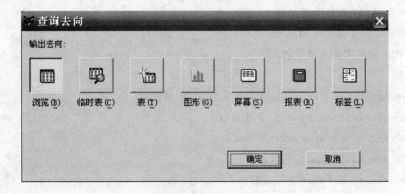

图 4-18

（1）浏览：默认输出方式，将查询结果以浏览方式显示。

（2）临时表：查询结果输出到内存中的一个临时表中。对应的 select 语句是 select……from……into cursor 临时表名。

（3）表：将查询结果输出到指定的表中。对应的 select 语句是 select……from…… into table 表名。

（4）图形：在"查询设计器"中此项不可使用。

（5）屏幕：将查询结果显示在屏幕上或者输出到指定的文本文件中。对应的 select 语句是 select……from……to screen

（6）报表：将查询结果添加到报表中。

（7）标签：将查询结果添加到标签中。

4.2.3　查询设计器中查看生成的 SQL

"查询设计器"的实质是帮助用户书写 select 语句，查看 SQL 语句的方法是：设计器中单击右键，选择"查看 SQL"。在编程中，为了克服写 SQL 语句的麻烦，可以将"查询设计器"生成的 SQL 语句复制到程序中。

要说明的是：VFP"查询设计器"的功能不如 access 中的"查询"功能强大，其查看的 SQL 语句是只读的，用户不能在"查询设计器"中直接修改，而且只能生成 select 语句。

课后练习题

1．填空题

（1）SQL 语句中表示查询条件使用＿＿＿＿＿＿＿＿关键字，而不是使用 For 或者 while。

（2）SQL 的 Select 语句中必须有 Select 和＿＿＿＿＿＿＿＿关键字。

（3）Select 语句中分组时使用＿＿＿＿＿＿＿＿子句。

（4）SQL 中要删除表 1，使用的语句是＿＿＿＿＿＿＿＿＿＿＿＿。

（5）使用 SQL 语句向表中增加一条记录，使用＿＿＿＿＿＿＿＿语句。

（6）删除表 1 中所有记录使用语句＿＿＿＿＿＿＿＿＿＿＿＿＿。

（7）VFP 中表和表间的连接和左连接、右连接、完全连接和＿＿＿＿＿＿＿＿＿＿连接。

（8）运行查询 cx1 的命令语句是＿＿＿＿＿＿＿＿＿＿＿＿＿＿。

（9）查询设计器可以生成 SQL 语句中的＿＿＿＿＿语句。

（10）查询的数据来源可以是表和＿＿＿＿＿。

2．选择题

（1）将 student 中"学号"字段长度由 6 变为 8，正确的是＿＿＿＿＿＿？

　　　（A）alter table student drop 学号 c(8)

　　　（B）alter table student alter 学号 c(8)

　　　（C）alter table student 学号 c(8)

　　　（D）alter student alter 学号 c(8)

（2）查询 class 中有多少记录，正确的语句是＿＿＿＿＿＿。

（A）select sum(*) from class

（B）select count() from class

（C）select count(*) from class

（D）select sum( ) from class

（3）查询 student 中有多少女生，正确的语句是_____。

（A）select count(*) from student where 性别=女生

（B）select count() from student where 性别="女生"

（C）select count(*) from student where 性别=女生

（D）select count(*) from student where 性别="女生"

（4）查询年龄大于 25 岁的学生记录，正确的语句是_____。

（A）select 学号,姓名,性别, year(date())-year(出生年月) as 年龄 from student where year(date())-year(出生年月)>25

（B）select 学号,姓名,性别,年龄 from student where 年龄>25

（C）select 学号,姓名,性别, year(date())-year(出生年月) as 年龄 from student where year(date())-year(出生年月)>"25"

（D）select 学号,姓名,性别,年龄 from student where 年龄>"25"

（5）根据"学号"，分组小计每个学生的总成绩，根据总分降序排序语句是_____。

（A）select 学号,sum(成绩) as 总分 from score group by 学号 order by 总分

（B）select 学号,sum(成绩) as 总分 from score order by 总分

（C）select 学号,sum(成绩) as 总分 from score order by sum(成绩)

（D）select 学号,sum(成绩) as 总分 from score order by 学号 order by sum(成绩)

（6）要通过查询生成新的 DBF 文件，可以设置查询输出为_____。

（A）表　　　　　　　　　　　　（B）浏览

（C）报表　　　　　　　　　　　（D）屏幕

（7）查询文件的扩展名为_____。

（A）FRX　　　　　　　　　　　（B）MNX

（C）SCX　　　　　　　　　　　（D）QPR

3．操作题

（1）查询有多少学生学习过"英语"课程，将查询结果输出到屏幕上。

（2）查询每门功课的最高分和最低分，要求列出课号，最高分，最低分。

（3）从 student 表中查询家在"北京"的学生（"住址"中只要有"北京"二字的就算住在北京），显示全部字段。

（4）从 score 表中查询成绩<60 的记录。

5 表单的使用

VFP 中的表单，和 VB 或 PB 中的窗体在概念上是相当的，任何一个应用程序往往在窗体界面上提供信息或者用户交互的来源，要通过 Visual FoxPro 开发 Windows 应用程序时，首先应掌握面向对象的表单，在表单上边放置许多控件，如文本框、组合框、表格等对象，通过这些对象，完成用户和数据库中数据的交互。本课详细介绍表单设计器的使用方法。

VFP 提供的表单向导生成器，可以生成一对一表单和一对多表单，前者适合于单表的表单，后者适合于具有一对多关系的两个表的表单，使用向导生成器，以简便的方式引导用户按步骤操作产生程序，但向导产生的表单只能按照固定的模式产生结果，其实际应用程序开发中，缺少灵活性。通过运行菜单"工具"|"向导"|"表单"，使用"表单向导生成器"。

5.1 利用表单设计器设计表单

利用"表单设计器"，可以向表单中添加功能强大的丰富多彩的控件。"表单设计器"具有以下特点：

（1）表单的设计面向对象。表单及添加到表单上的控件对象，是表单类及控件工具箱中的"工具类"在表单中的实例，面向对象编程中称其为对象，这些对象具有各自的属性、方法和事件。

（2）操作界面可视化。用户可视地向表单中增加所需要的各种控件，设置这些控件的属性。

（3）使用"表单设计器"不仅能产生表单，而且可以修改设计好的表单，包括对向导生成表单的修改。

使用"表单设计器"可分为以下 3 个步骤：

（1）设计界面，主要是在表单上添加各种控件；

（2）设置表单和控件的属性，如对象的字体大小、颜色、位置等；

（3）在对象的相关事件中编写程序代码。

5.1.1 表单设计器的基本操作

（1）打开"表单设计器"。在"项目管理器"中选择"文档"标签下的"表单"，单击右边的"新建"按钮，显示"新建表单"对话框，选择"新建表单"，系统生成一个名为 form1 的空表单，如图 5-1 所示。

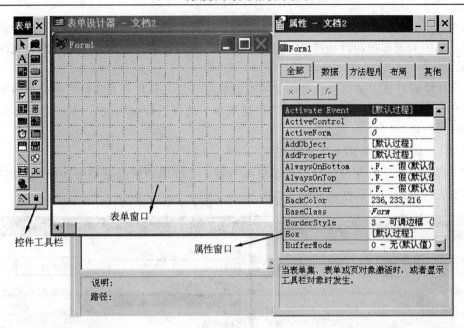

图 5-1

尽管可以通过其他方式，如菜单"文件"|"新建"下选择"表单"，进入"表单设计器"，建议项目开发时还是通过"项目管理器"中的操作完成新表单的建立，否则新建立的表单并不能自动加入到项目管理器中，而要以手工方式将表单加入到项目管理器中。

（2）向表单中添加控件。向表单中添加控件有两种方法，一种方法是在数据环境中，通过向表单中拖动数据表（视图）中的字段，另一种方法是在"控件工具栏"中选中要添加的控件，将鼠标移动到表单相应的位置，然后按住鼠标左键，在表单中拖动鼠标。如果表单中的控件和数据库中的表相关联，即通过表单要操作数据库中的某个表，使用前者可自动在每个控件前添加标签，自动设置控件的 ControlSource 属性。

表单中可用的工具栏主要有：表单控件工具栏、布局工具栏、调色板工具栏、表单设计器工具栏。

表单控件工具栏：用于在表单上创建控件。选中控件后，如果单击工具栏中的 控件，可在表单上连续添加多个同样类型的控件。有些控件，如文本框、组合框、列表框、表格等，带有控件的生成器向导，可使用这些向导，完成对控件的设置。选中控件后，单击工具栏中的 ，启动相应控件的生成器向导。

布局工具栏：用于对齐、放置控件以及调整控件大小。

调色板工具栏：用于指定一个控件的前景色和背景色。

表单设计器工具栏：包括设置 Tab 键的顺序、数据环境、属性窗口、代码窗口、表单控件工具栏、调色板工具栏、布局工具栏、表单生成器和自动格式等按钮。在"显示"菜单中含有这些工具栏。

5.1.2　使用数据环境设计器

数据环境（Data environment）指表单或表单集使用时，为表单或表单集上的控件提供数据的数据源，可包括表、视图和关系。默认情况下数据环境一旦建立，当打开或运行表单时，其中的表和视图自动打开；而在关闭或释放表单时，数据环境中的表和视图也随之关闭。

数据环境设计器用来可视化地创建和修改数据环境，其打开方法是将鼠标指向表单设计器窗口的空白处单击右键，从弹出的快捷菜单中选择"数据环境"，激活数据环境命令窗口。

5.1.2.1 数据环境中添加表或视图

在"数据环境"的空白区域，单击鼠标右键，在弹出的快捷菜单中选择"添加"，弹出"添加表或视图"对话框，如图 5-2 所示。

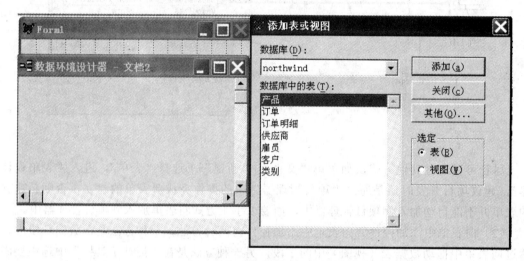

图 5-2

分别选择"订单"和"订单明细"表，单击"添加"，将这两个表添加到"数据环境"中。由于"订单"和"订单明细"在数据库中已经建立了一对多永久关系，故将两个表加入到数据环境中后，自动显示二者的关联线，如图 5-3 所示。

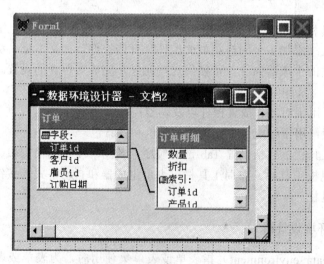

图 5-3

用鼠标单击可选择该关联线，按 Del 键可删除此关联线。也可在两个表间添加关联线，方法是在数据环境设计器窗口中，将父表"订单"的字段拖动到子表"订单明细"的索引。

5.1.2.2 添加字段

在图 5-3 所示的数据环境中，用鼠标将"订单"窗口中的字段拖动到表单窗口适当的位置，系统自动把"订单"表中的所有字段全部按行方式排列在表单中。用户也可根据自己的需要逐个拖动字段到表单中，表单生成器将自动为它们选择一个合适的表单控件。

注意：数据环境中拖动字段时，鼠标选择在表的不同位置，会拖动出不同的效果，如图 5-4 所示。

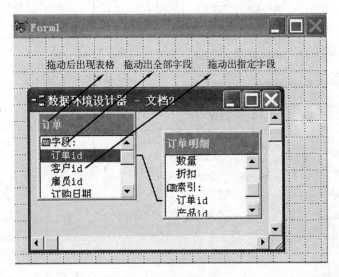

图 5-4

本操作中的拖动，选择数据环境"订单"表中的字段，拖动后的效果如图 5-5 所示。

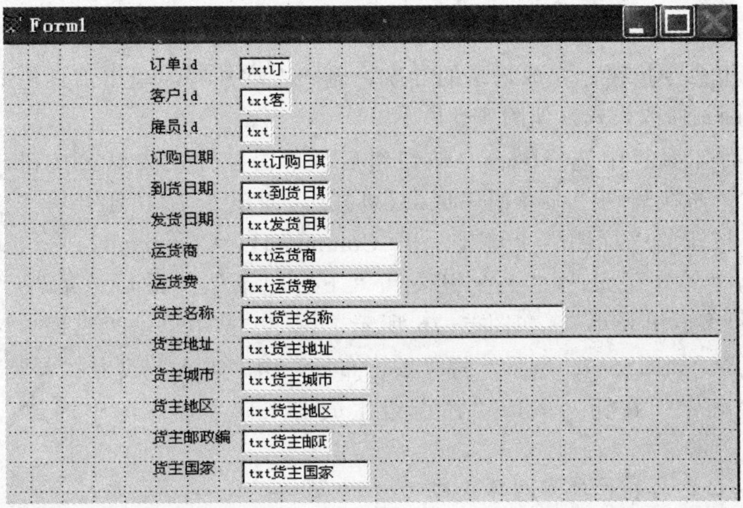

图 5-5

5.1.2.3 保存和运行表单

表单设计（无论是新建还是修改）完成后，可通过存盘保存扩展名为.SCX 的表单文件和扩展名为.SCT 的表单备注文件。单击工具栏上的 ▣ 按钮，将表单保存为"订单"。

打开表单后，单击工具栏中的 ! 按钮，运行表单。如果表单是新建立的或表单修改后未保存，运行前系统要求保存表单。在程序中，可通过 Do Form 订单，运行表单，表单文件的扩展名 SCX 可以省略不写。"订单"表单运行后的结果如图 5-6 所示。

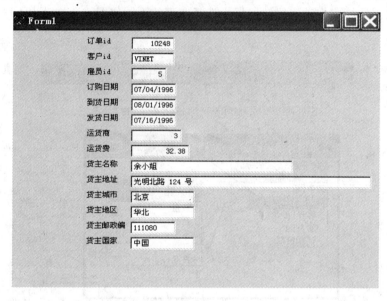

图 5-6

5.1.3 记录的移动、删除和增加

5.1.3.1 使用控件向导生成命令按钮组

表单中显示出的只是"订单"表中的第一条记录，那么如何显示其他记录？为此可为表单中加入一组命令按钮，完成记录的导航、删除、增加等。单击工具栏中 ◤ 按钮，表单停止运行，回到修改模式，如图 5-5 所示。

在表单控件工具栏中选择 ▤命令按钮组后，单击控件生成器 ◪ 按钮，在表单的空白处拖动鼠标，系统启动"命令组生成器"向导，如图 5-7a 所示。将"按钮的数目"改为 7，命令按钮的"标题"下边显示出 Command1、Command2、…、Command7，将其分别改为"第一记录"、"上一记录"、"下一记录"、"最后记录"、"增加记录"、"删除记录"和"退出表单"，如图 5-7b 所示。图 5-7b 中单击"布局"标签，向导为命令按钮组布局，如图 5-7c 所示。将"按钮布局"由"垂直"改为"水平"，如图 5-7d 所示。单击"确定"按钮，关闭"命令组生成器"向导，表单中增加一个水平按钮组，如图 5-8 所示。

5.1.3.2 为命令按钮组编写程序代码

用鼠标双击命令按钮组，系统进入表单的代码编辑区，如图 5-9 所示。

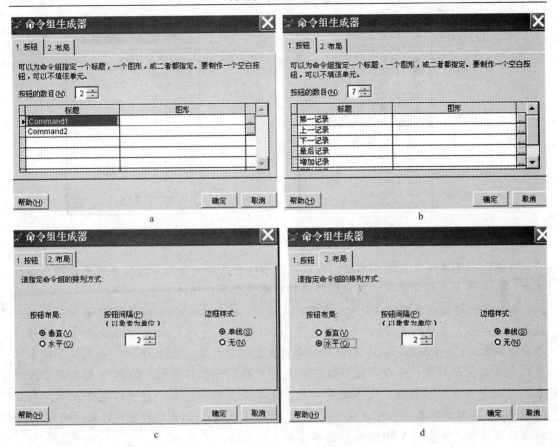

图 5-7

图 5-8

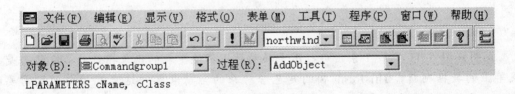

LPARAMETERS cName, cClass

图 5-9

在图 5-9 中"对象"后边的组合框中列出了表单对象 Form1 及表单上全部的对象，如图 5-10 左图，"过程"后边的组合框中列出了各个对象能够识别的动作，也就是事件过程。当然不同类型的对象，其具有的事件过程是不一样的，如图 5-10 右图所示。

有的对象的事件过程具有参数，如图 5-10 中的 CommandGroup1（命令按钮组 1）对象的 AddObject 事件过程。

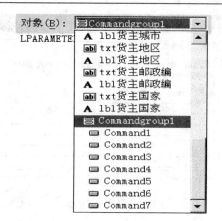

图 5-10

注意：如果事件过程没有参数，一般用户不能自己加入参数，除非系统允许用户增加参数；如果事件过程有参数，用户编写的程序要放在参数行的下边。

知识点：仔细观察图 5-10 的左边图可以发现，CommandGroup1 和下边的命令按钮并没有左边对齐，其原因是 VFP 中的对象讲究层次性。上边的 CommandGroup1 中包含了 7 个命令按钮，CommandGroup1 是 7 个命令按钮组的父对象。在 VFP 中，如果某个对象中可以包含其他的对象，如命令按钮组，此类对象称之为容器对象。VFP 中表单是容器对象，可以包含命令按钮组、文本框等对象；表单集是容器对象，它可以包含表单；屏幕（_Screen）是容器对象，它可以包含表单集，屏幕是 VFP 中最大的容器对象。明白 VFP 对象的层次性，是掌握 VFP 面向对象编程语言的基础，详见 5.2 节。

在图 5-10 中从"对象"后面的组合框中选择 command1 对象，"过程"后面的组合框中选择 Click 事件，写入程序代码，如图 5-11 所示。

```
go top
thisform.refresh
```

图 5-11

说明：图 5-11 中第 1 条语句，用于移动数据环境中表的记录指针，第 2 语句是将表单上的数据刷新，Thisform 指的是包含对象的当前表单。这里有两个问题需要明白，一是程序中并没有使用 Use 订单命令打开"订单"表，订单表单上如何显示出数据？二是数据环境中如果加入了多个表，如"订单"和"订单明细"表同时加入到数据环境，记录指针移动是对哪个表而言的？要弄明白这两个问题，需要掌握数据环境的三个属性，分别是 AutoOpenTable、AutoCloseTable 和 InitialSelectedAlias，如图 5-12 所示。

数据环境的 AutoOpenTable 属性，保证打开表单后，数据表在某一个工作区中自动打开；AutoCloseTable 保证了关闭后，数据环境中的表自动关闭。由于在默认情况下，数据环境设置这两个属性为.T.，故用户不需要使用 Use 命令打开数据表。

图 5-12

数据环境的 InitialSelectedAlias 属性指的是运行表单后，初始的工作区别名。由于数据环境中可能有多个表，每个表都有要在一个工作区中打开，此属性就是指定了默认的工作区。如果没有指定默认工作区，VFP 是按照加入到数据环境中表的先后顺序指定默认工作区的，默认工作区就是第 1 个加入到数据环境中的表所在的工作区。图 5-12 程序中由于先加入的是"订单"表，故即使没有在数据环境中设置 InitialSelectedAlias 为"订单"，go top 命令也是针对"订单"表而言的。当然为了使程序更加易读，可在图 5-12 程序第 1 行前加入 Select 订单，明确操作的工作区。要注意不要写成 Use 订单，因为"订单"表已经打开，何必还要打开？

对于容器控件，选择其包含的对象时，还有一个简单的方法可供选择：右键单击该容器控件，如 CommandGroup1，从快捷菜单中选择"编辑"，容器控件边框变成绿色，表示其处于编辑状态，然后用鼠标左键直接选择其包含的对象即可。

在第 2 个命令按钮的 Click 事件中写入程序，如图 5-13 所示。

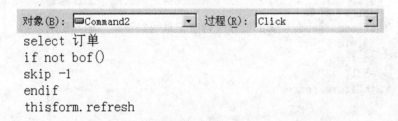

图 5-13

在第 3 个命令按钮的 Click 事件中写入程序，如图 5-14 所示。

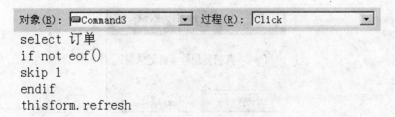

图 5-14

在第 4 个命令按钮的 Click 事件中写入程序，如图 5-15 所示。

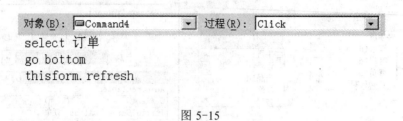

图 5-15

在第 5 个命令按钮的 Click 事件中写入程序，如图 5-16 所示。

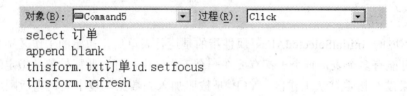

图 5-16

说明：Thisform.txt 订单 id.SetFocus 语句作用是增加空记录后，将鼠标自动设置在输入订单 id 的文本框中，方便用户数据输入，否则用户还要用鼠标单击"订单 id"的文本框，才能输入数据，编程中称之为设置焦点。VFP 中设置焦点的方法有三种，具体见后边的设置焦点。

在第 6 个命令按钮的 Click 事件中写入程序，如图 5-17 所示。

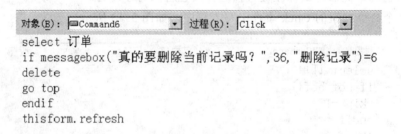

图 5-17

说明：（1）运行表单，单击"删除记录"按钮，出现对话框，如图 5-18 所示。如果用户单击"是"，messagebox() 函数返回值为 6，删除当前记录。

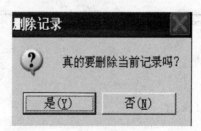

图 5-18

（2）删除记录的时候，要考虑到数据库中参照完整性的设置。由于"订单"和"订单明细"之间存在一对多关系，如果当前的订单，在"订单明细"表中有相关记录，只有将二者的参照完整性设置中"删除规则"设置为"级联"或"忽略"，才能删除当前记录。一般将其设置为"级联"，如图 5-19 所示，否则出现删除失败的对话框，如图 5-20 所示。同样的道理，如果要对"订单"主表中的"订单 ID"作出修改，也要相应地设置"订单明细"子表中的"更新规则"。

（3）删除只是对要删除的记录作了删除标记，如果要物理删除记录，还要使用 Pack 命令。由于使用 Pack 命令，数据表要以独占的方式打开，而数据环境中表默认打开方式是共享方式，故要在数据环境中更改数据表的 Exclusive 属性，如图 5-21 所示，否则物理删除出现错误提示，要求表以独占方式打开。具体操作是在数据环境中，选择"订单"表，从属性中找到 Exclusive，将其更改为.T.。

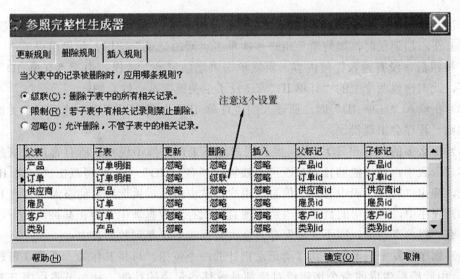

图 5-19

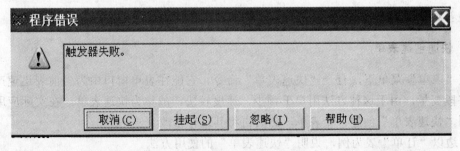

图 5-20

在第 7 个命令按钮的 Click 事件中写入程序代码：

Thisform.release

或者：Release thisform

前者是使用表单的 Release 方法，释放表单，后者是执行 Release 命令，效果是一样的。

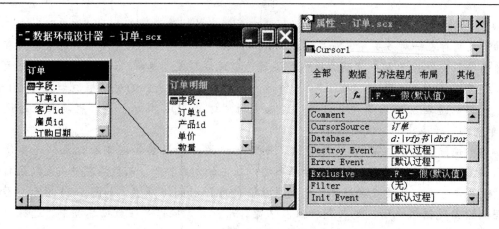

图 5-21

尽管已经建立了一个简单的数据维护程序，但程序还有许多值得完善的地方。主要有：

（1）在添加记录时，如何避免用户多次单击"增加记录"按钮？如果用户单击"增加记录"按钮后，没有输入任何内容，再次单击"增加记录"按钮，由于"订单 ID"是主关键字，此时出现两个空的"订单 ID"，违反了主关键字唯一性原则；

（2）在输入"订单 ID"时，新输入的"订单 ID"如果已经存在，违反了主关键字唯一性原则，程序会出现错误；

（3）那么多的"客户 ID"号，要让用户记下来，显然不现实。所有客户的信息保存在"客户"表中，应该能够让用户既可直接输入"客户 ID"号，也可双击"客户 ID"的文本框，弹出"客户"表中客户的信息，用户可从中挑选，挑选后自动添入"客户 ID"；

（4）程序中，表单中的数据修改后，便直接保存到数据表中，但在某种情况下，需要表单具有"撤单"功能，即不发出保存命令，数据就不保存到数据表中；

（5）程序开发中，多处用到移动记录指针的命令按钮，可将其作为一个类（可理解为模板），由此模板生成的命令按钮组对象都具有移动记录的功能，从而节省程序开发的工作量。

随着对表单及控件的深入学习，上面的问题都将得到解决。

5.1.4　快速创建表单

在"表单"菜单下，有一"快速表单"命令，它能在表单窗口中为当前表迅速产生选定的字段变量，由于这种方法用户干预少，速度较快，故称为快速表单。在实际应用中，可先用"快速表单"创建一个表单，然后再将其进行修改。

下边以"订单"表为例，说明"快速表单"的使用方法。

（1）打开表单设计器，选择菜单"表单"|"快速表单"，显示"表单生成器"对话框，如图 5-22 所示。

（2）选择数据库 Northwind 和"订单"表，从"可用字段"列表框中将字段加入到"选定字段"列表框中。

（3）单击"样式"选项卡，从中选择表单的某一样式，如浮雕式，单击"确定"按钮，出现快速定义后的表单窗口，如图 5-23 所示，将此订单保存为"订单 1"。

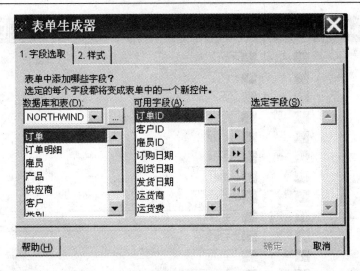

图 5-22

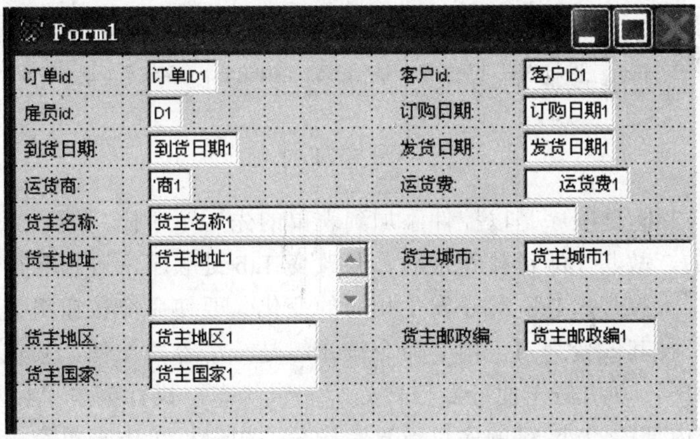

图 5-23

5.1.5 设置控件的焦点

运行"订单"表单，光标停在"订单 id"后边的文本框中，如果要使程序开始运行后，光标就停留在命令按钮组的"第一记录"按钮上，可通过下边三种方法中的任何一种实现。

5.1.5.1 设置控件的 TabIndex 属性

选择命令按钮组，将其 TabIndex 属性设置为 1，然后单击鼠标右键，选择"编辑"，选择标题为"第一记录"的命令按钮，设置其 TabIndex 属性为 1。

5.1.5.2 调整 Tab 键次序

用户可以通过 Tab 键来移动表单内的光标位置。所谓的 Tab 键顺序，是用户按 Tab 键（或按回车键）后，光标经过表单控件的先后顺序。

在修改表单时，可能要调整 Tab 键的顺序。方法是打开表单设计器后，执行菜单"显示"|"Tab 键顺序"命令，表单中的所有控件显示出当前的 Tab 键顺序，如图 5-24 所示。

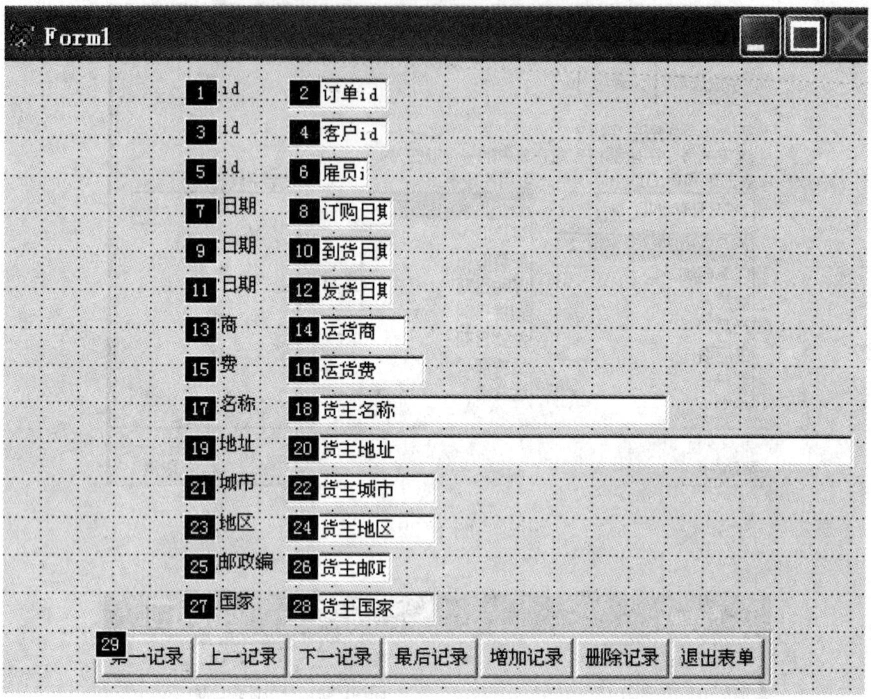

图 5-24

默认情况下，Tab 键顺序是以控件添加到表单的先后顺序排列的。由于命令按钮组是最后添加到表单的，故其 Tab 键排在最后，要改变 Tab 键顺序，可按获得焦点的先后顺序依次用鼠标单击一下控件，Tab 顺序发生相应的变化。要使命令按钮组先获得焦点，先用鼠标单击其 Tab，使其改变为 1。由于命令按钮组是一个容器控件，其包含的控件也可设置 Tab 键先后顺序，方法是先使容器控件处于编辑状态，执行菜单"显示"|"Tab 键顺序"，依次设置其内部的 Tab 键顺序。设置完毕后，用鼠标单击表单空白处，去除显示在控件上的 Tab 键顺序。一般情况下，由于标签控件不接受用户的输入，故一般用不着关心其 Tab 顺序。

5.1.5.3　使用 SetFocus 方法

对于能够在运行时获得焦点的控件，如文本框、组合框等，可以使用 Setfocus 方法，使其获得焦点。在命令按钮组的第一个命令按钮的 Init 事件中，写入如下程序代码，即可使程序运行后，首先让其获得焦点。

ThisForm.CommandGroup1.Command1.SetFocus

也可写成：

This.Setfocus

This 指的是当前引用的对象，也就是 Command1，具体可参见 5.2 节的面向对象程序设计。

5.1.6　在表单上设置控件

在设计表单时，用户可以使用表单控件工具栏中的各种控件按钮逐个地创建控件，并可对已建的控件进行移动、删除、改变大小等操作。

5.1.6.1　创建控件

在表单窗口创建控件的操作简单。打开表单设计器后，单击表单控件工具栏中的某一个控件按钮，然后单击表单窗口内的某个地方，在该地方就会产生一个该种类型控件的控件。也可单击控件后，按下鼠标左键，在表单上拖一小块，创建一个控件，小块的大小，就是创建控件的大小。

5.1.6.2　调整控件的位置

为了合理安排控件位置，需要对控件进行移动、改变大小、删除、复制等操作。

A　选定控件

用鼠标单击该控件，在控件的四角及每边的中点均会出现一个方块的控制点符号，表示控件被选定。

选定多个控件时，按下 Shift 键，逐个单击要选定的控件。或者按下鼠标左键，从表单空白处开始拖动鼠标，屏幕上出现一个虚线框，松开鼠标左键后，圈在其中的控件全部被选定。

一次选定多个控件后，如果这些控件都具有某个属性，对此属性可进行集体设置。

B　移动控件

选定控件后，用鼠标将其拖动到相应位置即可。

C　改变控件大小

一种方法是选定控件后，拖动该控件的某个控制点（控件上的小方块），改变控件大小。另一种方法是设置控件的 Width、Height 属性。

D　删除控件

选定控件后，按 Del 键即可。

E　复制控件

选定控件，单击右键，从快捷菜单中选择"复制"，然后在需要复制控制的地方单击右键，从快捷菜单中选择"粘贴"。要注意的是如果此控件某些事件中已输入的程序，粘贴时程序代码也将一块被粘贴。

另外在选定多个控件后，可使用 VFP 提供的"布局工具栏"，对选定的控件进行对齐、居中等操作。

5.2　面向对象程序设计方法

5.2.1　面向对象编程的基本概念

5.2.1.1　对象

对象是任何具体的事物。在 VFP 中窗口、命令按钮、标签等都是对象。对象是类的一个实例，是应用程序中的一个处理单位。VFP 中，当通过表单设计器将某一控件放入表单时，该控件就成为一个对象。一个表单往往包含一个或多个对象，表单本身也是一个对象。VFP 中的对象有两种：容器对象和控件对象。

A　控件

控件是表单上显示数据和执行操作的基本对象，如命令按钮对象、文本框对象、标签对象等。

B　容器控件

容器控件是可以包含其他对象的对象。表 5-1 列出了 VFP 中的容器及其可能包含的对象。表单控件工具栏的按钮中，有的能创建控件，如标签按钮、组合框按钮，有的能创建容器，如命令按钮组、选项按钮、表格按钮等。

表 5-1

容　器	能包含的对象
表单集	表单、工具栏
表　单	页框、表格、任何控件
页　框	页面
页　面	表格、任何控件
表　格	表格列
表格列	标头对象，除表单集、表单、工具栏、计时器和表格列对象以外的对象
选项按钮组	选项按钮
命令按钮组	命令按钮
工具栏	任何控件，页框，容器
Container 容器	任何控件

VFP 中容器对象是分层次的，如图 5-25 所示，容器的层次关系直接关系到如何引用容器中对象。

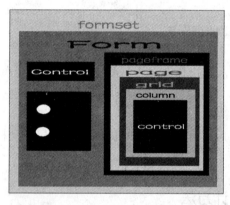

图 5-25

任何对象都具有属性、方法和事件。对象的特征由其属性来描述，对象的行为由其事件和方法来描述。

说明：VFP 最大的容器对象是什么？是表单集吗？不是的。最大的容器对象是屏幕（_Screen）。在 VFP7.0 以后的版本中，将此对象直接包括在属性窗口中。_Screen 对象是一个系统内存变量，此变量是一个对象变量，如在命令窗口中输入命令：_Screen.Backcolor=RGB(255,0,0)会使屏幕的背景色变为红色。

5.2.1.2　属性

A　对象的属性

对象的属性标识了对象的特征。对象一经创建，VFP 为其设置了默认的属性。大多数属性用户既可在设计时改变其属性值，也可在运行时改变其属性。有些属性在运行时为只读属性，是无法设置的。设置属性的语法是：

对象.属性=值

B 属性窗口

在表单任意位置，单击右键，从快捷菜单中选择"属性"，显示出属性窗口，如图5-26所示。

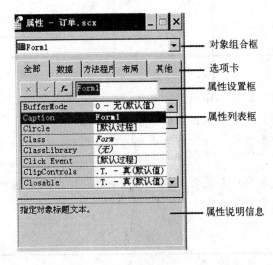

图 5-26

不同类型的对象，具有不同的属性和事件。对象的大部分属性的设置可以通过属性窗口完成。方法是在表单上先选择要设置属性的对象，或者从"属性"窗口的"对象组合框"中选择对象，从属性中找出要设置的属性，在"属性设置框"中修改其属性值即可。有一些属性是只读的，不能通过属性窗口进行设置，如每个控件的 BaseClass 属性。还有一些控件的属性只能在运行中通过程序来设置，如文本框的 SelStart 属性。

系统默认情况下，在属性窗口中选择某一属性，在"属性说明信息"位置上显示出对该属性、事件的说明，可帮助用户了解这些属性和事件。如果属性窗口没有对属性、事件的说明区，可在属性窗口的标题区域中，单击鼠标右键，从快捷菜单中选择"属性说明"即可。

C 常用的一些属性

表5-2选列了一些 VFP 中常用的属性，有一些属性是对象公有，如对象的 Name。

表 5-2

属 性	说 明	可应用的对象
Name	指定对象的名字，用于在代码中引用对象	任何对象
Caption	对象的标题，显示在对象上的文本	表单、标签、命令按钮等
Value	指定控件的状态或取值	文本框、选项按钮、列表框等
ControlSource	指定与对象连接的数据库	文本框、组合框、列表框、表格等可接受用户输入（选择）的控件
AutoCenter	是否在 VFP 主窗口中居中	表单

属　性	说　明	可应用的对象
AutoSize	对象是否自动根据标题的大小调整其大小	标签、命令按钮等
BackColor	指定对象内部的背景颜色	表单、文本框、标签、命令按钮、列表框等
ForeColor	指定对象中的前景色	表单、文本框、标签、命令按钮、列表框等
WindowState	指定运行时是最大化还是最小化	表单
WindowType	指定表单运行时的模式	表单
Controlbox	是否取消标题栏的所有按钮	表单、工具栏
Closeable	标题栏中的关闭按钮是否有效	表单

5.2.1.3　事件

是对象响应和识别的某些动作，是一些特定的预定义的活动。如用鼠标单击某个命令按钮，将会触发该按钮的一个 Click 事件。一个对象可以有多个事件，但每个事件都是由系统预先规定的。一个事件对应一个程序，称为事件过程。表 5-3 列出了 VFP 中的主要核心事件。

事件一旦被触发，系统马上就会去执行与该事件对应的事件过程，事件过程执行完毕后，系统接着等待下一个事件的发生。

表 5-3

事　件	触 发 时 机	事　件	触 发 时 机
Load	创建对象前	MouseUp	释放鼠标键时
Init	创建对象时	MouseDown	按下鼠标键时
Activate	对象激活时	KeyPress	按下并释放某键盘键时
GotFocus	对象得到焦点	Valid	对象失去焦点前
Click	单击鼠标左键	LostFocus	对象失去焦点时
DblClick	双击鼠标左键	Unload	释放对象时
MouseMove	用户在对象上移动鼠标	Error	无论何时一个方法中发生运行错误，此事件都被调用
Destroy	从内存中释放对象，是一个对象最后一个被激发的事件	RightClick	用户使用单击鼠标右键

由上边可知，事件包括事件过程和事件触发两个方面。尽管事件过程是由系统定义的，但事件过程的代码应该由程序开发员事先编写。尽管 VFP 事件总是在不断地发生，但只有被编写了代码的事件触发后才能产生特定的操作，否则事件只是发生，不会造成对象的任何变化。

VFP 中事件触发分三种情况：

（1）由用户触发。如单击某个命令按钮，触发该对象的 Click 事件，在某个对象上移动鼠标，触发该对象的 MouseMove 事件；

（2）由系统触发，如表单的 Load 事件，每个对象的 Init 事件，时钟的计时器事件；

（3）由代码触发。如用代码调用事件过程。

下面是表单启动后的事件执行的先后顺序：

DataEnvironment.BeforeOpenTables() 、　　Form.Load() 、　　DataEnvironment.Init() 、

Form.Container1.Contol1.Init()、 Form.Container1.Control2.Init()、 Form.Container1.Init()、 Form.Controln.Init()、 Form.Init()、 Form.Show()、 Form.Activate()、 Form.GotFocus()、 Form.Container1.GotFocus()、Form.Control1.GotFocus()。

5.2.1.4 对象的方法

对象的方法是指对象可执行的动作。如表单对象的 Release 方法。每个方法都有一段特定的或缺省的代码相对应，这些代码是在创建类时定义并编写好的。如果对象已创建，便可以在应用程序中的任何一个地方调用这个对象的方法程序。调用方法程序的语法为：

对象.方法

5.2.2 对象引用

在面向对象程序设计中，常常需要引用对象，引用对象的属性、方法和事件。本节介绍 VFP 中对象引用的格式。

VFP 中的对象分层次关系，掌握了这种层次关系，才能够在容器中调用一个方法，或检查一个对象的属性。引用对象时，应先从容器外面对象开始，然后逐层移到最里边的对象。

引用对象有绝对引用和相对引用两种，类似于文件的相对路径和绝对路径的用法。

5.2.2.1 绝对引用

使用绝对引用时，要通过提供对象的完整容器层次来引用对象。

【例 5-1】 表单上有一名为 FramePage1 的页框，页框包含有 Page1 和 Page2 两个页面，在 Page1 页上设置一个命令，如图 5-27 所示。通过单击命令按钮，使页框中的 Page1 的标题改变为"员工基本情况"。

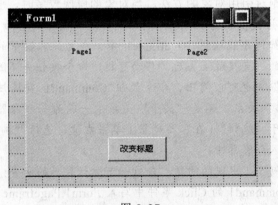

图 5-27

打开"属性"窗口的"对象组合框"，显示表单中对象及其层次关系，如图 5-28 所示。

从图 5-28 可以看出，Form1 下边包含了 Pageframe1，Pageframe1 下边包含了 Page1 和 Page2，Page1 中又包含了 Command1。在 Command1 的 Click 事件中要引用 Page1 对象，设置其 Caption 属性值为"员工基本情况"的写法似乎是：

Form1.Pageframe1.Page1.Caption="员工基本情况"

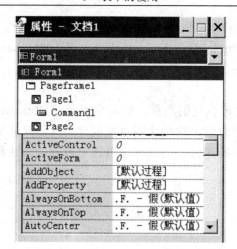

图 5-28

但运行表单后，出现"找不到对象 Form1"的错误提示。为什么有表单 Form1 却在这里不能使用？不是不能使用 Form1，而是出于其他目的，在使用方法上要加以调整，在下边的剖析中给出了答案。

这里一般将 Form1 改成 Thisform，即在 Command1 的 Click 事件中的程序为：

Thisform. Pageframe1.Page1.Caption="员工基本情况"

程序运行后，单击"改变标题"按钮，Page1 中的标题发生了改变。像上边这种写法，引用容器中对象时，一般格式是：表单集.表单.表单下容器对象.容器对象中的对象，如果没有表单集，就从表单开始写起。与引用当前表单一样，引用当前表单集的写法是 ThisformSet，而一般不是 Formset1。

可以看出，使用绝对引用对象的方法，当对象的层次较多时，书写起来语句很长，不方便，幸运的是 VFP 还提供了另一种引用对象的方法：相对引用。

说明：命令按钮如何才能放到 Pageframe1 中，成为此容器下的对象？直接将命令按钮放在页框上是不行的。直接放上去后，移动页框，命令按钮并不随着移动，从"属性"窗口的"对象组合框"中也可以看出，命令按钮 Command1 直接归属在表单 Form1，与 PageFrame1 是"兄弟"关系，不是"父子"关系。一般为一个容器控件加入子对象时，首先要使容器对象处于"编辑"（在容器对象上单击右键，选择"编辑"）状态，然后才能将要添加的子对象加入到容器中。

剖析：下边针对例 5-1 出现的问题，分析一下运行表单的命令：Do form 表单名

例 5-1 中，在 Command1 的 Click 事件中写入 Form1.Pageframe1.Page1.Caption="员工基本情况"，将表单保存，如保存的表单名"例 5-1"。

在命令窗口中输入命令：Do form 例 5-1 name form1

惊奇地发现，单击"改变标题"按钮后，程序可以正常地运行。在 VFP 中为了在一个表单中对另一个表单或表单上的控件进行控制，执行表单命令时，可以使用参数 Name 为将要运行的表单命名。也可以将 Command1 的 Click 事件中的程序代码修改为：

MyForm.Pageframe1.Page1.Caption="员工基本情况"

正确运行表单"例 5-1"的命令为：

Do form 例 5-1 name Myform

下边以例 5-2 说明 VFP 这样做的用意。

【例 5-2】 设计两个表单，如图 5-29 所示，示例的目的是学习如何在一个表单中控制另一个表单及其表单中的控件。

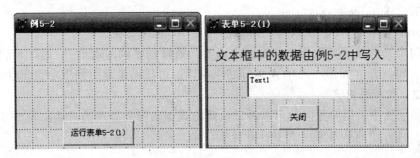

图 5-29

图 5-29 左图保存的表单文件名为"例 5-2"，右图中保存的表单文件名为"5-2(1)"。在表单"例 5-2"中增加一个命令按钮 Command1，表单"5-2(1)"中增加一个文本框 Text1 和命令按钮 Command1。运行表单"例 5-2"后，单击命令按钮，在另一表单"5-2(1)"的文本框 Text1 中输入"VFP 程序设计"，并使其背景色为蓝色，字体的颜色为白色，在表单"5-2(1)"中单击"关闭"按钮，关闭表单。运行后的效果如图 5-30 所示。

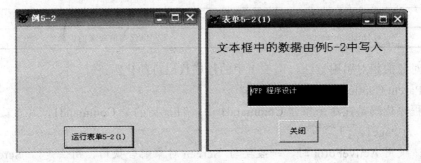

图 5-30

实现方法：

（1）根据图 5-29 建立对象。

（2）表单"例 5-2"命令按钮 Command1 的程序代码如图 5-31 所示。

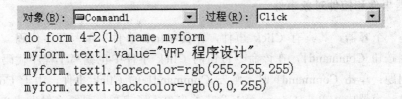

```
do form 4-2(1) name myform
myform.text1.value="VFP 程序设计"
myform.text1.forecolor=rgb(255,255,255)
myform.text1.backcolor=rgb(0,0,255)
```

图 5-31

（3）表单"5-2(1)"的 Command1 中 Click 事件的代码为：

Myform.Release

或者也可写为：

Thisform.Release

通过例 5-2，知道了如何使用表单名。实际上运行表单程序的命令，如果写全了，应该是这样的：

Do Form　表单 A With　参数列表　name　名字　to　返回变量

此语句中又增加了参数传递与返回值内容。通过程序调用表单 A 时，可将参数列表中的参数传递到表单 A 中，表单 A 运行结束后，又可将结果返回到指定的变量中。

5.2.2.2　相对引用

在容器层次中引用对象时，可以通过快捷方式指明所要处理的对象，表 5-4 中的属性和关键字允许方便地从对象层次中引用对象。

表 5-4

属性或关键字	引　用
Activeform	当前活动的表单
Activecontrol	活动表单中活动的控件
Activepage	当前活动表单中的活动页
Parent	当前对象的直接容器
This	当前对象
Thisform	包含当前对象的表单
Thisformset	包含当前对象的表单集

使用对象的相对引用方法，例 5-1 中的程序代码可简化为：

This.Parent.Caption="员工基本情况"

由于程序代码是在命令按钮 Command1 中，This 指的是 Command1，其直接容器对象（父对象）为 Page1。

说明：使用 ActiveForm 时，一般要与_Screen 对象配合使用，用法是：_Screen.Active Form。如果先运行一个表单，然后在命令框中输入：_Screen.ActiveForm.Caption="VFP 程序设计"，当前运行的表单的标题会变成"VFP 程序设计"。这种用法，不需要知道运行的表单名，但可以修改表单的属性，如标题、背景色、字体等，从而使设计出的程序更具有通用性（特别是在编制工具栏、菜单的时候）。

5.2.3　容器事件和控件对象事件

表单是一个容器，其具有 Click 事件，在其 Click 事件中编写程序代码。在表单上放置一个命令按钮 Command1，在该命令按钮的 Click 事件中也编写了程序代码。这样就引出了一个问题：单击 Command1 时，触发 Command1 的 Click 事件，由于 Command1 是放在表单这一容器中，单击 Command1 意味着也单击了表单，是否会触发表单的 Click 事件呢？

一般而言，在为容器中的控件编写程序代码时，容器是不处理它所包含对象相关联的事件的。尽管命令按钮位于表单上，当用户单击命令按钮时，不会触发表单的 Click 事件，只触发命令按钮的 Click 事件。

上述规则有一个例外。如果为选项按钮组或命令按钮组编写了某事件代码，而组中个别按钮没有与该事件相关联的代码，当这个按钮的事件发生时，将执行组事件代码。具体见例 5-3。

【例 5-3】 新建一个表单，在表单中增加一个选项按钮组，其中有两个选项按钮，在选项按钮组的 Click 事件中写入相关代码，而在选项按钮组的两个选项按钮中只有一个按钮 Option1 拥有与 Click 相关联的代码，如图 5-32 所示。

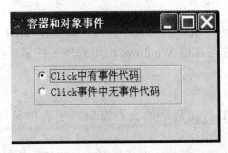

图 5-32

为简单起见，选项按钮组中 Click 事件的程序代码为：

messagebox("选项按钮组的 Click 事件触发")

选项按钮组中 Option1 的 Click 事件代码为：

messagebox("选项按钮 1 的 Click 事件触发")

运行程序后，分别单击 Option1 和 Option2，显示结果如图 5-33 和图 5-34 所示。

图 5-33

图 5-34

5.3 多表单应用程序

应用程序一般包含多个窗口，而一个表单只显示为一个窗口。本节讨论多窗口（多表单）应用程序的界面以及表单间参数传递的方法。

5.3.1 应用程序界面

5.3.1.1 单文档界面（SDI）和多文档界面（MDI）

Windows 下应用程序的界面有单文档界面（Single-Document Interface）和多文档界面（Multiple-Document Interface）两种，在应用程序的窗口内含有菜单栏，在文档窗口内没有菜单栏，如果文档窗口位于应用程序窗口内，允许它共享应用程序窗口的菜单栏。

在 VFP 的应用程序中也分为 SDI 和 MDI。SDI 就是应用程序窗口内仅能显示一个文档，此文档直接显示在应用程序窗口内，SDI 典型的例子就是 Windows 的记事本。在记事本中一次只能打开一个文档。MDI 指应用程序中能够包含多个文档窗口，Word 是一个多文档窗口的例子，在 Word 中一次可以打开多个文档。

5.3.1.2   VFP 中 SDI 与 MDI 的实现方法

为了支持 SDI 和 MDI 两类界面，VFP 允许创建顶层表单和子表单。

A   顶层表单

顶层表单适合于创建一个 SDI 应用程序界面，或用作 MDI 应用程序中的父表单。在顶层表单中没有父表单，它与其他 Windows 应用程序一样显示在 Windows 桌面上，也显示在 Windows 任务栏中。

B   子表单

子表单用于创建 MDI 应用程序的文档窗口，子表单又可分为非浮动表单和浮动表单。

非浮动表单是不可移动到父表单边界外的表单，其最小化时显示在父表单的底部，父表单最小化时，其也最小化。设置非浮动表单的方法是将表单的 DeskTop 属性设置为.F.。

浮动表单则可移动到桌面的任何位置，但其总是显示在父表单的前面，不能将其放置到父表单的后面，它最小化时显示在桌面底部，父表单最小化时它也会同时最小化。设置浮动表单的方法是将表单的 DeskTop 属性设置为.T.。

表单中有个 MDIForm 属性，用来设置子表单最大化后的样式。如果要使子表单最大化后与父表单合成一体，即子表单包含在父表单中，并共享父表单的标题栏、菜单栏及工具栏，要将此属性设置为.T.；如果希望子表单最大化后成为一个独立的窗口，即保留其本身的标题栏和标题，并占据父表单的全部用户区域，要将此属性设置为.F.。

如果要调用子表单，可在顶层表单某事件代码中写入 Do Form <子表单>命令，要注意的是不能在顶层表单的 Init 事件中调用子表单，因为此时顶层表单本身尚未激活。

C   顶层表单和子表单的确定

通过设置表单的 ShowWindow 属性可确定表单为顶层表单或子表单，其属性取值及功能如下：

0：表单作为 VFP 主窗口的子表单

1：表单作为顶层表单的子表单

2：表单作为顶层表单显示在桌面上

【例 5-4】 在"订单"表单中增加一个命令按钮，单击此按钮将打开一个供用户输入"订单号"的表单。在新窗口中输入"订单号"后，"订单"表单中的记录发生相应的改变。如图 5-35 所示。

（1）以"快速表单"的方式为"订单"表建立一个名为"例 5-4"的表单，并将其打开。

（2）在"例 5-4"表单窗口中增加命令按钮 Command1。

（3）再新建立一个表单 cxdd1.Scx，在表单上创建一个标签，一个文本框和一个命令按钮。

（4）表单中各对象属性的设置见表 5-5。

表 5-5

表单名	对象	属性	属性值	说 明
例 5-4	Form1	ShowWindow	2	本表单作为顶层表单显示在桌面
	Form1	Autocenter	.T.	
	Command1	Caption	查询	
Cxdd1	Form1	ShowWindow	1	本表单作为顶层表单的子表单
	Form1	Autocenter	.T.	
	Label1	Caption	输入订单号	
	Command1	Caption	确定	
	Form1	WindowType	1	将表单设置为 1 模式

（5）在"例 5-4"表单的 Init 事件中定义公共变量 ddh，通过它完成两个表单间变量的传递。

Public ddh

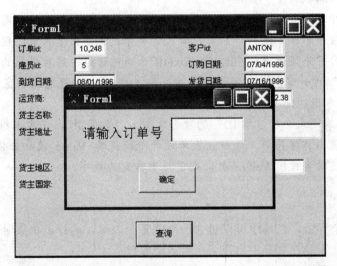

图 5-35

（6）在"例 5-4"的 Command1 按钮的 Click 事件中写入程序，如图 5-36 所示。

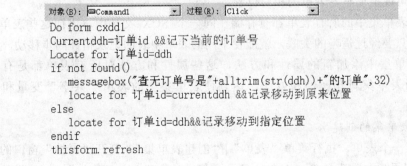

```
对象(B): Command1      过程(R): Click
Do form cxdd1
Currentddh=订单id &&记下当前的订单号
Locate for 订单id=ddh
if not found()
    messagebox("查无订单号是"+alltrim(str(ddh))+"的订单",32)
    locate for 订单id=currentddh &&记录移动到原来位置
else
    locate for 订单id=ddh&&记录移动到指定位置
endif
thisform. refresh
```

图 5-36

（7）在"例 5-4"表单的 Unload 事件中写入代码：

Release ddh &&释放公共变量

（8）在表单 cxdd1 中的 Text1 的 Valid 事件中写入程序，如图 5-37 所示。

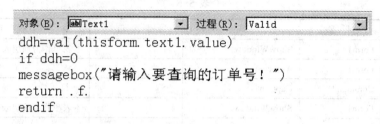

```
ddh=val(thisform.text1.value)
if ddh=0
messagebox("请输入要查询的订单号！")
return .f.
endif
```

图 5-37

（9）在子表单 cxdd1 的 Command1 的 Click 事件中写入代码：

Thisform.release

说明：1）必须将子表单 cxdd1 的 Windowtype 设置为 1：有模式，为的是图 5-36 中程序执行完语句 Do Form cxdd1 后，能够开始子表单 cxdd1 中的事务过程，否则程序执行完此语句，就要开始执行下一条语句。

2）图 5-37 中将程序代码放在 Text1 的 Valid 事件中，目的是强制用户输入要查询的"订单号"，否则程序不往下运行。如果不输入订单号，就退出子表单，程序给予提示。要注意的是，提示时首先显示通过 messagebox()提示的对话框，然后屏幕的右角上，又出现一个"无效输入"的小窗口，可通过 Set Notice Off 语句，避免此小窗口的出现。关于 Valid 事件，在文本框控件中对其有较详细的论述。

3）由于"订单"表中"订单 ID"的数据类型为"数值型"，而文本框 Text1 默认情况下，将其输入的值当作字符串（除非在表单设计阶段将其 Value 值初始化为数值），故给公共变量 ddh 赋值时要使用 Val()函数，则字符串转变为数字。

5.3.2 表单集

表单集是一个容器，在其中可以包含一个或多个表单，运行表单集时，它所包含的所有表单都被加载，于是在屏幕上出现了一组多个窗口。

表单集具有以下特点：

（1）可显示/隐藏表单集中的表单。运行时，表单集中的表单能相互切换。

（2）能够可视地调整各表单的相对位置。

（3）由于表单集中的所有表单都有存储在同一个 SCX 文件中，因而这些表单共享一个数据环境，只要经过适当的关联，就能使不同的表单中表的记录指针同步移动。

（4）在表单集中添加新的属性和方法，这些属性和方法对所有表单都是有效的，因而可通过为表单集新建属性和方法，达到使表单集中的表单"共享"变量和程序的目的。

5.3.2.1 表单集的创建

新建/打开一个表单，执行菜单"表单"|"创建表单集"。打开"属性"窗口的"对象组合框"，可以看出，在表单 form1 上又多了一个父对象 Formset1，如图 5-38 所示。

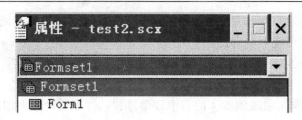

图 5-38

表单集的创建不同于其他对象，其必须在表单的基础上才能创建。表单集及其包含的所有表单都有保存在创建表单集时的表单文件中，打开表单文件时，已创建的表单集也随之打开。

基于某个表单创建好表单集后，该表单集中只有一个表单 form1，也就是创建表单前的表单。执行菜单"表单"|"添加新表单"，可为表单集增加新的表单。

5.3.2.2 表单集的删除

执行菜单"表单"·|"移除表单集"命令，可将表单集删除。要注意的是只有当表单集中只有一个表单时，才能执行此命令。故在移动表单集前，要选择移去的表单，执行菜单"表单"|"移除表单"命令，直到表单集中只有一个表单，然后再移除表单集。

5.3.2.3 表单集的释放

释放表单集可以使用命令 Release Thisformset 或者使用语句 Thisformset.Release。在表单集的 AutoRelease 属性为.T.的情况下，表单集随着最后一个表单的释放而释放。

【**例 5-5**】 使用表单集为"订单"表和"订单明细"表建立两个表单，通过在一个表单中查看"订单"，可以在另一个表单中得到该订单的订单明细。运行结果如图 5-39 所示。

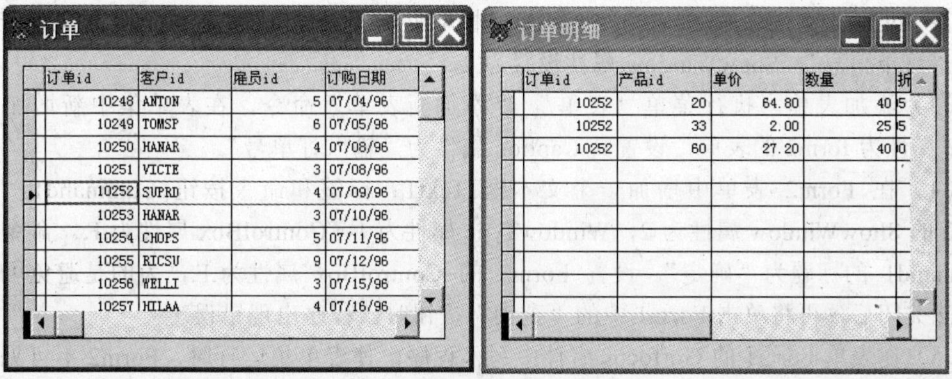

图 5-39

（1）通过"项目管理器"新建立一个表单(name 为 form1)，将其 Caption 属性设置为"订单"，将表单保存为"例 5-5"。

（2）打开表单"例 5-5"，执行菜单"表单"|"创建表单集"命令，为表单"例 5-5"建立了一个表单集。

（3）执行菜单"表单"|"添加新表单"，表单设计器窗口中增加一个 form2 表单，设置其 Caption 属性值为"订单明细"。

（4）在"数据环境"中增加表"订单"和"订单明细"，由于这两个表间已建立了一对多关系，故在数据环境中自动加入了关联线。

运行表单"例 5-5"，可以看到，在 form1 中"订单"发生移动后，form2 中显示出相应的订单明细。

【例 5-6】 用表单集实现例 5-4 的查询订单过程，程序设计界面如图 5-40 所示。

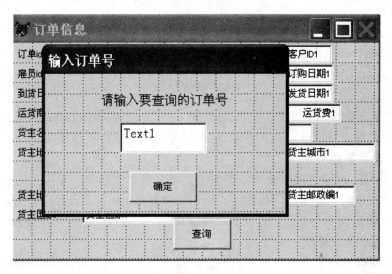

图 5-40

（1）使用"快速表单"的方法，为"订单"表生成一个名为"例 5-6"的表单，在表单上增加一个命令按钮 Command1，设置其 Caption 属性为"查询"。

（2）建立表单集。打开表单"例 5-6"，执行菜单"表单"|"创建表单集"命令，使之产生 Formset1 对象。其中表单的 Name 属性取默认值 form1。设置 Form1 的 Caption 属性为"订单信息"，ShowWindow 属性设置为 2。

（3）添加表单。执行菜单"表单"|"添加新表单"命令，在表单集中新增加一个 Name 属性为 form2 的表单，设置其 Caption 属性为"输入订单号"。

（4）在 Form2 表单中增加一个文本框 Text1、标签和命令按钮 Command1，设置 form2 的 ShowWindow 属性为 2，WindowType 属性为 1，ControlBox 属性为.F.。命令按钮 Command1 的标题为"确定"。设置 Form2 的 ControlBox 属性为.F.，为的是避免用户将 Form2 关闭后，再将单击 Form1 中的"查询"按钮时，程序出现错误。

（5）在表单 Form1 的 Gotfocus 事件中写入程序，使表单集运行时，Form2 不可见。

thisformset.form2.hide&&隐藏 Form2

（6）在 Form1 的 Unload 事件中写入程序，释放表单集和所有表单

release thisformset

说明：此语句不可省略，否则表单 Form2 无法将其释放，从而不能再次打开"例 5-6"，除非在命令框中输入语句：Clear All 命令来释放窗口。

（7）在 Form1 的 Command1 查询按钮中写入程序，使表单集中 Form2 显示出来，供用户输入订单号。

thisformset.form2.show

（8）在 Form2 的 Command1 的 Click 事件中输入程序，如图 5-41 所示。

```
对象(B): Command1        过程(R): Click

if val(thisform. text1. value)<>0
    thisform. hide
    select 订单
    currentddh=订单. 订单ID &&使用Currentddh记录下查询前的订单号
    locate for 订单id=val(thisformset. form2. text1. value)
    if not found()
    messagebox("没有订单号为"+alltrim(str(val(thisformset. form2. text1. value)))+"的订单",32)
    locate for 订单id=currentddh &&记录回到查询前位置
    endif
    thisformset. form1. refresh
else
    thisform. text1. setfocus
endif
```

图 5-41

（9）在 Form2 的 Init 事件中写入程序

Thisform.text1.setfocus&&使 Text1 得到焦点

从上边的示例可以清楚地看到，使用表单集，可以方便地在表单集中的表单间传递数值。

5.4 表单中用户自定义属性和方法

VFP 中表单、表单集都有自己的属性、方法和事件，另外 VFP 也允许用户自定义属性和方法。用户自定义的属性类似于变量，用户自定义的方法类似于过程。由于普通变量，其作用范围是某一过程，如果要将表单某一过程中的变量，传递到另一过程中，可以考虑使用自定义属性。如果在表单的不同事件过程中，都有要使用某一段程序代码，使用表单自定义方法，以此程序代码为方法，在不同过程中调用，从而增强程序的可维护性和可读性。表单自定义属性或方法，其作用范围是整个表单文件；在表单集中定义的属性和方法，对表单集中的所有表单都是可用的，因此可以通过这些自定义的属性和方法，在表单的不同事件过程中都使用这些自定义属性、方法。

用户自定义的属性和方法与系统给出的属性和方法的用法是一样的。

5.4.1 用户定义属性

用户定义的属性包括属性名和属性值，与用户定义变量有点相似，可以当作变量加以使用。不过这个"变量"，其作用范围有些特殊，它在表单的任何地方都有是可用的。用户定义的属性分为变量属性和数组属性两种。

5.4.1.1 变量属性

A 变量属性的创建和编辑

打开表单设计器后，执行菜单"表单"|"新建属性"命令，显示图 5-42 所示的对话框。

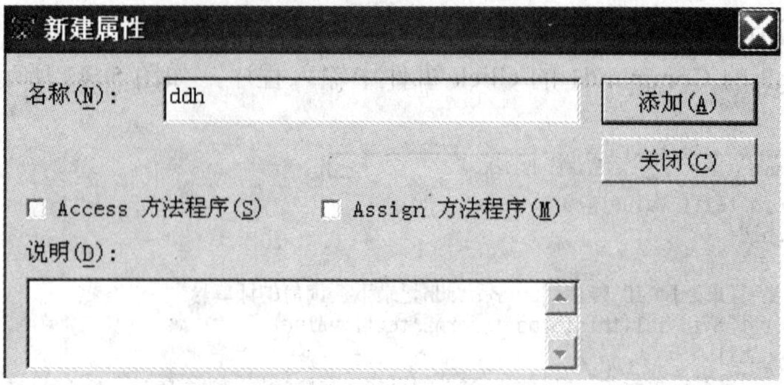

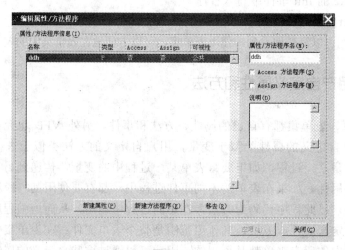

图 5-42

在"名称"后的文本框中输入要新建的属性名如 ddh，单击"添加"按钮，然后单击"关闭"，完成自定义属性 ddh 的创建。在表单的属性窗口中，可以看到，在属性列表的最下边，新增加了一个属性 ddh，其默认值设置为.F.，与其他属性一样，用户可在属性窗口中更改变量属性的值。

如果要编辑用户自定义的属性和方法，可执行菜单"表单"|"编辑属性/方法程序"命令，显示图 5-43 所示的对话框。

图 5-43

B 变量属性的引用格式

如果有表单集存在，就无法在表单上自定义属性和方法，用户自定义的属性和方法定义在表单集上。此时引用自定义的属性格式为：

Thisformset.变量属性名

如果没有表单集存在，用户自定义的属性，其引用格式为：

Thisform.变量属性名

通过此对话框既可修改用户自定义的属性和方法，也可以删除属性与方法程序。

5.4.1.2 数组属性

数组属性的创建、删除和引用格式及作用范围与变量属性相同。不同的是数组属性在属性窗口中以只读的方式显示，因而不能在程序设计阶段对其赋予初值，但用户可以通过代码来管理数组，包括对数组属性的元素赋值、重新设置数组维数等。

【**例 5-7**】 表单集中数组属性简单示例。

（1）在某表单集中创建一个数组属性 a(10)。

（2）在一个表单 form1 的 Load 事件中为数组属性元素赋值：

```
For i=1 to 10
Thisformset.a(i)=i
Next
```

（3）在另一个表单 form2 的 Click 事件代码中显示元素值

```
x=""
For i=1 to 10
  X=x+alltrim(str(thisformset.a(i)))+chr(13)
Next
Wait Window "Thisformset 的全部数组属性值为："+chr(13)+x
```

程序运行后，单击 form2，运行结果如图 5-44 所示。

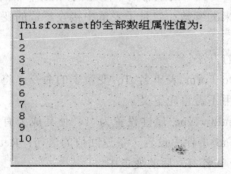

图 5-44

5.4.1.3 程序运行期间为表单增加自定义属性

除了可以在设计阶段为表单自定义属性和方法外，也可以在程序运行期间为表单增加属性。语法格式为：

Thisform.AddProperty(属性名，属性值)

图 5-45 是某个表单设置的结果。

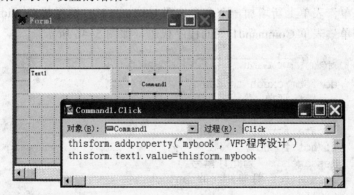

图 5-45

程序运行后，单击 Command1 按钮，在 Text1 中显示"VFP 程序设计"。

5.4.2 表单中参数的传递

多表单应用程序可按单表单文件和多表单文件两种方式来实现，无论何种方式，都要考虑到表单间参数的有效性问题。表单间应用程序传递参数有 3 种方法：

5.4.2.1 使用 Public 设置公共变量

一个最简单的办法是在传递参数前定义好公共变量，通过公共变量在表单间传递参数。但是由于用 Public 设置的公共变量，在表单运行时一直有效，表单退出运行后如果不使用命令清除，在内存中就会一直存在，所以在程序设计上不规范。

5.4.2.2 使用 Do Form 表单文件名 With 传入参数表 To 变量表

使用此命令可将要传入参数表传入到表单中，并且能接受表单执行后的返回值。

（1）参数传入表单的方法。在父表单中设置 Do Form 子表单 With 参数表的命令，该命令 With 子句的参数表提供要传递到子表单中的参数，然后在子表单中的 Init 事件中设置 Parameter 语句来接收参数。这里有两个注意的问题：一个是子表单中只有 Init 事件才能接收父表单中传递过来的参数；二是子表单中接收参数的变量数不能少于父表单中传递过来的参数个数。

（2）从表单中返回值的方法。

1）在父表单中执行 Do Form 表单名 To 变量表的命令，将从表单返回的值放入到变量表中，变量表中的变量用不着事先定义。

2）要将子表单的 WindowType 属性设置为 1，使其成为有模式的表单，能够开始事务处理。在该表单的 Unload 事件中设置一条返回值的语句：Return <表达式>命令，表达式的值传递给 Do Form 表单名 To 后的变量中。

（3）用户在表单集中自定义属性。

通过在表单集中建立表单集属性的方法，在表单集中的表单间传递参数。由于表单集的属性只对表单集中的所有表单都有效，故这种方法不适合于从表单集中的表单向表单集外的表单传递参数。

【例 5-8】 在 5.1.2 节中建立的"订单"表单的基础上，使用 Do Form…To 的方法从子表单中获得要查询的订单号，完成对订单的查询。

（1）在"订单"表单上新增加一个命令按钮 Command1，设置其 Caption 为"查询"

（2）在"订单"表单 Command1 下的程序代码，如图 5-46 所示。

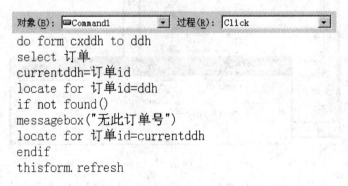

```
对象(B): Command1        过程(R): Click
do form cxddh to ddh
select 订单
currentddh=订单id
locate for 订单id=ddh
if not found()
messagebox("无此订单号")
locate for 订单id=currentddh
endif
thisform.refresh
```

图 5-46

（3）新建立一个表单，如图 5-47 所示，将其保存为"cxddh"。

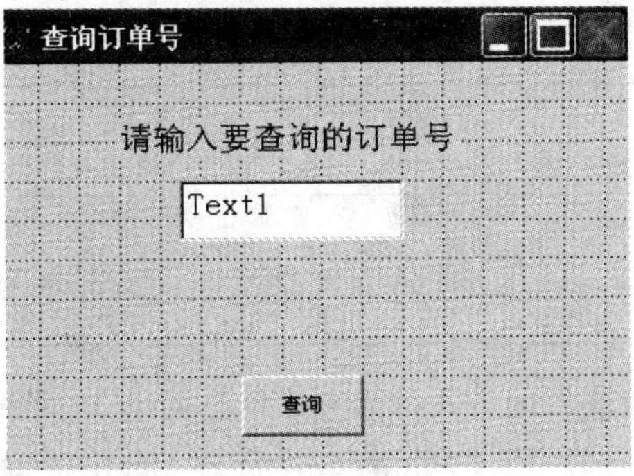

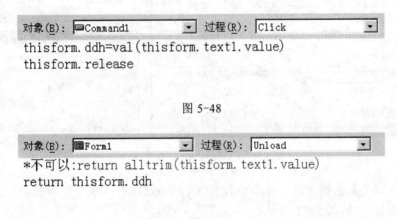

图 5-47

说明：要注意的是在图 5-49 中从表单中的 unload 事件中返回数据给父表单时，不能不使用自定义的表单属性，而直接返回：Return Thisform.Text1.value。因为在执行表单的 Unload 事件时，已经将表单上的全部控件从内存中清除，故会出现找不到 Text1 对象的错误。

```
对象(B): [■]Command1        过程(R): [Click
thisform.ddh=val(thisform.text1.value)
thisform.release
```

图 5-48

```
对象(B): [圖]Form1           过程(R): [Unload
*不可以:return alltrim(thisform.text1.value)
return thisform.ddh
```

图 5-49

5.5 VFP 中数据缓冲技术

在前边介绍的"订单"表单中，表单利用数据环境和数据表结合在一起，由于没有采用数据缓冲技术，表单中数据的变化，将直接影响到数据表中的数据。这样当用户新增加记录时，会将空白记录通过控件属性的结合直接写入到数据库中，从而使用户来不及维护该空白记录。可以借助于 VFP 中的数据缓冲技术，通过数据表对应的内存缓冲区结构，先对数据在缓冲区中维护，等待记录维护没有问题时，再将缓冲区中数据写入到数据表相应的记录中。

5.5.1 表单记录缓冲区类型

表单对象所支持的缓冲区模式分为两种，也就是表单对象 BufferMode 属性的设置模式，见表 5-6。

表 5-6

设　置　值	说　明
0-None	默认值，表示不使用表单缓冲，但在可能通过数据环境的数据对象进行个别缓冲区设置
1-保守式	保守式锁定，表示记录被维护时就被锁定，同时形成缓冲区结构。当放弃记录编辑或者记录存储成功后，记录的锁定才会被解除
2-开放式	开放式锁定，表示记录被维护时尚未被锁定，记录在正式保存时才尝试锁定。保存成功可放弃保存后，解除锁定

【例 5-9】 以"快速报表"的方式，为"订单"表建立一个表单"例 5-9"，在表单中增加两个命令按钮 Command1 和 Command2，将其 Caption 分别设置为"新增"和"放弃"，表单的 BufferMode 属性设置为 1，如图 5-50 所示。

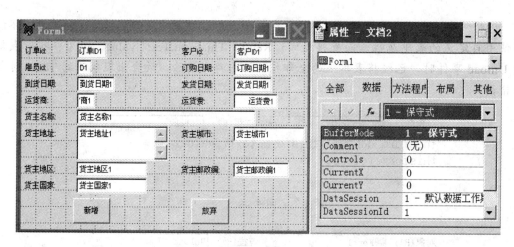

图 5-50

这样就形成了数据缓冲区，在命令按钮 Command1 中，编写新增加记录的程序（是在缓冲区中增加），如图 5-51 所示。

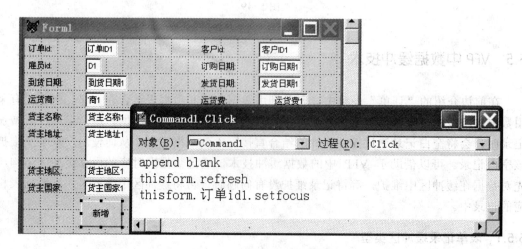

图 5-51

程序首先使用 Append Blank 向缓冲区的临时文件中新增加一条空白记录，然后执行表单对象的 Refresh 方法，进行界面更新，这时表单中绑定字段的控件会自动显示空白字段的内容，最后将光标放在用于输入"订单 ID"的文本框中。

在命令按钮 Command2 的 Click 事件中写入程序，如图 5-52 所示。

程序执行 TableRevert()函数，送出.F.值，表示放弃现在光标所在记录的编辑操作。

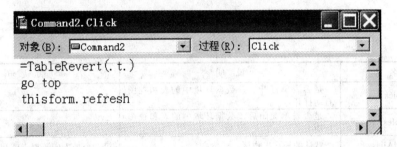

图 5-52

例 5-9 程序，新增记录后，只是对缓冲区中临时文件新增空白记录，而实际数据表并未产生该记录。尽管使用了数据缓冲技术，但如果用户单击"新增"按钮后，不在"订单 ID"中输入任何数据，再次单击"新增"，在缓冲区中会试图增加两条空记录，这与"订单 ID"是主关键相矛盾的，故程序照样会出现"主关键字不唯一"的错误提示，为此，可将图 5-51 中的程序完善为图 5-53 所示的程序。

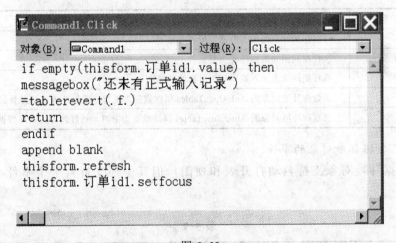

图 5-53

程序首先判断是否"订单 ID"后的文本框中数据为空，如果为空，放弃缓冲区中编辑的记录，停止程序运行，不会再在缓冲区中增加一条空记录。

5.5.2 数据环境的深入研究

要真正掌握 VFP 中缓冲技术，必须研究一下数据环境。在前边介绍了一些数据环境的概念，但没有涉及到数据缓冲的概念。

在表单文件打开后，通过可视化数据环境设计工具，打开指定的数据表、视图及其关联设置，在表单执行后，形成背后数据打开状态，从而完成控件动态的绑定操作。这就是数据环境对象的意义所在。在 VB 中也有个数据环境，其含义与此类同。数据环境可以将其看做是连接表单上控件与表中数据的桥梁。当然离开数据环境，也可完成程序设计，但编程工作量明显加大。

5.5.2.1　数据环境对象属性分析

数据环境对象在表单文件的后边，其具有与数据相结合的有关属性，其主要属性见表 5-7。

表 5-7

属 性 名 称	说　　明	默 认 值
AutoOpenTables	是否表单打开后，数据环境中的表和视图自动打开	.T.
AutoCloseTables	是否表单关闭后，数据环境中的表和视图自动关闭	.T.
InitialSelectedAlias	默认的操作工作区	第一个加入的数据表或视图
OpenViews	数据环境中打开视图的状态	0-打开本地和远程视图
Name	数据环境对象的名称	Dataenvironment

5.5.2.2　数据环境对象的方法

数据环境对象所提供的方法如表 5-8 所示。

表 5-8

方 法 名 称	说　　明
AddObject	可以在执行期间加入数据环境内对象
RemoveObject	执行期间删除数据环境内对象
AddProperty	执行期间动态加入数据环境对象的新属性
OpenTables	当数据环境对象的 AutoOpenTables 属性设置为.F.时，通过此方法打开数据表或视图
CloseTables	当数据环境对象的 AutoCloseTables 属性设置为.F.时，通过此方法关闭数据表或视图

5.5.2.3　数据环境对象的事件

虽然数据环境对象支持自动打开表和视图，但其中还支持若干个事件，如表 5-9 所示。

表 5-9

事 件 名 称	说　　明
Init	数据环境建立时触发的程序
BeforeOpenTable	数据环境中数据表打开前触发的程序
AfterCloseTable	数据环境中关闭数据表后触发的程序
Error	数据环境对象发生错误时触发的程序
Destroy	数据环境对象释放时触发的程序

5.5.2.4　数据环境对象的层次结构

数据环境对象是一个容器对象，从属性窗口的"对象组合框"中可以看出此对象的层次结构，如图 5-54 所示。

图 5-54

从图 5-54 中可以看出，数据环境对象可以包含的对象为：Cursor 对象和 Relation 对象。这里有一点要注意，在属性窗口中，并没有显示出数据环境的父对象，其父对象应该是表单。

5.5.2.5 数据环境与 Cursor 对象

当为数据环境中添加了表或视图后，VFP 自动为每个表和视图建立了相应的 Cursor 对象，表 5-10 列出 Cursor 对象的一些重要属性。

表 5-10

属 性 名	说 明	默认设置值
Alias	工作区别名设置	默认为表或视图相同的名称
BufferModeOverride	优于窗体对象的 bufferMode 缓冲区设置	默认为 1：使用窗体对象的 BufferMode 属性
CursorSource	显示 Cursor 对象的数据来源	数据表或者视图的名字
DataBase	数据表或者视图来源的数据库名称	表或视图的数据库名称
Exclusive	是否以独占方式打开 Cursor 文件	.F.
Filter	筛选 Cursor 记录	作用和 Set Filter To 相同
NoDataOnload	Cursor 来源于视图时可以设置不下载记录	.F.
Order	数据表、视图的排序设置	作用和 Set Order To 相同
ReadOnly	设置 Cursor 为只读	.F.
Name	设置 Cursor 对象的名称	

【例 5-10】 说明如何以编程的方式在数据环境加入对象，表单设计界面如图 5-55 所示。程序运行后单击"加入对象"，然后再单击"显示表名"，表单上文本框 Text1 显示为"订单"。

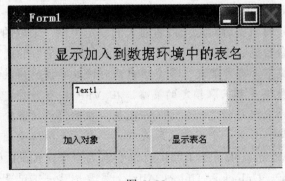

图 5-55

（1）按图 5-55 设计窗体，并设置其相应的属性。

（2）在命令按钮 Command1（Caption 属性值为"加入对象"）的 Click 中代码，如图 5-56 所示。

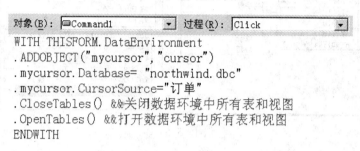

```
对象(B): Command1     过程(R): Click
WITH THISFORM.DataEnvironment
.ADDOBJECT("mycursor","cursor")
.mycursor.Database= "northwind.dbc"
.mycursor.CursorSource="订单"
.CloseTables() &&关闭数据环境中所有表和视图
.OpenTables() &&打开数据环境中所有表和视图
ENDWITH
```

图 5-56

（3）在另一个命令按钮 Click 中的代码为：

thisform.text1.value=thisform.DataEnvironment.mycursor.CursorSource

5.5.2.6　Cursor 缓冲模式的应用

Cursor 对象有一个用于设置缓冲的属性 BufferModeOverride，其设置的缓冲区属性要优先于表单 BufferMode 属性对缓冲区的设置。Cursor 对象的 BufferModeOverride 属性的取值见表 5-11。

表 5-11

属 性 值	说　明
0-None	不使用缓冲设置
1-使用表单设置	使用表单对象的 BufferMode 属性设置
2-保守式行缓冲	编辑记录时就锁定记录，记录发生移动或使用 TableUpdate，更新后台数据源中相应的记录
3-开放式行缓冲	编辑记录时记录不锁定，更新记录时（记录发生移动或使用 TableUpdate），锁定记录
4-保守式表缓冲	编辑记录本时就锁定整个表，形成表缓冲区，直到使用 TableUpdate 更新后台数据源后，解除锁定
5-开放式表缓冲	编辑记录本时就先不锁定整个表，形成表缓冲区，直到使用 TableUpdate 更新后台数据源时，锁定整个表，更新完毕后，解除锁定

从表 5-11 可知，VFP 的缓冲分行缓冲和表缓冲，行缓冲在编辑一条记录后，如果记录的指针发生移动，将用户对记录的修改可自动地被更新到后台的数据表中；表缓冲只有当发出更新函数 TableUpdate 后，才能将后台数据表中的数据更新。无论是行缓冲还是表缓冲，如果在编辑记录时就实行对记录或者对表的锁定策略，采取的是保守式锁定策略；如果只有到要更新后台数据表中的数据时才实行锁定策略，采取的就是开放式锁定策略。

说明：在网络环境下，有可能发生多个用户同时修改数据的情况，为了保证数据的安全性和有效性，一般数据库都采取锁定的策略。在 VFP 中有行锁定（也称记录锁定）和表锁定。如果一个用户采用行锁定，锁定某一记录，在该记录被解除锁定前，其他用户就无法编辑该记录。同样，如果一个用户采取表锁定，在该表被解除锁定前，其他用户无法编辑该表。另外，VFP 也提供了手工锁定记录和表的命令：Rlock（ ）、Lock（ ）、Flock（ ）；解除锁定的命令有，Unlock 和 Unlock All；如果要测试一下记录和表是否处于锁定状态，可分别使用 IsRlocked（ ）和 IsFlocked（ ）函数。

【例 5-11】 为"雇员"表制作一个表单，设置 Cursor 对象的 BufferModeOverride 属性后，查看锁定状态及数据更新状况。

（1）采取拖动技术，将"雇员"表的"字段"图标拖动到表单中，如图 5-57 所示。

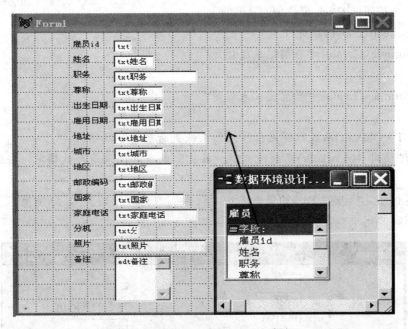

图 5-57

（2）在图 5-57 中增加两个标签、两个文本框和两个命令按钮，并设置其 Caption 属性值，如图 5-58 所示。

图 5-58

（3）在数据环境中，选中"雇员"表，设置其 BufferModeOverride 属性值为 2-保守式行缓冲。

（4）在 Caption 为"取姓名实际值"的命令按钮的 Click 事件中，写入程序：

Thisform.text1.value=oldval("雇员.姓名")

在另一个按钮的 Click 事件中写入程序：

```
IF Isrlocked(recno(),"雇员")
    thisform.text2.value="当前记录被锁定"
Else
    thisform.text2.value="当前记录未锁定"
Endif
```

说明：1）OldVal()函数取得记录修改但未被更新前的字段值。

2）通过使用 IsrLocked()函数，判断"雇员"表当前记录是否被锁定，将结果输出到文本框中。

程序运行后，修改姓名，如果姓名由"张颖"改为"张颖颖"，分别单击"取姓名实际值"按钮和"记录锁定状态"按钮，结果如图 5-59 所示。

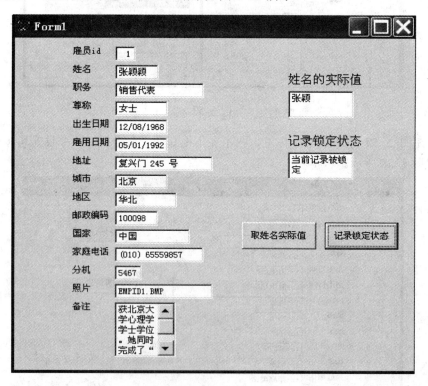

图 5-59

注意：如果程序刚运行，不修改记录，直接单击"记录锁定状态"按钮，输出的结果是"当前记录未被锁定"，因为此时只是浏览记录，并没有编辑记录，故没有锁定记录。

能否通过程序来设置缓冲区？答案是肯定的。但设置时不能采取如下语句的方式来完成：

Thisform.DataEnvironment.Cursor1.BufferModeOverride=值

运行此语句出现"要求重新建立数据环境"的错误提示。此类型的语句只有在通过程序建立数据环境对象时才可使用。如将此语句改动后，放置在图5-57中就是正确的。

在建立起数据环境后，要在程序中设置数据缓冲，要使用 VFP 提供的函数CursorSetProp()，其语法格式是：

isSuccess=CursorSetProp("Buffering",缓冲设置值)

返回值 isSuccess 为.T.时设置成功，为.F.时设置失败。缓冲设置值为0～5。

【例5-12】 对例 5-11 通过选项按钮选择缓冲区模式，界面设计结果如图 5-60 所示。在程序中增加一个选项按钮 OptionGroup1，增加两个命令按钮，用于记录上下移动。参照图 5-60 设计其相关属性。

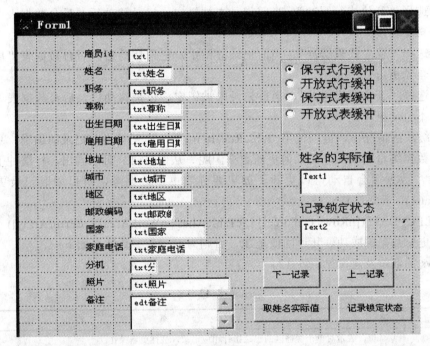

图 5-60

选项按钮中的程序代码如图 5-61 所示。

```
对象(B): ⊙Optiongroup1        过程(R): Click
do case
    case this.value=1
        cursorsetprop("buffering",2)
    case this.value=2
        cursorsetprop("buffering",3)
    case this.value=3
        cursorsetprop("buffering",4)
    case this.value=4
        cursorsetprop("buffering",5)
endcase
```

图 5-61

"下一记录"命令按钮的 Click 事件中输入代码：

skip

thisform.refresh

"上一记录"命令按钮的 Click 事件中输入代码：

skip -1

thisform.refresh

程序运行后，选择不同的缓冲方式，然后再修改雇员姓名后，单击"取姓名实际值"和"记录锁定状态"按钮，运行结果如下：

（1）选择"保守式行缓冲"，当前记录被锁定，记录移动后，后台数据表"雇员"中的数据自动更新。

（2）选择"开放式行缓冲"，当前记录未被锁定，记录移动后，后台数据表"雇员"中的数据自动更新。

（3）选择"保守式表缓冲"，当前记录被锁定，记录移动后，后台数据表"雇员"中的数据不自动更新。

（4）选择"开放式表缓冲"，当前记录未被锁定，记录移动后，后台数据表"雇员"中的数据不自动更新。

采取缓冲区情况下，可以使用 TableRevert()函数，撤销对当前记录的编辑；那么缓冲模式下，数据编辑完成后，又如何更新数据源呢？从例 5-12 可以看出，行缓冲下，只要记录移动，数据源会自动得以更新。如果要强制更新数据源，可以采取记录更新函数TableUpdate()，其语法格式是：

TABLEUPDATE([nRows [, lForce]] [, cTableAlias | nWorkArea] [, cErrorArray])

如果更新数据源成功，其返回值是.T.，否则为.F.。各参数意义如下：

nRows 的取值及意义见表 5-12。

表 5-12

设　置　值	说　　　明
0	默认值，表示对单个缓冲区的记录指针相应记录，进行更新操作
1	仅用于表缓冲，对维护记录进行批次更新操作
2	同 1，不同处在于更新不成功时，会配合函数的 cErrorArray 数组，产生错误信息的数组。

lForce 参数，决定当维护记录的原始内容被他人已更新，是否强制写入。取值.F.表示不强制写入，取值.T.强制写入。

cTableAlias：要进行维护的缓冲区的工作区别名，或者是工作区代号。

cErrorArray：配合第 1 个参数取 2 时使用，用数组存储维护产生的错误。

为了同 TableUpdate 函数对比，将 TableRevert()的语法格式也列出来：

TABLEREVERT([lAllRows [, cTableAlias | nWorkArea]])

此函数返回值是整数，代表被撤销编辑的记录数。各参数意义如下：

lAllRows：取值为.T.或.F.。为.T.时，表示放弃表缓冲时对所有数据行的编辑；为.F.时，只放弃表缓冲时对当前记录的编辑。

cTableAlias：操作的表缓冲的表或光标的别名。

nWorkArea：操作的表或光标的工作区。

【例 5-13】 采用表缓冲，对数据表"雇员"进行多记录维护，设计界面如图 5-62。

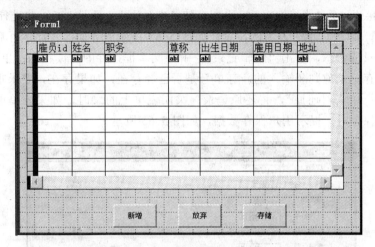

图 5-62

（1）新建表单，将"雇员"表加入到数据环境中。

（2）数据环境中拖动"雇员"表的标题栏到表单，在表单生成一个绑定数据源的表格 grd 雇员。

（3）数据环境中选择"雇员"表，设置 BufferModeOverride 属性值为 4。

（4）增加三个命令按钮 command1、command2、command3，设置其标题分别为"新增"、"放弃"和"保存"。

（5）在命令按钮"新增"的 Click 中写入程序代码：

```
if empty(雇员.雇员 id)
tablerevert(.f.)
else
append blank
endif
thisform.grd 雇员.column1.setfocus
thisform.refresh
```

说明：要注意的是：处于表缓冲情况下，如果新增加 3 条记录时，新增加的记录号分别为-1，-2，-3，故可以使用带 Reno() 为负值的 Go 命令存取指定的新增记录。如 Go -3 表示将记录指针移动到新增的第 3 条记录。

（6）在命令按钮"放弃"的 Click 中写入程序代码：

```
=TableRevert(.t.)
go top
thisform.refresh
```

说明：使用 TableRevert 函数，参数设置为.t.，表示对整个数据表缓冲区中被维护的记录进行放弃操作，而不仅仅是记录指针所对应的记录。

（7）在命令按钮"存储"的 Click 中写入程序代码：

=TableUpdate(1,.t.,"雇员")

说明：使用 TableUpdate()函数进行批次更新，第 1 个参数为 1 表示对数据表缓冲区进行多个记录更新操作，第 2 个参数.t.表示当后台数据库源被他人维护之后，仍进行强制更新。

【例 5-14】 以"订单"表为例，设计如图 5-63 所示的界面。程序运行后，表单上文本框控件处于只读状态，单击"编辑记录"，解除文本框控件的只读状态；单击"保存"，保存记录，保存记录前判断输入的新订单号是否已经存在，如果存在，要求重新输入，如图 5-64 所示；单击"还原"，将还原记录；关闭表单上的❌时，如果表单上的数据被编辑但数据未被保存时，提示用户保存数据，如图 5-65 所示。

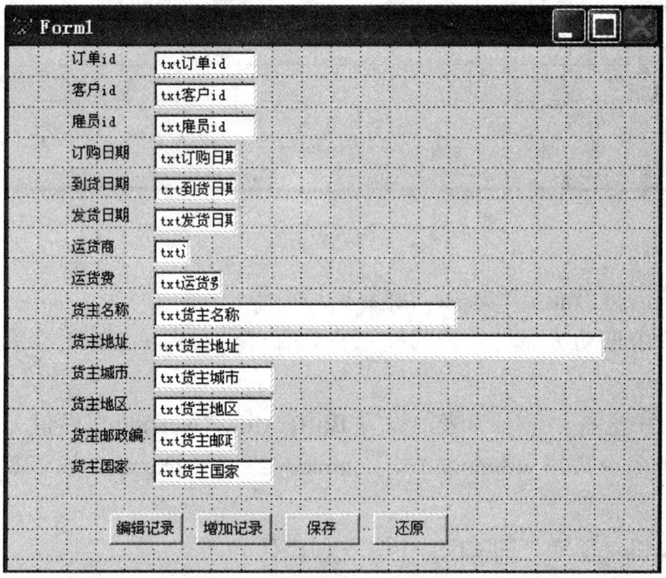

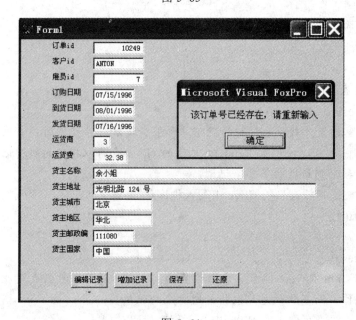

图 5-63

图 5-64

操作步骤：

（1）新建立一个表单，"订单"表加入到数据环境中，数据环境中选择"订单"表的"字段"，拖动到表单。设置"订单"表的 BufferModeoverride 为 5-开放式表缓冲。

（2）在表单上增加 4 个命令按钮，设置其 Caption 属性，如图 5-65 所示。

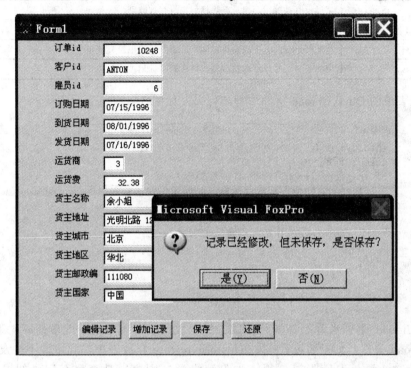

图 5-65

（3）执行菜单"表单"|"新建属性"，为表单新增加 editmode 属性和 ismodified 属性，其初始值均为.F.，分别作为编辑标记和修改标记。执行菜单"表单"|"新建方法程序"，为表单增加 modified 方法。

（4）在表单的 Init 事件中写入代码，使表单上的全部文本框只读。

thisform.setall("readonly",.t.,"textbox")

（5）在表单新建的 modified 方法中写入代码，如图 5-66 所示

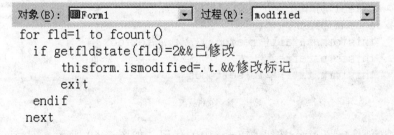

图 5-66

此段代码主要是完成检测表单中的数据是否被编辑，如果被编辑，将表单的 ismodified 属性由.F.变为.T.。Getfldstate()函数用于判断表或 Cursor 中某字段的数据是否被

编辑，其返回值为数值，返回结果见表 5-13。

表 5-13

返 回 值	说　　明
1	字段没有被编辑，记录删除标记也没有被改动
2	字段被编辑，或者是记录的删除标记被改动
3	增加新记录时，字段没有被编辑，删除标记也没有被修改
4	增加新记录时，字段被编辑，或者删除标记被修改

（6）在表单的 QueryUnload 事件中写入代码，如图 5-67 所示。

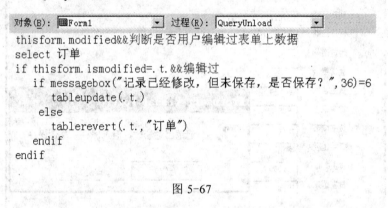

图 5-67

QueryUnload 事件当单击表单上的 ✖ 按钮，关闭表单时触发，此事件要先于 Destroy 事件和 Unload 事件，如果通过代码如 Thisform.release 释放表单，此事件不触发。在此事件中判断表单上数据是否做过编辑，如果编辑过，则出现是否保存记录的提示，单击"是"则保存记录，单击"否"则放弃保存。

（7）在"编辑记录"的命令按钮的 Click 事件中写入代码：

thisform.editmode=.t.

thisform.setall("readonly",.f.,"textbox")

（8）在"增加记录"命令按钮 Click 中的代码，如图 5-68 所示。

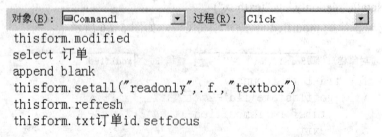

图 5-68

（9）在"增加记录"命令按钮的 Error 中的代码，如图 5-69 所示。

在命令按钮的 Error 事件中写入程序，当执行命令按钮中的程序时，如果发生错误时，比如连续多次单击此按钮，执行此程序代码。在 Error 事件中的程序，主要完成错误的捕捉。

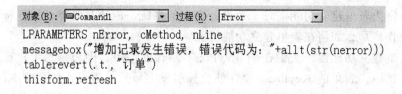

```
LPARAMETERS nError, cMethod, nLine
messagebox("增加记录发生错误，错误代码为："+allt(str(nerror)))
tablerevert(.t.,"订单")
thisform.refresh
```

图 5-69

（10）在"保存"命令按钮中的代码，如图 5-70 所示。

```
if empty(thisform.txt订单id.value)
    messagebox("必须输入订单号！")
    thisform.txt订单id.setfocus
else
    select 订单
    tableupdate(.t.)
endif
thisform.refresh
```

图 5-70

（11）在"还原"命令按钮 Click 中的代码：

tablerevert(.t.,"订单")

thisform.refresh

（12）在订单 ID 后边文本框的 LostFocus 中写入代码，如图 5-71 所示，判断输入的订单 ID 是否已经存在。

```
if thisform.editmode=.t.
    select 订单id from 订单 where 订单id=thisform.txt订单id.value into cursor abcd
    if _tally<>0
        messagebox("该订单号已经存在，请重新输入")
        tablerevert(.t.,"订单")
        this.refresh
    endif
endif
```

图 5-71

为了判断新输入的订单 ID 在订单表中是否存在，这里使用了 Select 语句，从订单表中查询新输入的订单 ID 在订单表中是否存在，将查询后的结果输出到光标文件（是一个临时表文件，存在于内存中）。_tally 是 VFP 的系统变量，保存的是最近执行的 Select 语句返回的记录数。

5.6 表单设计中的一些其他问题

在使用表单的过程中，或是使用"项目管理器"将自己编制的程序要制作成可执行文件时，常常会遇到一些问题，下边就这些问题与表单有关的问题以问答的形式整理出来。

（1）如何为表单建立功能键。一个设计良好的系统，应该是既能使用鼠标操作，也能使用键盘操作。那么如何在表单建立功能键呢？

要为表单建立功能键，关键在于 KeyPress 事件的使用。因为每当用户在表单中按下并放开某一键时，表单的 KeyPress 事件便会被引发。显然只需要在表单的 KeyPress 事件程序中，去拦截用户在表单中所按下的每一个键，并且判断它是否是特定的功能键，便能决定是否要执行特定的操作。

然而，这却引发了另一个值得讨论的问题，那就是并非只有表单才拥有 KeyPress 事件，许多控件也拥有 KeyPress 事件。例如目前在表单中的某一文本输入框中，此时若按下并放开某一按键，所引发的将是此文本框的 KeyPress 事件，而表单的 KeyPress 事件将不会引发。那么是否必须为表单中所有控件的 KeyPress 事件程序都编写判断用户是否按下功能键的程序代码？当然不是，因为这样不仅繁琐，而且还会降低效率。

要让表单的 KeyPress 事件拦截作用控件的 KeyPress 事件，也就是先引发所属的表单的 KeyPress 事件再引发作用控件的 KeyPress 事件，只要将表单的 KeyPressView 属性设为.T.即可。这样，只需要在表单的 KeyPress 事件程序中编写判断用户是否按下建立功能键的程序代码，而不需要在表单所内含的各个控件的 KeyPress 事件中编写此程序代码。

【例 5-15】　下边以例 5-13 中的程序为例，为其建立三个功能键，[F2]表示"输入"；[F3]表示"放弃"；[F4]表示"存储"，具体实现步骤：

1）在表单的 INIT 事件程序中加入下面命令，清除 VFP 的按键集合定义。

Clear Macros

说明：由于 VFP 本身已经为各个功能键定义了按键集合，因此要使自己设定的各个功能键生效，首先必须清除 VFP 的按键集合定义。

2）将表单的 KeyPressView 属性设定为.T.。

3）在表单的 KeyPress 事件程序的代码：

```
LPARAMETERS nKeyCode,nShiftAltCtrl
Do Case
Case nKeyCode= -1 &&[F2]
With Thisform.command1
.SetFocus
.Click
Endwith
Case nKeyCode= -2 &&[F3]
With Thisform.command2
.SetFocus
.Click
Endwith
Case nKeyCode= -3 &&[F4]
With Thisform.command3
```

.SetFocus

.Click

Endwith

Endcase

从上面的程序中可以发现，当按下特定功能键后，调用相对应的按钮的 Click 事件程序，也就是说，要执行的操作仍然是写在各个按钮本身的 Click 事件中。而调用 SetFocus 事件是为了造成该按钮在外观和视觉上被选定的感觉。

4）希望在程序结束执行后，恢复默认的按钮集合定义。要达到此目的，必须在表单的退出事件中写入命令：Restore Macros

（2）如何才能使表单中的控件随着表单大小的改变而相应的改变。在使用 VFP 编程时，建立了如图 5-72 所示的表单，如果调整表单的大小，由于控件的大小不会自动改变，从而影响显示效果，如图 5-73 所示。

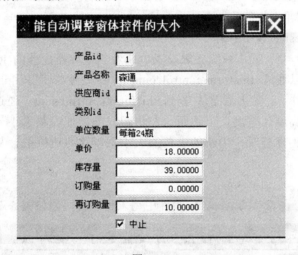

图 5-72

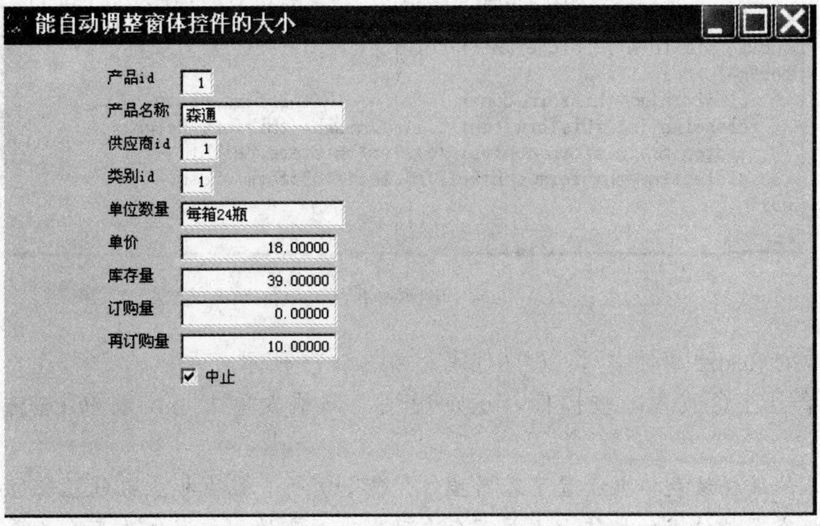

图 5-73

从图 5-73 可以看出，当表单大小发生改变后，如果界面上控件的大小和位置有些不协调。有两种方法可以实现这一要求。

1）使用 VFP 提供的可视化类的库函数 Solution.vcx。

在 VFP 中提供了一个可视化类的库函数 Solution.vcx，有一个 Resizable 子类，它支持表单大小调整时进行控件大小的调整。此类可在 VFP 安装目录下的 Samples\Solution 目录中找到，本书将其放到示例的根目录下。

在表单的"查看类"工具栏中选择"添加"，在出现对话框后，选择 Solution.vcx 文件，表单控件工具栏中显示出此可视类库中的子类，找到 Resizable 后将其放到表单上，生成一个 Resizable1 对象。

在表单的 Resize 事件中写入代码：

thisform.resizable1.adjustcontrols()

说明：表单的 Resize 事件当表单大小发生改变时触发；Resizable 类具有 adjustcontrols() 方法，能自动调整表单上控件的大小。

2）在表单的 Resize 事件中编写程序代码。

原理：调整表单大小时，系统会触发表单或者其他容器控件的 Resize 事件。表单上有多少个控件，可以通过 thisform.controlcount 得到。通过使用 thisform.controls(i) 的格式引用表单上的控件，i 变化范围从 1 到 thisform.controlcount。通过程序代码，先记录下每个控件（包括高度、宽度、上边距、左边距）与当前表单大小（包括高和宽）的相对比例，当表单大小调整时，用新的表单的大小乘以这些比例数，从而达到等比例缩放的目的。

操作步骤：

新建一个表单，在表单的 Activate 事件中写入程序代码，如图 5-74 所示。

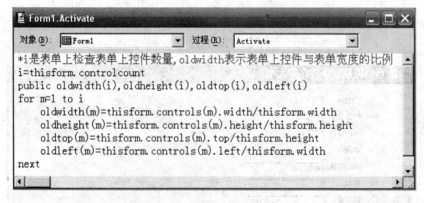

图 5-74

在表单的 Resize 事件中写入程序代码，如图 5-75 所示。

在表单上任意放置一些控件，运行程序，调整表单大小，表单上的控件相应的调整。

说明：如果在该表单上放置了容器控件，例如页框，在页框上再放置命令按钮等其他控件，页框容器控件上的控件大小是不会自动发生改变的。要发生改变，必须在容器控件如页框的 Resize 事件中编写与表单 Resize 事件中类似的程序代码。

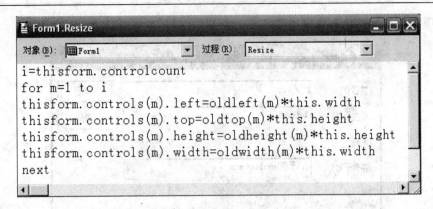

图 5-75

（3）不使用全局变量，表单 A 和表单 B 间如何传递变量。

1）表单 A 中得到表单 B 的值。

方法是：在表单 A 中执行命令 do form 表单 B to abc，abc 是从表单 B 中返回表单 A 的变量。在表单 B 中新建立一个表单属性如 bh，使用语句 thisform.bh=表单 B 中需要返回的值，如 thisform.bh=thisform.text1.value，Text1 是表单 B 上的一个控件。在表单 B 的 Unload 事件中写入语句：return thisform.bh 即可将表单 B 中的值返回给表单 A 中的变量 abc。要注意的是，在表单 B 中的 Unload 事件中不能直接使用语句 return thisform.text1.value，其中 Text1 是表单 B 上的一个控件，系统会出现找不到 Text1 对象的对话框，原因是执行 Unload 事件时，表单上的控件已经从内存中清除了。

2）表单 A 中如何将数据传入到表单 B 中。

方法是：在表单 A 中执行语句 do form 表单 B with x1,x2，其中 x1,x2 是需要传入到表单 B 的值。在表单 B 定义两个属性 x,y，在表单 B 的 Init 事件中写入代码：

parameter m,n

thisform.x=m

thisform.y=n

在表单 B 中使用 thisform.x 和 thisform.y 即可。

（4）如果有许多表单，每个表单上都有一个退出按钮，单击此按钮或者表单上 ⊠，退出前都要询问"是否关闭当前窗口？"，是否需要为每个退出按钮都写相应的程序代码？如图 5-76 所示。

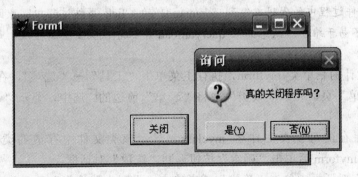

图 5-76

1）项目管理器中单击页框"类"→"新建"，显示如图 5-77 所示。

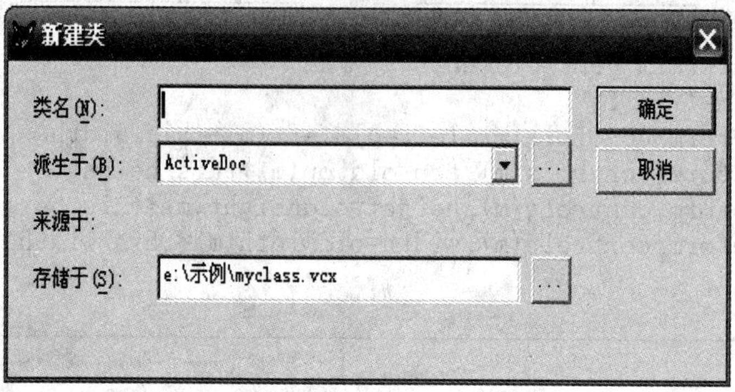

图 5-77

2）"类名"中输入 myform，"派生于"选择"Form"，"存储于"中输入或者选择一个可视类名，如 myclass.vcx，然后单击"确定"，显示表单的类设计器（其与表单相同，但不能运行）。

3）在表单上增加命令按钮 command1。

4）选择命令按钮 command1，通过属性窗口将其 caption 属性改为"关闭"。在该控件的 Click 事件中写入代码：

thisform.queryunload

5）双击表单，在表单的 queryunload 事件中写入程序代码：

if messagebox("真的关闭程序吗？",4+32+256,"询问")=6 then

    thisform.release

else

    nodefault

endif

说明：无论是使用命令还是单击表单的⊠，在关闭表单前，会触发 queryunload 事件。如果在此事件中执行语句 nodefault，可中止表单的关闭。如果仅仅在 command1 的 click 事件中写入代码，如果用户没有单击"关闭"按钮，而是直接单击表单上的⊠，则会出现表单被关闭而对话框不出现的局面。由于在表单的 queryunload 事件中已经写入了程序代码，所以可以通过代码触发的方式，调用 queryunload 中的程序代码。不建议将 queryunload 事件过程中的代码粘贴到 command1 的 Click 事件过程中。原因一是代码不简练，二是代码不易于维护。试想如果 queryunload 中程序代码要重新修改，是否还要重新粘贴一次呢？

6）保存设计的表单类 myform，执行主菜单下"工具"→"选项"，在"选项"对话框中单击"表单"页，在"模板类"中将"表单"前边的□选中，显示"表单模板"，如图 5-78 所示。

7）选择保存的可视类文件名 myclass，显示该类文件中存放的类名，目前只有 myform，选择 myform 后单击"确定"按钮返回"选项"对话框。

8）"选项"对话框中单击"确定"或者单击"设置为默认值"后再单击确定，关闭

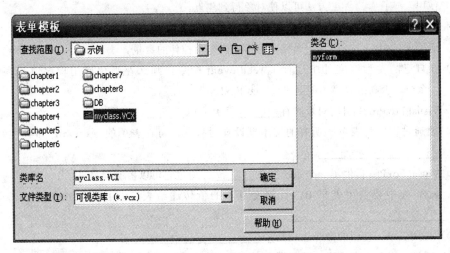

图 5-78

"选项"对话框。如果单击了"设置为默认值"按钮,下次再进入 Visual FoxPro 后还使用目前的参数设置。

9)通过"项目管理器",新建立一个表单,新建立的表单上自动有一个"关闭"按钮。保存运行该新建立的表单,能实现(5)同样的功能。由于表单上的"关闭"按钮是从 myform 表单上继承过来的,故不能在此表单上将此"关闭"按钮删除。如果不需要此按钮,可将其 Visible 属性设置为.f.。

课后练习题

1. 设计一个表单,将表单的标题修改为"学生成绩管理系统",表单运行后,在表单显示前首先弹出图 5-79 所示的对话框,单击"确定",显示的表单自动处在屏幕的中间位置,如图 5-80 所示。

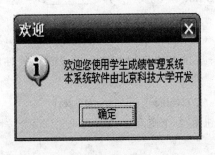

图 5-79

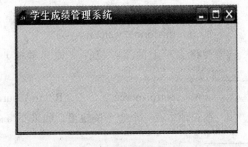

图 5-80

【提示】改变表单的图标,需要设置表单的属性 ico,对话框要显示多行信息,需要使用函数 chr(13)(表示回车)或者 chr(10)(表示换行)。

2. 填空

(1)引用表单上对象时,如果使用绝对引用,应该使用_____表示当前的表单。

（2）使用＿＿＿＿＿＿＿＿＿＿方法可以使对象得到焦点。

（3）设置表单的＿＿＿＿＿＿＿＿＿＿＿＿属性为1，可使表单为"有模式"。

（4）通过表单的＿＿＿＿＿＿＿＿＿属性，可得到表单上控件的数量。

（5）在自己的主程序文件中运行了 read event 命令，那么在退出应用程序前，需要运行 ＿＿＿＿＿＿＿＿＿命令，否则出现"不能退出 Visual FoxPro"的提示。

（6）Visual FoxPro 中引用对象时有＿＿＿＿＿＿引用和＿＿＿＿＿＿引用。

（7）要通过程序将表单上所有的文本框设置为只读，可在表单的 Activate 事件中写入语句 ＿＿＿＿＿＿＿＿＿＿＿＿＿＿＿＿＿＿＿。

（8）Viusal FoxPro 提供了一个系统变量＿＿＿＿＿＿，通过它可以控制屏幕。

（9）表单 A 中要调用表单 B，且将变量 x 的值传递给表单，执行表单 B 的命令语句为 ＿＿＿＿＿＿＿＿＿＿＿＿＿＿＿＿＿＿。

（10）关闭表单，使用的命令语句是＿＿＿＿＿＿＿＿＿＿＿＿＿＿。

（11）要设置表单为有模式，需要设置表单的＿＿＿＿＿＿＿＿＿＿属性为2。

（12）只有将表单的＿＿＿＿＿＿＿＿属性设置为.t.，表单上控件的 tooltiptext 属性的设置才能生效。

3. 选择

（1）表单的大小发生改变时，会触发＿＿＿＿＿＿＿＿＿事件。

　　（A）load　　　　　　　　　　　　　（B）init

　　（C）activate　　　　　　　　　　　（D）resize

（2）表单在退出前，会触发＿＿＿＿＿＿＿＿＿事件。

　　（A）click　　　　　　　　　　　　　（B）init

　　（C）queryunload　　　　　　　　　（D）resize

（3）对象相对引用时，使用＿＿＿＿＿＿＿＿＿可表示当前的对象。

　　（A）parent　　　　　　　　　　　　（B）thisform

　　（C）thisformset　　　　　　　　　　（D）this

（4）要设置表单的标题为"welcome you"，在表单的 Init 事件中，可写入＿＿＿＿＿＿。

　　（A）this.name="welcome you"　　　　（B）caption="welcome you"

　　（C）thisform="welcome you"　　　　　（D）this.caption="welcome you"

（5）要将表单上的某一控件（如文本框）和某一表的某个字段绑定，应设置该控件的 ＿＿＿＿＿＿属性。

　　（A）controlsource　　（B）rowsource　　（C）value　　（D）text

（6）在表单中有一个命令按钮组，如果要将命令按钮由 2 个变为 5 个，应设置该命令按钮组的＿＿＿＿＿＿属性。

　　（A）count　　（B）buttoncount　　（C）columncount　　（D）value

（7）以下属于非容器控件的是＿＿＿＿＿＿。

　　（A）Form　　（B）Label　　（C）Page　　（D）Grid

（8）要将菜单加入到顶层表单中，需要设置表单的＿＿＿＿＿＿属性。

　　（A）MaxButton　　（B）ShowTips　　（C）WindowsTate　　（D）ShowWindow

（9）设置控件的焦点，可以通过设置控件的＿＿＿＿＿＿属性、调整 Tab 键次序和使用 setfocus

方法完成。

    （A）tabindex   （B）imemode   （C）tabstop   （D）tag

（10）Visual FoxPro 中每个控件对象都具有_____事件。

    （A）load   （B）init   （C）gotfocus   （D）dragdrop

（11）Visual FoxPro 中每个控件对象都有_____属性。

    （A）caption   （B）value   （C）text   （D）name

（12）表单中要禁止■使用，需要设置表单的_____属性为.F.。

    （A）maxbutton   （B）minbutton   （C）controlbox   （D）desktop

6 VFP中标准控件的使用

VFP面向对象开发程序中，是通过在表单上放置控件来完成信息的输入设计工作的。这些控件组成了 VFP 整个大厦的基本构件，只有对其灵活应用，才能掌握 VFP。本章以详细的例子，介绍 VFP 中各种基本控件的用法。

在设计表单时可以使用两类控件：与表中数据绑定的控件和与表中数据不绑定的控件。所谓的绑定是指：当输入或选择的值要保存或者被引用时，就需要为该控件设置一个数据源，数据源可以是表中的字段或变量。对于数据源是变量或者字段的控件，则需要设置控件的 ControlSource 属性；如果数据源是整个表中的数据，则需要设置 RecordSource 属性。非绑定控件则不与数据源直接绑定。

6.1 标签控件

在设计窗体界面时，需要布置一些字符串提示，此时就要使用大量的标签控件。

【例 6-1】 设计一个具有字形、颜色显示的画面，如图 6-1 所示。

图 6-1

在图 6-1 标签中应用到的标签主要属性见表 6-1。

表 6-1

属 性 名	说 明
AutoSize	设置标签是否随标签标题的内容自动调整大小，默认值为.F.
Caption	设置标题内容
FontName	设置显示字体的类型
FontSize	设置字体的大小
Name	标签控件名
ForeColor	控件文本的颜色，默认为黑色

属 性 名	说 明
BackColor	控件背景颜色
BackStyle	控件背景类型，可设置为透明和不透明（默认值）
BorderStyle	控件边线类型，取值为 0-无（默认值）和 1-固定单线
WordWrap	控制 Caption 属性内容是否可以进行多列转折，默认值为.F.

【**例 6-2**】 鼠标在表单上移动，用标签显示当前鼠标的坐标位置，运行后结果如图 6-2 所示。

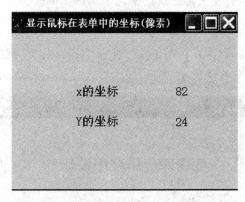

图 6-2

操作步骤：

（1）在表单上放置两个标签 Label1 和 Label2，设置其 Autosize 属性为.T.，Fontsize 为 12。

（2）在表单的 MouseMove 事件中的程序代码如图 6-3 所示。

对象(B)： Form1	过程(R)： MouseMove

```
LPARAMETERS nButton, nShift, nXCoord, nYCoord
thisform.label1.caption="X的坐标为"+str(nxcoord)
thisform.label2.caption="Y的坐标为"+str(nycoord)
```

图 6-3

说明：1）MouseMove 事件：当鼠标在对象上移动时触发。此事件有 4 个参数，nButton 判断用户单击的是鼠标的左键、右键，还是中键，其取值见表 6-2。nShift 取值见表 6-3，nXCoord，nYCoord 是鼠标的坐标位置。

表 6-2

nButton	说 明
1	鼠标左键
2	鼠标右键
4	鼠标中键

表 6-3

nShift 值	说 明
1	Shift 键
2	CTRL 键
4	ALT 键

2）标签的标题中只能显示字符串，坐标位置是数值，故要使用 Str()函数将数值转换为字符串。

3）坐标的原点在表单的左上角，默认情况下单位是像素。

本例中只用到后两个参数。

【例 6-3】 设置一个标签，在标签的文字上按右键，标签为红色，按左键为绿色，中间键为蓝色，运行结果如图 6-4 所示。

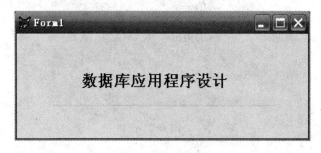

图 6-4

操作步骤：

（1）新建一个表单，在表单上增加一个标签 Label1，设置标签的标题和字体等属性。

（2）在标签的 MouseDown(或 MouseUp)事件中编写程序代码，如图 6-5 所示。

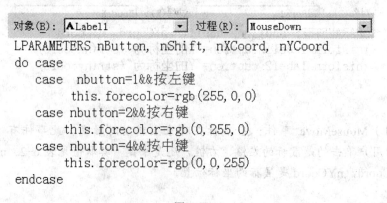

```
对象(B): ALabel1          过程(R): MouseDown
LPARAMETERS nButton, nShift, nXCoord, nYCoord
do case
    case  nbutton=1&&按左键
          this. forecolor=rgb(255,0,0)
    case nbutton=2&&按右键
          this. forecolor=rgb(0,255,0)
    case nbutton=4&&按中键
          this. forecolor=rgb(0,0,255)
endcase
```

图 6-5

说明：1）MouseDown(MouseUp)事件当单击鼠标时触发，其参数的含义与MouseMove 的完全相同。

2）RGB()函数，有三个参数，分别表示三种原色红、绿、蓝，取值范围为 0～255。

【例 6-4】 通过程序显示垂直的标签。表单设计界面如图 6-6 所示。程序运行后在文本框中输入汉字，单击"显示"命令按钮，将文本框中输入的汉字以垂直方式显示在标签中，如图 6-7 所示。

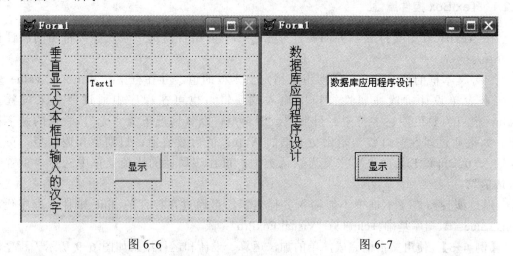

图 6-6   图 6-7

操作步骤：

（1）新建立一个表单，在表单上添加标签 Label1、文本框 Text1 和命令按钮 Command1。

（2）设置标签的 AutoSize、WordWrap 属性均为.T.。

（3）通过菜单"表单"|"新建方法程序"，为表单添加方法 ShowCaption。

（4）在表单的 ShowCaption 事件过程中写入代码，如图 6-8 所示。

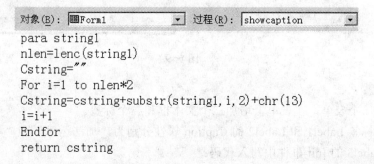

图 6-8

（5）在命令按钮 Command1 的 Click 事件写入代码：

Thisform.label1.caption=Thisform.showcaption(thisform.text1.value)

说明：此程序在表单中定义了一个方法 showcaption，其接收参数 string1，将 string1 串中的每个汉字后边都加上 chr(13)回车键，返回结果 cstring，在命令按钮中将文本框输入的值传入到 showcaption，显示在标签上。

6.2 TextBox 控件的应用

TextBox 控件主要用于输入单行字符串、数值或者日期等数据，是一般用户交互界面上常用的控件。

6.2.1 TextBox 控件属性

在 TextBox 中支持显示界面属性非常多，下面结合实例，就一些经常用的属性作一介绍。

（1）文本框的值。Value 属性用于指定文本框的值，并在框中显示出来。Value 值既可在表单设计阶段在属性窗口中输入或编辑，也可在程序中通过命令来设置。Value 值可为数值型、字符型、日期型或逻辑型，默认情况下为"无"，表示的是字符型。如果通过属性窗口要初始化文本框的 Value 值为数值型、日期型和逻辑型，可分别输入 0，{}和.F.。如果要恢复为默认类型，可在该属性的快捷菜单中选择"重置为默认值"。

通过属性窗口文本框中不能输入多行文字，可通过在控件的 Init 事件中程序代码 This.value="数据库基础"+chr(13)+"Visual FoxPro"完成。

【例 6-5】 使用文本框完成简单的加法运算，设计和运行结果如图 6-9 所示。程序运行后，在 Text1 和 Text2 中输入数字，Text3 中自动显示出计算结果。

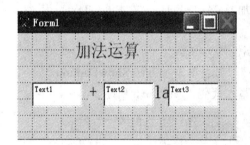 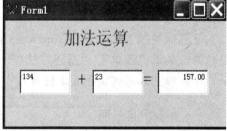

图 6-9

操作步骤：

1）新建一个表单，在表单上增加三个文本框和三个标签。

2）设置标签 Label1 和 Label2 的 Caption 属性分别为"加法运算"和"+"。

3）在 Label3 的 Init 事件中写入代码：

This.Caption="="

4）在 Text1 和 Text2 的 InteractiveChange 事件中分别写入代码：

Thisform.Text3.value=val(Thisform.Text1.value)+val(Thisform.Text2.value)

说明：1）由于三个文本框的 Value 属性是"无"，表示的是字符，故要将 Text1 和 Text2 中的值使用 Val()函数转换成数值后相加，否则完成的是字符串相加。

2）在 Label3 中不能直接设置其 Caption 属性为"="，要通过程序代码来实现。

3）InteractiveChange 事件当文本框中的值发生改变时触发。

（2）TextBox 提示文本框。如果要在例 6-5 中当鼠标移动到 Text1 和 Text2 中时，显示提示框文本，让用户明确在此文本框中要输入哪些内容，可设置控件的 ToolTipText 属性，如图 6-10 所示。

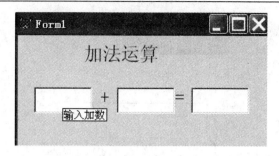

图 6-10

操作步骤：

1）分别选择 Text1 和 Text2 控件，设置其 ToolTipText 为"输入加数"和"输入被加数"。

2）选择表单，将表单的 ShowTips 属性设置为.T.。

说明：要使表单上控件对象及工具栏上对象显示提示信息，必须将表单的 ShowTips 属性设置为.T.。

（3）Textbox 的字体、字体大小、颜色。文本框字体、大小、颜色的属性如表 6-4 所示。

表 6-4

属 性 名	说　明
FontSize	字体大小
FontBold	字体加粗
FontName	字体
ForeColor	前景色
BackColor	背景色

（4）Textbox 的选择内容。对 Textbox 被选择的内容，可以进行读取和判断，并且设置选择内容前景色颜色，这方面相关的属性见表 6-5。

表 6-5

属 性 名	说　明
SelStart	控件的文本输入区中所选定文本的起始位置，运行时可用
SelLength	控件的文本输入区中选定的文本长度。
SelText	控件的文本输入区中选定的文本的内容，如果没有选定任何内容，返回长度为 0 的字符串
SelectedBackColor	选定文本的背景色
SelectedForeColor	选定文本的前景色
SelecteOnEntry	使用 Tab 键移动焦点到文本框时，选中文本框中的所有内容

【例 6-6】　程序运行后，Text1 中的内容全部被自动选中，选中文字的背景色为蓝色，前景色为白色。重新选择 Text1 中的内容后，单击"确定"按钮，Text1 中选择的内容输出到 Text2 中，如图 6-11 所示。

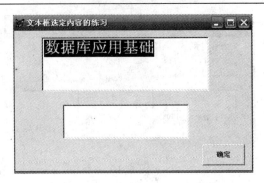

图 6-11

操作步骤：

1）新建立一个表单，在表单上增加两个文本框 Text1 和 Text2 及一个命令按钮 Command1。

2）设置文本框的 FontSize 为 20，Command 的 Caption 为"确定"。

3）在 Text1 的 Init 事件中写入程序

this.selectedforecolor=rgb(255,255,255)

this.selectedbackcolor=rgb(0,0,255)

this.value="数据库应用基础"

this.selstart=0

this.sellength=len(this.value)

4）在 Command1 的 Click 事件中写入程序

thisform.text2.value=thisform.text1.seltext

（5）密码输入与状态栏。可以将 Textbox 设置为输入密码状态，即在输入密码过程中 Textbox 控件不会将输入的内容显示出来。

【例 6-7】 设计一个输入用户名和密码的表单，运行结果如图 6-12 所示。

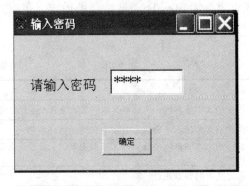

图 6-12

操作步骤：

1）新建立一个表单，增加一个标签、文本框 Text1 和一个命令按钮 Command1。

2）设置 Text1 的 PasswordChar 属性为"*"，StatusBarText 属性为"请输入登录密码"。

3）在 Command1 的 Click 事件中写入代码

```
if thisform.text1.value="12345"
messagebox("您输入的密码为"+thisform.text1.value)
else
messagebox("输入的密码错误！")
endif
```

（6）数据绑定属性。在 Textbox 控件中，提供了多种与数据处理有关的属性，相关属性见表 6-6。

表 6-6

属 性 名	属性设置值	说 明
ControlSource	字段名、变量	设置绑定的数据源
Format		设置控件的输入输出格式
InputMask		设置控件输入与显示格式
ReadOnly	默认为.F.	设置控件的只读状态
ImeMode	默认为 0-无控件	设置输入法的状态
DateFormat	默认为 0，由 Set Date to 指令设置	控件显示日期的格式
Century	默认为 1-On	控件日期格式为公元方式

控件的数据绑定是指将控件与某个数据源联系起来，实现数据绑定需要为控件指定数据源，数据源由控件的 ControlSource 属性指定。数据源有字段和变量两种，前者来自数据环境中的表，可以由用户在 ControlSource 属性中选用。介绍表单使用时，通过数据环境拖动字段，主要完成的就是数据绑定的设置，即设置控件的 ControlSource 属性。

文本框与数据源绑定后，控件值便与数据源中的数据一致了。以字段数据为例，此时控件的值将由字段值决定；字段值也将随着控件值的改变而改变。

有一些控件（如列表框）与数据绑定后，只能进行值的单向传递，即只能将控件值传递给字段。

将控件值传递给字段实质上是一种不用 Replace 命令也能替换表中数据的操作，这样可减少编程工作量。

【例 6-8】 以"订单"为例，完成对"订单 ID"、"客户 ID"和"订购日期"等 3 个字段的数据绑定。

将数据表加入到数据环境后，有两种方法实现数据绑定：一是采用拖动的方法，在数据环境中，选择此三个字段，将其拖动到表单上；二是直接从表单控件中往表单增加三个文本框控件，然后设置其 ControlSource 属性，如图 6-13 所示。

在将控件与数据源绑定后，在 Textbox 控件中对数据内容进行维护时，记录指针移动后，该记录字段内容会默认地被更新。当记录指针移动后，根据对象的 Refresh 方法调用该 Textbox 控件，更新字段内容，如图 6-14 所示。

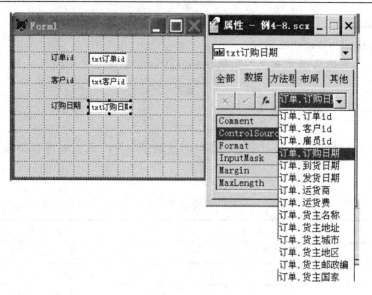

图 6-13

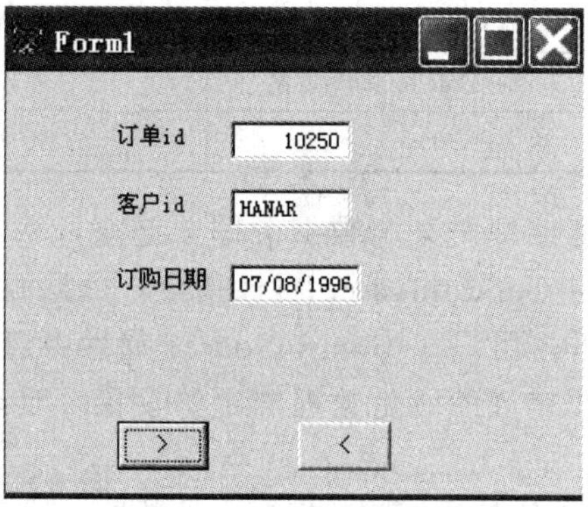

图 6-14

记录下移命令按钮 Click 事件中的代码为：

if not eof()

skip

endif

thisform.refresh

记录上移命令按钮 Click 事件中的代码为：

if not bof()

skip -1

endif

thisform.refresh

说明：记录指针移动后，虽然文本框控件已经绑定了数据源，但控件不会自动更新，必须调用各个控件的 Refresh 方法。一个简单的方法是调用这些控件的容器对象如表单对象的 Refresh 方法，容器对象更新时，其包含的子对象全部随之更新。

将 Textbox 控件通过 ControlSource 属性结合数据字段后，其数据类型根据字段而定，如果结合的是日期型字段，则该文本框即显示日期型数据，如果输入数据时输入的日期不合理，输入的数据将不被接受，并且出现错误的提示，如图 6-15 所示。

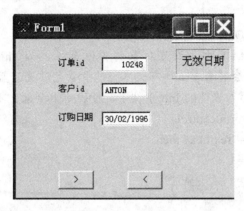

图 6-15

说明："订购日期"中显示的日期格式为"月/日/年"，如果要显示为"年/月/日"，可通过设置该文本框的 DateFormat 为"年月日"或"日本"，如图 6-16 所示，也可能通过使用 Set Date To Japan 命令实现。

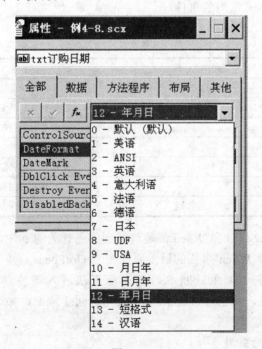

图 6-16

（7）Textbox 的只读属性。在数据维护过程中，如果在浏览模式下，要求设置表单上的 Textbox 控件为只读状态，可设置其 ReadOnly 属性为.T.。只读状态下，文本框背景色为灰色。如果表单上有多个 Textbox 控件，一个个设置太麻烦，此时有两种方法可完成该设置。

1）使用容器对象的 SetAll 方法

格式为：容器对象.SetAll(对象属性,对象值,对象基类)

例 6-8 中如果要将表单上的全部 Textbox 对象的 ReadOnly 设置为.T.，可在表单的 Init 事件中写入程序：

thisform.SetAll("ReadOnly",.T., "Textbox")

说明：也可使用 SetAll 方法设置对象的其他属性，如 thisform.Setall("backcolor", rgb(0,0,255), "Textbox")，会将表单上所有文本框的背景色设置为蓝色。

2）也可将下边代码写入表单的 Init 事件中，使表单上全部文本框控件只读。

```
For each txtobj in thisform.controls
    If txtobj.baseclass="Textbox" then
        Txtobj.readonly=.t.
    endif
Next
```

说明：代码使用 For each 对表单中的控件集合对象进行扫描操作，逐一判断该控件对象是否是由 Textbox 基类派生的，如果是就将其 ReadOnly 设置为.T.。

6.2.2　TextBox 控件事件

表 6-7 列出了 Textbox 常用的事件

表 6-7

事 件 名	说 明
Init	控件对象建立时触发
InteractiveChange	控件对象的值发生改变时触发
GotFocus	控件对象获得焦点时触发
LostFocus	控件对象推动焦点时触发
Valid	当光标移开时触发，用于数据验证
When	对象得到焦点前触发
Error	对象执行期间发生错误时触发

表 6-7 事件中，GotFocus 和 When 都是与得到焦点有关的事件，LostFocus 和 Valid 是与失去焦点有关的事件。When 事件的触发要优先于 GotFocus，并且 When 事件可以通过 Return 语句返回.T.或.F.，如果返回.F.，则光标无法进入该控件；同样 Valid 事件比 LostFocus 事件要先触发，其也可通过 Return 语句返回.T.或.F.，如果返回.F.，则光标不能离开该控件。

6.2.2.1　Valid 事件的应用

【例 6-9】 当控件（文本框、微调等）中输入的数值小于 18 时，光标不会离开，并提示输入不正确，如大于等于 18 则可以离开控件。运行后如果在文本框中输入的数据小于 18，在屏幕的右上角上首先显示"输入的值必须大于等于 18"，然后又显示"无效输入"，光标不能离开 Text1，直到输入的值满足条件为止，如图 6-17 所示。

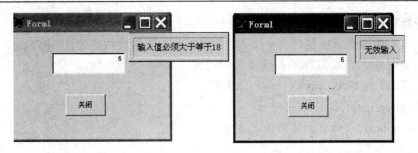

图 6-17

在文本框 Text1 的 Valid 事件中的代码如图 6-18 所示。

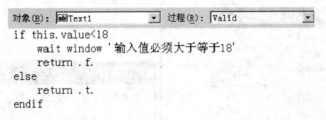

```
对象(B): abl Text1          过程(R): Valid
if this.value<18
    wait window '输入值必须大于等于18'
    return .f.
else
    return .t.
endif
```

图 6-18

说明：（1）在 Valid 事件中，如果返回 0，则控件不失去焦点，类似于上面的返回.F.；若返回正值，则该值指定焦点向前移动的控件数。例如返回 2，则焦点下移两个控件，而并非按正常跳到下一个控件； 若返回负值，则该值指定焦点向后移动的控件数。例如返回–1，则焦点上移一个控件，也就是回到进入当前控件之前的那个控件。

应用这一点可以实现这样的功能：当输入某一值时，下一个控件不用输入了，而直接跳到后面的某个指定的控件上，至于跳到哪个就用返回的数值指定，或者输入了某个特殊值时回到上面某个控件重新输入。

（2）文本框中输入的数值小于 18 后，第 1 次出现的提示是通过 Wait Window 实现的，第 2 次的提示是 VFP 系统给出的提示，如果要去除第 2 次给出的提示，可通过执行 Set Notice Off 语句完成。

6.2.2.2 GotFocus 和 When 事件的应用

【例 6-10】 设计图 6-19 所示的表单，当选择框中选择"未婚"后，鼠标移动到配偶后的文本框中时，显示"未婚者无需填写此内容"的对话框。

图 6-19

操作步骤:

（1）表单中增加两个标签, 一个文本框 Text1 和一个选项按钮 OptionGroup1。

（2）根据图 6-19, 设置标签和选项按钮的属性。

（3）在 Text1 的 GotFocus 事件中写入代码:

if thisform.optiongroup1.value=2

　　messagebox("未婚者无需填写此内容")

endif

表单运行后, 婚姻状况中如果选择未婚, 鼠标单击 Text1 后, Text1 得到焦点, 触发 Text1 的 GotFocus 事件, 显示"未婚者无需填写此内容"的提示, 如图 6-20 所示。

图 6-20

图 6-20 中尽管给出了提示, 但用户在得到提示后, 还是可以在文本框中输入内容, 如果用户在得到提示后, 不能进入到此文本框, 此时就要在对象的 When 事件中写入程序代码:

if thisform.optiongroup1.value=2

　　messagebox("未婚者无需填写此内容")

　　return .F.

endif

When 事件中通过 Return .F.语句, 使光标无法进入到 Text1, 其返回值的含义与 Valid 事件中的相同。

如果在 When 和 GotFocus 事件中都编写了程序, 如果 When 事件中验证后返回.F., 则系统不执行 GotFocus 中的程序, Valid 事件和 LostFocus 事件与此相同。

6.2.3　文本框生成器

VFP 为文本框提供了控件生成器向导, 使用它可以设置文本框的常用属性。文本框生成器包含格式、样式、值等 3 个选项卡, 下边分别叙述。

6.2.3.1　格式选项卡

该选项卡包括 2 个组合框和 6 个复选框, 可用来指定文本框的各种格式选项以及输入掩码的类型。

（1）"数据类型"组合框: 组合框中含有数值型、字符型、日期型或逻辑型等 4 个选项, 用于表示文本框的数据类型。这些选项分别能使用 Value 属性显示为 0,（无）、{}

或.F.。要注意的是如果在值的选项卡中选择了某个字段，则在此处选定的类型必须与字段类型相同。

（2）"在运行时启用"复选框：该复选框对应于 Enabled 属性，用于指定表单运行时该文本框能否使用，默认情况下为可用。

（3）"使其只读"复选框：该复选框对应于 ReadOnly 属性，用于禁止用户更改文本框中的数据。

（4）"隐藏选定内容"复选框：该复选框对应于 HideSelection 属性。如果选定该复选框，当文本框失去焦点时，框中所选定数据的选定状态就被取消；而取消该复选框的选定则相反，文本框中所选定数据将保持选定状态。

（5）"仅字母表中的字符"复选框：该复选框只对字符型数据有效，选定它相当于为 Format 属性设置格式码 A，表示文本框的值只允许字母，而不允许数字或其他符号。

（6）"进入时选定"复选框：该复选框只对字符型数据可用，选定它即为文本框的 Format 属性设置了格式码 K。当非空的文本框获得焦点时，框中的数据就被选定。

（7）"显示前导零"复选框：该复选框只对数值型数据可用，选定它即为文本框的 Format 属性设置了格式码 L，表示能显示数字中小数点左边的前零。如对于与数值型字段绑定的文本框，选定"显示前导零"复选框后，表单运行时该文本框中将显示前导零直到补足字段宽度。

（8）"输入掩码"组合框：用于选定或设置输入掩码串，以限制或提示数值型、字符型或逻辑型字段的用户输入格式。

在组合框的下拉列表中有若干个输入掩码选项可供选用，例如 AA-AAA；但也可在组合框中键入所需要的输入掩码，可用的输入掩码见第 2 章的表 2-7。选定输入掩码后，在组合框的右边自动显示当前输入掩码的含义。用户也可以在 InputMask 属性中设置输入掩码。

如果在数据类型中选择日期型时会出现下边两个复选框：

1）"使用当前的 Set Date"复选框：选定它既为 Format 属性设置了格式码 D，使数据能够按 Set Date 命令设置的格式输入。

2）"英国日期"复选框：选定它既为 Format 属性设置了格式码 E，使数据能够按英国格式输入。

6.2.3.2　样式选项卡

该选项卡包括 2 个选项按钮组，1 个组合框和 1 个复选框，可用于指定文本框的外观、边框和字符对齐方式。

（1）"特殊效果"选项按钮组。

"三维"选项按钮：选定该按钮等同于将文本框的 SpecialEffect 属性设置为 3D，即指定文本框的外观为三维形式，有一定的立体效果。

"平面"选项按钮：选定该选项按钮等于将 SpecialEffect 属性设置为 Plain，即指定文本框外观为平面形式。

（2）"边框"选项按钮组。

"单线"选项按钮：选定该项等于将文本框的 BorderStyle 属性设置为 1-固定单线。

"无"选项按钮：选定该项等于将文本框的 BorderStyle 属性设置为 0-无，指定此文本框无边框，在此情况下"特殊效果"选项按钮中的设置无效。

（3）"字符对齐方式"组合框。

用于指定文本框中数据的对齐方式，等于设置文本框的 Alignment 属性，下拉列表框中有左对齐、右对齐、居中对齐、自动等 4 个选项，分别对应于 Alignment 属性的 0,1,2,3。

"自动"是默认设置，表示文本框中的数据将根据数据类型来对齐。

（4）"调整文本框尺寸以恰好容纳"复选框。

该复选框用于自动调整文本框的大小使其恰好容纳数据，数据的长度是输入掩码的长度或者是通过 ControlSource 绑定字段的长度。

6.2.3.3 值选项卡

该选项卡有一个字段名的组合框，可以利用此组合框来指定表或视图中的字段，被指定的字段将用来存储文本框中的值，等于设置 ControlSource 属性绑定字段。

组合框中的字段是由数据环境提供的。如果数据环境中没有加入任何表或视图，可以通过其右侧的对话框按钮显示打开对话框选择另外的表，选择后，该表也将自动加入到数据环境中。

6.3 EditBox 控件的应用

编辑框（EditBox）用于输入或更改文本，常用来编辑备注字段中的内容。编辑框与文本框的不同地方主要有：

（1）TextBox 只能提供键入一行数据；而 EditBox 则可以进行多行字符编辑。

（2）EditBox 只适合于输入或编辑文本型数据，而文本框则适合于数值型等 4 种类型的数据。

VFP 为 EditBox 也提供了控件向导生成器，其使用方法与 TextBox 的相同。

VFP 为了便于处理长的字符串，为 EditBox 提供了 ScrollBars 属性，用来显示垂直滚动条。

【例 6-11】 设计一个表单，要求当文本框得到焦点时能立即获得编辑框中选定的文本，并显示获得文本的长度，运行效果如图 6-21 所示。

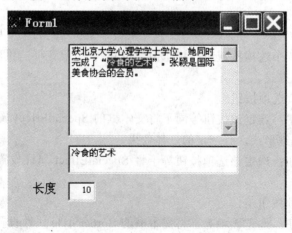

图 6-21

操作步骤：

（1）创建表单，在表单上增加编辑框 Edit1，文本框 Text1 和 Text2 及一个标签，设置标签的 Caption 为"长度"。

（2）在数据环境中加入"雇员"表，然后设置 Edit1 的 ControlSource 属性为"雇员.备注"。

（3）在 Edit1 的 LostFocus 事件中写入代码：

This.HideSelection=.F.

设置控件的 HideSelection 为.F.后，当焦点转移到另一个控件时，原控件选定的内容仍处于选定状态。

（4）在 Text1 的 GotFocus 事件中写入代码：

This.value=thisform.edit1.seltext&&SelText 属性返回被选定的文本

Thisform.text2.value=thisform.edit1.sellength&&SelLength 属性返回选定文本的长度

如果要取消 Edit1 中的选择，可执行 Thisform.Edit1.Sellength=0 语句；如果要消除 Edit1 中选定的内容，可执行 Thisform.Edit1.SelText=""；如果要将 Edit1 中选定的内容送到剪贴板，可通过 VFP 的系统变量_ClipText 完成：_ClipText=Thisform.Edit1.SelText。

6.4 命令按钮与命令按钮组

命令按钮控件一般用于触发执行程序，命令按钮可以经由鼠标或键盘触发，并执行所设置的程序，其操作代码通常放在命令按钮的 Click 事件中。

6.4.1 命令按钮常用的属性

（1）Caption 属性 L 设置命令按钮的标题。作为访问键时，在访问键字母前加\<。

（2）FontName、FontSize、FontBold、FontItalic、FontUnderLine 分别设置标题字体、字大小、粗体、斜体、下划线。

（3）Cancel 属性：指定按钮是否为"取消"按钮。设置为"取消"按钮后，用户按 Esc 键时将触发该按钮的 Click 事件。

（4）Disablepicture:按钮不可用时显示的图片文件。

（5）Enabled:此按钮是否有效。

（6）Picture：显示在按钮上的图形文件。

（7）Default：设置缺省的命令按钮。当该属性设置为真时，用户按下回车键就执行该按钮的 Click 事件。

（8）Autosize：确定按钮能否根据其标题自动设置大小。

6.4.2 命令按钮组

VFP 除了提供命令按钮对象外，还提供了一个集合 CommandButton 命令按钮对象的容器对象，即命令按钮组对象。通过此对象，可以快速设计一组命令按钮。命令按钮组与组内的各个命令按钮都有自己的属性、方法和事件，因而既可单独操作各命令按钮，也可对组控件进行操作。命令按钮组常用的属性有：

（1）ButtonCount：命令按钮的计数属性，可确定组中按钮的数目。

（2）Value：当前选中的命令序号。

（3）Buttons：命令按钮组的集合属性。使用该属性可访问组内的每一个按钮，并为每一个按钮设置属性和调用方法程序。其一般语法为：

CommandGroup.Buttons(i).Property=value

或 CommandGroup.Buttons(i).Method

（4）Setall 方法：设置组中所有按钮的属性。

如 Thisform.Setall("enabled",.f.,"commandgroup"),会使命令按钮组中的所有按钮无效。

6.4.3　命令按钮组生成器

使用表单控件工具栏建立命令按钮组时，默认情况下建立的命令按钮组中包含两个命令按钮。要为命令按钮组设置常用的属性，可以使用命令按钮组的控件向导生成器。在命令按钮组的快捷菜单上选择"生成器"命令，就会启动命令按钮组向导生成器对话框，对话框主要包括两个选项卡，如图 6-22 所示。

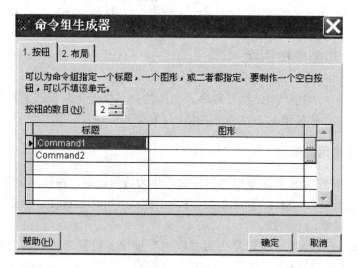

图 6-22

（1）微调控件：指定命令按钮组中包含有命令按钮的个数，相当于设置命令按钮组的 ButtonCount 属性。

（2）表格：包含标题和图形两部分。

标题：设置每个命令按钮的标题，即 Caption 属性。如果要在命令按钮上显示图形，可在图形列中键入图形文件名，或者单击对话框按钮打开图片对话框选择图形文件。这里设置的是命令按钮的 Picture 属性。

（3）布局选项卡。

1）按钮布局：指定按钮是水平排列还是垂直排列。

2）按钮间隔：指定按钮间的距离。

3）边框样式：设置命令按钮组有单线边框或无边框。

【例 6-12】　设计一个用户注册登录的窗口，实现：

（1）对于管理员能够增加新用户且为其设置密码。

（2）用户名和密码全部保存在 user 表中，且密码进行了加密处理。

程序运行结果如图 6-23 所示。在输入已经注册的用户名和密码后，显示成功登录的对话框，如果输入的用户名不存在，或者用户名存在但密码错误，系统给出相应的提示信息。如果图 6-23 中输入的用户名是"admin"，密码是"lbs888"，单击"新用户"按钮，可进入增加新用户的界面，如图 6-24 所示。

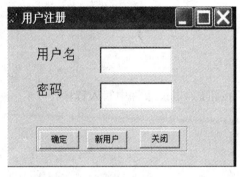 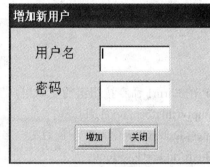

　　　　　图 6-23　　　　　　　　　　　　　　　　　图 6-24

操作步骤：

（1）新建立一个表单 Form1，执行菜单"表单"|"创建表单集"，增加表单集 Formset1。执行菜单"表单"|"添加新表单"，增加新表单 Form2。

（2）在表单 Form1 中增加两个标签和两个文本框 text1 和 text2，使用命令按钮组控件向导生成器，增加命令按钮组，如图 6-23 所示。

（3）在表单 Form2 中增加两个标签和两个文本框 text1 和 text2，使用命令按钮组控件向导生成器，增加命令按钮组，如图 6-24 所示。

（4）执行菜单"表单"|"新建属性"，为表单集建立新属性 outpassstring，执行菜单"表单"|"新建方法程序"，建立一个方法 encrypt。Outpassstring 属性用于保存加密后的用户的密码，encrypt 方法用于数据加密。

（5）将已经建立好的 user 表加入到数据环境中。User 表中 username 和 password 两个文本型字段。

（6）在 Formset1 的 Encrypt 自定义的方法中加入代码：

```
parameter inpassstring
tmpstr=" "
for i=1 to len(inpassstring)&&对密码中的每个字符转换为 ASCII 值后进行位异运算
    tmpchr=bitxor(asc(substr(inpassstring,i,1)),123)
    tmpstr=tmpstr+chr(tmpchr)
next
thisformset.outpassstring=tmpstr
```

（7）在 Form1 命令按钮组的"确定"按钮的 Click 事件中写入程序，如图 6-25 所示。

```
对象(B): [Command1        ▼] 过程(R): [Click        ▼]
select user
locate for username=allt(thisform.text1.value)
if not found()
messagebox("无有此用户！")
return
endif
*用户存在时，查看密码
thisformset.encrypt(alltrim(thisform.text2.value))
locate for username=allt(thisform.text1.value) and password=thisformset.outpassstring
if not found()
    messagebox("密码错误","密码")
else
    messagebox(alltrim(user.username)+"您已经成功地登录了！","登录")
endif
```

图 6-25

（8）在 Form1 命令按钮组的"新用户"按钮的 Click 事件中写入程序：

```
if empty(thisform.text1.value)
    messagebox("请输入管理员的用户名")
    thisform.text1.setfocus
    return
endif
if allt(thisform.text1.value)<>"admin"
    messagebox("管理员用户名错")
    thisform.text1.setfocus
    return
endif
if empty(thisform.text2.value)
    messagebox("请输入管理员的密码")
    thisform.text2.setfocus
    return
endif
*调用密码加密码程序
thisformset.encrypt(alltrim(thisform.text2.value))
locate for password=thisformset.outpassstring
if not found()
    messagebox("密码错误")
    return
else
    thisform.text1.value=" "
    thisform.text2.value=" "
    thisformset.form1.visible=.f.
    thisformset.form2.visible=.t.
endif
```

（9）在 Form1 的 Unload 事件中写入程序：

thisformset.release

（10）在 Form1 的"关闭"按钮的 Click 事件中写入程序：

thisform.release

（11）在 Form2 命令按钮组的"增加"按钮的 Click 事件中写入程序：

```
select user
locate for username=alltrim(thisform.text1.value)
if found()
    messagebox("该用户已经存在！重新增加")
    return
endif
append blank
replace username with alltrim(thisform.text1.value)
thisformset.encrypt(alltrim(thisform.text2.value))
replace password with thisformset.outpassstring
tableupdate(.t.)
messagebox("增加新用户成功！")
thisform.text1.value=" "
thisform.text2.value=" "
```

（12）在 Form2 命令按钮组的"关闭"按钮的 Click 事件中写入程序：

```
thisform.hide
thisformset.form1.visible=.t.
```

说明：1）用户密码的加密采用的是 Bitxor 函数，由于此函数只能进行数值的位异运算，所以使用了 ASC 函数取得每个字符的 ASCII 码值，把字符变成了数值。进行位异运算后，输入的密码被替换成另外的字符，将此字符保存到数据表的 password 字段中。运用登录时，再通过表单集的 Encrypt 方法，进行异或运算，与输入的值比较，以判断密码的正确性。使用此方法加密的前提条件是对方不知道使用了"123"与输入的密码进行了异或运算。

2）为了将在 Encrypt 过程中加密后的字符串在别的过程中使用，使用的表单集的 Outpassstring 属性，当然也可使用公共变量，但程序的安全上不如使用表单集属性。

3）为了避免用户在未退出系统前将表单 Form2 关闭，将表单 Form2 的 ControlBox 属性设置为.T.，这样用户只能通过单击表单 Form2 上的"关闭"按钮，隐藏表单，从而避免关闭 Form2 后，再运行表单 Form1 上的"新用户"按钮时，出现找不到 Form2 的错误。

4）在 Form1 的 Unload 事件中要写入 Thisformset.Release，否则退出表单 Form1 后，都无法释放 Formset1 和 Form2，致使不能再次打开表单进行程序设计，虽然可通过在命令窗口中输入 Clear All 命令释放窗口，但却麻烦。

【例 6-13】 使用命令按钮组和文本框控件编制一个简单的计算器，程序设计和运行后的结果如图 6-26 所示。

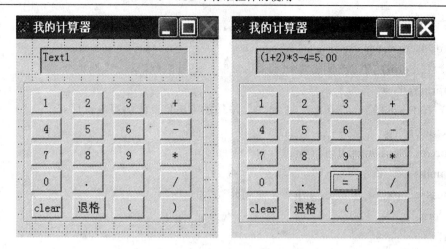

图 6-26

操作步骤：

（1）新建一个表单，表单上增加一个文本框 Text1 和命令按钮组。

（2）将命令按钮组的 ButtonCount 设置为 20，命令按钮组中的 20 个命令按钮垂直排列。将命令按钮组放大，显示出全部命令按钮。右击命令按钮，从快捷菜单中选择"编辑"，选中命令按钮，结合"布局工具栏"，排列命令按钮。

（3）命令按钮组在编辑状态下，依次设置每个命令按钮的 Caption 属性，如图 6-26 所示。要注意的是"="标题不能直接在设计阶段完成。

（4）在前 18 个命令按钮（除标题是空的按钮外）的 Click 事件中都写入代码：

thisform.text1.value=thisform.text1.value+this.caption

（5）在标题为空的按钮的 Init 事件中写入代码：

this.caption="="

在此按钮的 Click 事件中写入代码：

thisform.text1.value=thisform.text1.value+"="+allt(str(eval(thisform.text1.value),5,2))

在此按钮的 Error 事件中写入代码：

LPARAMETERS nError, cMethod, nLine

messagebox("公式输入有误！")

thisform.text1.value=" "

（6）在标题为"Clear"按钮的 Click 事件中写入代码：

thisform.text1.value=" "

（7）在"退格"按钮的 Click 事件中写入代码：

strlen=len(thisform.text1.value)&&检测文本框中字符串的长度

if strlen>=1

thisform.text1.value=subst(thisform.text1.value,1,strlen-1)&&使字符串长度减 1

endif

说明：上边程序主要使用了 Evalucate()函数，计算字符串表达式，返回计算结果。为了防止公式输入后使用此函数出现错误，在计算按钮的 Error 事件中写入错误捕捉程序。

6.5 组合框和列表框的使用

VFP 提供的组合框和列表框，供用户选择，二者有许多属性、方法和事件都是相同的。但二者间有两个区别：

（1）组合框有下拉组合框和下拉列表框两类，前者既允许用户输入数据，也允许用户从中选择数据。而列表框却只允许用户选择数据。

（2）列表框有点像是拉开的组合框，在任何时候都显示出它的列表，而组合框一般只显示一个项目内容，只有用户单击向下按钮后才显示出它的其他列表内容，所以组合框在表单上占的空间要比列表框小。

【例 6-14】 设计如图 6-27 左图所示的表单，程序运行后，自动在组合框中加入项目，并将第一个项目显示在组合框中，单击组合框中将选中项目的内容显示在文本框中，运行后的结果如右图所示。

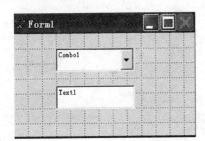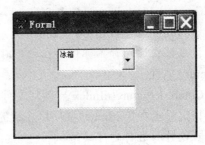

图 6-27

操作步骤：

（1）新建一个表单，在表单上增加一个组合框 Combo1 和文本框 Text1。

（2）在 Combo1 的 Init 事件中写入代码：

this.additem("冰箱")

this.additem ("微波炉")

this.additem("洗衣机")

this.additem ("电视机")

this.listindex=1 &&使第一条项目显示在组合框中

（3）在 Combo1 的 Click 事件中写入代码：

thisform.text1.value=this.text

说明：1）Additem 方法：程序运行时将项目增加到组合框和列表框中，使用时要将组合框的 RowsourceType 设置为 0。

2）程序运行后，如果要在组合框的"洗衣机"项目前边插入"DVD"，可通过语句 Thisform.combo1.additem("DVD",3)完成，其中 3 表示是项目插入的位置。

6.5.1 组合框的主要属性

（1）ListCount

格式：Combo1.ListCount

功能：返回组合框或列表框中列表项目的个数。

说明：此属性在设计时不可用，运行时为只读属性。

（2）ListIndex

格式：Combo1.Listindex[=nIndex]

功能：返回或者设置组合框或列表框显示时选定项的顺序号。

说明：nIndex 表示要设置的顺序号，设置此号，表示某项目被选定。nIndex 是位于 1 到 ListCount 之间的整数。本属性设计时不可用，运行时可读写。

（3）Selected 属性

格式：Combo1.Selected(nIndex)[=Lexp]

功能：用来判断项目是否被选择，如 Selected(4)表示第 4 条项目被选择。

说明：参数值 nIndex 为项目顺序号 Lexp 取值为.F.或.T.。该属性设计时不可用，运行时可读写。

（4）List 属性

格式：Combo1.List(nRow[,nCol])[=lexp]

功能：返回或者设置第 nRow 行,nCol 列项目的内容。

说明：该属性在设计时不可用，在运行时可读写。

（5）Picture 属性

格式：Combo1.Picture(nIndex)="图片文件名"

功能：指定显示在第 nIndex 条项目左边的图形。

说明：在设计和运行时可读写。

（6）BoundColumn 属性

格式：Combo1.BoundColumn=数值

功能：在组合框和列表框多列显示时，说明第几列与该控件的 Value 属性值绑定。

（7）Style 属性

格式：Combo1.Style=值

功能：指定组合框的样式。取值为 0 时，是下拉组合框，用户既可输入数据，也可选择数据；取值为 2 时，为下拉列表框，只可选择，不可输入。

（8）RowsourceType 属性

格式：Combo1.RowSource=Lexp

功能：设置数据来源的类型，其 Lexp 的取值类型如下：

0-无：使用 Additem 方法增加项目

1-值：自定义项目内容。采用逗号隔开各个项目

2-别名：工作区指定

3-SQL 语句：使用直接输入 Select 语句产生的光标文件作为数据源

4-Query：指定查询文件作为数据的来源

5-Array：指定数据组来源，直接输入数组名

6-Fields：使用逗号隔开的字段名作为数据来源

7-Files：指定的文件类型

8-Structure：指定工作区的数据表，显示表中的字段名

9-弹出式菜单：为了保持向下兼容。

（9）RowSource 属性

根据不同的 RowSourceType，设置不同的 RowSource 指定数据来源。

组合框在提供 RowSource 属性的同时，也有 ControlSource 属性。这两个属性，容易混在一起。可以简单地理解为 RowSource 属性设置的是要选择数据的来源，而 ControlSource 是设置选择数据后，存放的地方。如设置组合框 Combo1 的 RowsourceType 属性值为 1，Rowsource 值为"男"，"女"后，组合框供选择的项目有"男"和"女"，那么选择后的数据该保存到什么地方呢？这就需要再设置组合框的 ControlSource 属性，如设置其为某个数据表的"性别"字段，这样用户挑选后的结果就保存在数据表的性别字段中了。

（10）Value 属性、DisplayValue 属性和 Text 属性

Value 属性返回在组合框中选定的项目，而 DisplayValue 则返回组合框中键入的文本。

Text 属性既可返回组合框中选定的项目，也可返回组合框中键入的文本，但其在设计和运行中都是只读的。

下面通过几个实例说明组合框属性的用法。

【例 6-15】 在表单上设计一个组合框，运行后结果如图 6-28 所示。

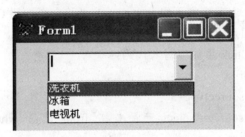

图 6-28

操作步骤：

新建立表单，在表单上增加一个组合框 Combo1，设置 Combo1 的 RowSourceType 和 RowSource 属性如图 6-29 所示。

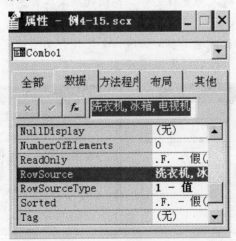

图 6-29

如果要在程序中设置，可在 Combo1 的 Init 事件中写入程序：

This.RowSourceType=1

This.RowSource="洗衣机,冰箱,电视机"

【例 6-16】 设计如图 6-30 所示的表单，单击"列出"命令按钮，将"产品"表中"单价"大于 20 的产品的产品名称加入到组合框中。

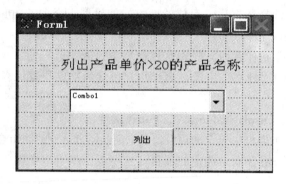

图 6-30

操作步骤：

（1）新建一个表单，表单中加入组合框 Combo1 和命令按钮 Command1。

（2）在数据环境中加入"产品"表。

（3）在命令按钮的 Click 事件中写入代码：

thisform.combo1.clear

thisform.combo1.rowsourcetype=3

thisform.combo1.rowsource="select 产品名称 from 产品 where 单价>20 into cursor tmp1"

说明：设置组合框 RowSourceType 为 SQL 语句时，要将 Select 语句查询后的结果输出到光标文件中。光标文件的名字只要符合文件命名规则即可，当然不要与正在使用的表名或别的光标文件重名。所谓的光标文件，其实就是放在内存中的一个临时表文件。如果 Select 语句输出时不指定输入为光标文件，查询的结果将首先输出到屏幕上，从而影响显示效果。

【例 6-17】 将例 6-16 再进一步，做成一个比较有实用价值的程序，用户可以随便输入查询条件，表单设计和运行后结果如图 6-31 所示。

图 6-31

操作步骤：

（1）新建表单，在表单上增加 2 个标签、2 个组合框 Combo1、Combo2 和 1 个文本框 Text1，1 个命令按钮 Command1，按照图 6-31 设计其标题及字体大小。

（2）在数据环境中加入"产品"表。

（3）在组合框 Combo1 的 Init 事件中写入代码：

```
this.rowsourcetype=0
this.additem(">")
this.additem("<")
this.additem("=")
this.additem("<>")
this.additem(">=")
this.additem("<=")
this.listindex=1
```

（4）在命令按钮 Command1 的 Click 事件中写入代码：

```
strcombo1=alltrim(thisform.combo1.text)
valtext1=alltrim(thisform.text1.value)
sqlstr1="select 产品名称 from 产品 where 单价"
sqlstr1=sqlstr1+strcombo1+valtext1+" into cursor tmp11"
thisform.combo2.rowsourcetype=3
thisform.combo2.rowsource=sqlstr1
```

说明：在 VFP 中书写 SQL 语句的字符串时，要注意一个问题：如果字段类型为文本型，要在字符串中加上"'"。本例中如果是以"产品名称"作为查询条件，那么查询的 SQL 字符串应当改为：

```
sqlstr1="select 产品名称 from 产品 where 产品名称"
sqlstr1=sqlstr1+strcombo1+" ' "+valtext1+' ' ' into cursor tmp11"
```

上边几个例子只设置了被选择数据的来源，并没有设置 ControSource，指定数据被选择后保存到什么地方。例 6-18 以"订单"表和"客户"表为例，说明了这方面的用途。在"订单"表中有"客户 ID"，在输入订单过程中，用户输入数据时，往往只记得客户公司姓名，而不知道客户 ID，在雇员 ID 中也存在这样的问题。

【例 6-18】 建立如图 6-32 所示的表单，输入"客户 ID"和"雇员 ID"数据时，能够在组合框中以多列形式，显示客户"公司名称"，"雇员姓名"等信息，从而方便用户的选择，如图 6-33 和图 6-34 所示。

操作步骤：

（1）新建表单，在表单的数据环境中，加入"订单"，"客户"和"雇员"3 个表。

（2）从数据环境中，选择"订单"表的字段，拖动字段到表单。

（3）删除客户 ID 和雇员 ID 的文本框，增加组合框 Combo1 和 Combo2，分别放在原文本框的位置上。

（4）设置 Combo1 的相关属性如表 6-8 所示。

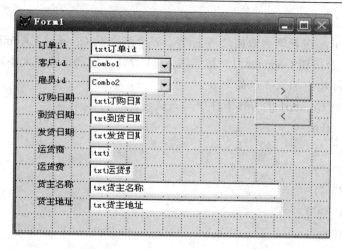

图 6-32

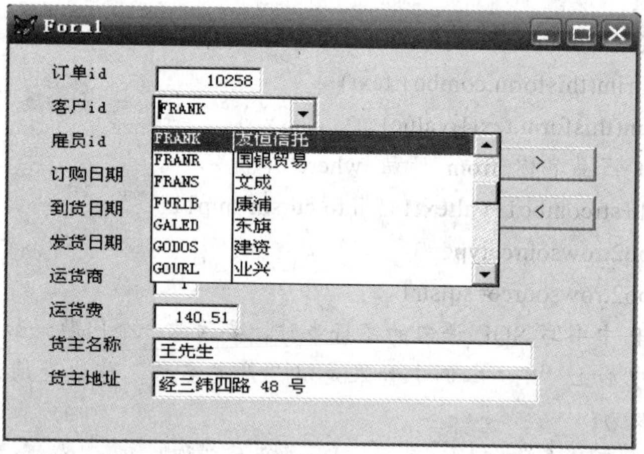

图 6-33

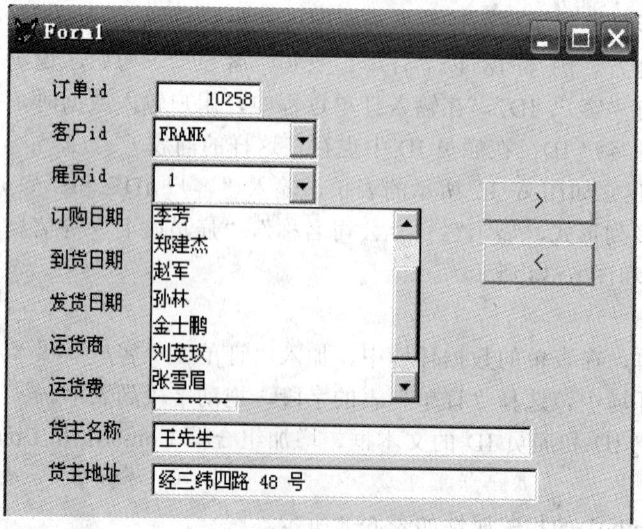

图 6-34

表 6-8

对 象	属 性 名	设 置 值
Combo1	RowSourceType	6
	RowSource	客户.客户 ID,公司名称
	ControlSource	订单.客户 ID
	ColumnCount	2
	ColumnWidth	50,150
Combo2	RowSourceType	6
	RowSource	雇员.雇员 ID,姓名
	ControlSource	订单.雇员 ID
	ColumnCount	2
	ColumnWidth	0,150

说明：在为 RowSource 设置多列时，一个容易犯的错误是：多个字段中只有第 1 列字段可以加上表名，其他字段列不可加表名。

6.5.2 组合框的方法

（1）Additem 方法

格式：Combo1.Additem(cItem[,nIndex][,nColumn])

功能：当组合框或列表框的 RowSourceType 为 0 时，使用本方法可在组合框或列表框中增加项目。

说明：cItem 是要增加的项目内容，nIndex 用来指定新项的位置，如果此项缺省，当 Sorted 属性为.T.时新加的项目按字母插入到列表中，否则添加到列表的末尾。nColumn 用来指定放置新项的列。

（2）Clear 方法

格式：Combo1.Clear

功能：用于清除组合框或列表框中的全部项目内容。

（3）RemoveItem(n)

格式：Combo1.Removeitem(n)

功能：从组合框或列表框中移去第 n 条项目。

（4）Requery 方法

格式：Combo1.Requery

功能：当 RowSource 中的值发生改变时更新列表。

6.5.3 列表框

列表框的使用基本上与组合框相同，下边仅列出其特有的属性。

6.5.3.1 属性

（1）MultiSelected 属性

格式：List1.MultiSeleted=True(False)

功能：指定在列表框中能否进行多个项目的选定。

（2）MoveBars

格式：List1.MoveBars=True(False)

功能：列表框控件内是否显示移动按钮，通过按钮，可改变列表框中项目的先后顺序。

【例 6-19】　设计如图 6-35 所示的表单，完成两个列表框间项目的相互移动。

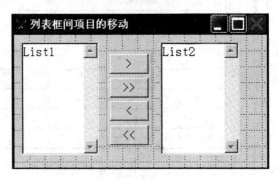

图 6-35

操作步骤：

（1）新建立一个表单，增加列表框 List1 和 List2 及命令按钮组 CommandGroup1。

（2）设置命令按钮组的 ButtonCount 属性为 4，将其 Name 属性修改为 Cmd。鼠标右击 CommandGroup1，选择"编辑"，使命令按钮组处于编辑状态，修改其包含的 4 个命令按钮的 Caption 属性，分别设置这 4 个按钮的 Name 属性为 Cmd1,Cmd2,Cmd3,Cmd4。

（3）在 List1 的 Init 事件中写入代码：

```
this.additem("电视机")
this.additem("微波炉")
this.additem("DVD")
this.additem("冰箱")
```

（4）在命令按钮组的 Cmd1 的 Click 事件中写入代码：

```
for I=1 to thisform.list1.listcount
if thisform.list1.selected(i)
    thisform.list2.additem(thisform.list1.list(i))
    thisform.list1.removeitem(i)
endif
next
```

（5）在命令按钮组的 Cmd2 的 Click 事件中写入代码：

```
do while thisform.list1.listcount>0
    thisform.list2.additem(thisform.list1.list(1))
    thisform.list1.removeitem(1)
enddo
```

（6）在命令按钮组的 Cmd3 的 Click 事件中写入代码：

```
    if thisform.list2.listcount>0 then
```

```
thisform.list1.additem(thisform.list2.list(thisform.list2.listindex))
    thisform.list2.removeitem(thisform.list2.listindex)
  endif
```

（7）在命令按钮组的 Cmd4 的 Click 事件中写入代码：

```
do while thisform.list2.listcount>0
    thisform.list1.additem(thisform.list2.list(1))
    thisform.list2.removeitem(1)
enddo
```

说明：1）Cmd1 与 Cmd3 下的程序基本上是相同的，在这里给出了两种不同的实现方法。Cmd1 中项目移动时采用循环语句，首先判断项目是否被选择，如果被选择，将其增加到 List2 中，然后从 List1 中删除此项目；Cmd3 中没有采用循环语句，而是通过 List2 的 ListIndex 属性直接给出被选择项目的项目号。

2）如果要实现双击 List1，也能将 List1 中选中的项目加入到 List2 的功能，是否要将 Cmd1 下的代码复制到 List1？此时只要在 List1 的 DblClick 事件中，直接调用 Cmd1 的 Click 事件就可以了。VFP 中调用事件过程的格式为：对象.事件过程，故只要在 List1 的 DblClick 事件中写入以下代码即可：

thisform.cmd.cmd1.click

3）如果要在 List1 中通过右键实现拖动功能，能够将 List1 中选中的项目拖动到 List2 中，该如何实现？

① 实现方法是首先在 List1 的 MouseDown 事件中写入代码，如图 6-36 所示。

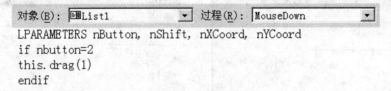

图 6-36

程序的第 1 行，是 MouseDown 事件自带的参数。Lparameter 表示后边的参数是局部变量参数。nButton 判断用户单击的是鼠标左键，右键，还是中键，其取值分别是：

1：左键

2：右键

4：中键

nShift 参数用于判断单击鼠标时是否按下了 Ctrl、Shift 和 Alt，其取值如下：

Shift: 1; Ctrl: 2; Alt: 4

如果同时按下 Shift 和 Ctrl 则 nShift 值为 1+2，同样三个键同时按下时 nShift 取值为 7。

nXCoord 和 nYCoord 表示的是鼠标在对象上的坐标。

Drag()方法为拖动功能的基本方法，其用法如下：

Object.Drag(nAction)

　　参数 nAction 的取值为：0：取消拖动，还原对象原先位置。1：开始对象拖动。

　　② 设置接受拖动对象的事件程序

　　设置当接受拖动对象上方被放入一个拖动过来的命令按钮所要发生的事件程序，这样的程序应放在何处？要借助对象的 Dragdrop 事件，Dragdrop 事件指鼠标拖放后所要发生的事件程序，是指在 Dragdrop 拖放完成后，所要发生的程序。一般可接受 3 个参数：oSource、nXCoord 和 nYCoord。oSource 是拖放进来的对象，可以包含对象各个属性及方法。nXCoord 和 nYCoord 是鼠标在表单的坐标位置。本例中 List2 中的代码如图 6-37 所示。

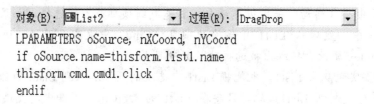

```
对象(B): List2          过程(R): DragDrop
LPARAMETERS oSource, nXCoord, nYCoord
if oSource.name=thisform.list1.name
thisform.cmd.cmd1.click
endif
```

图 6-37

　　【例 6-20】 设计一个表单，运行后产生 10～100 之间的加减法运算，在减法运算中不出现负数运算，运行结果如图 6-38 所示。在文本框中输入运算结果，根据计算结果，给出计算正确率，并将题目及结果放在组合框 List1 中，如图 6-39 所示。

图 6-38

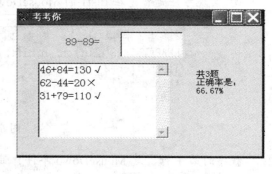

图 6-39

　　操作步骤：

　　（1）新建立一个表单 Form1，在表单上增加两个标签控件 Label1 和 Label2，一个文本框 Text1 和组合框 List1。Label1 用作显示试题，Label2 用作显示答题正确率。

　　（2）在 Form1 的 Activate 事件中写入代码：

```
a=int(10+90*rand())&&产生 10-100 随机数 a,b,c
b=int(10+90*rand())
p=int(2*rand())&&用作产生随机运算符+和-
if p=0
    thisform.label1.caption=str(a,2) +"+" +str(b,2) +"="
```

thisform.text1.tag=str(a+b)&&将正确答案放入 Text1 的 Tag 属性中

else

　　if a<b then&&减法运算时，如果出现小的数字减大的数字情况时，将小数字和大数字交换

　　　　t=a

　　　　a=b

　　　　b=t

　　endif

　　thisform.label1.caption=str(a,2) +"−" +str(b,2)+"="

　　thisform.text1.tag=str(a-b)&&将答案放入

endif

thisform.tag=str(val(thisform.tag)+1)

thisform.text1.selstart=0

thisform.text1.value=""

thisform.text1.setfocus

（3）在 Text1 的 KeyPress 事件中输入代码：

LPARAMETERS nKeyCode, nShiftAltCtrl&&此行为此事件原有的程序行

if nkeycode=13 then&&按下回车键

　　if val(thisform.text1.value)=val(thisform.text1.tag) &&试题计算正确

　　　　item=thisform.label1.caption+alltrim(thisform.text1.value)+"√"

　　　　&&将正确结果的次数记在 list1 的 Tag 属性中

　　　　thisform.list1.tag=str(val(thisform.list1.tag)+1)

　　else

　　　　item=thisform.label1.caption+alltrim(thisform.text1.value)+"×"

　　endif

　　thisform.list1.additem(item,1)

　　*计算答题的正确率

　　zql=str(100*(val(thisform.list1.tag)/thisform.list1.listcount),5,2)

　　thisform.label2.caption="共"+alltrim(thisform.tag)+"题"+chr(13)+"正确率是："

+chr(13)+zql+"%"

thisform.activate&&重新出题

endif

this.setfocus

说明：1）此程序中用到的 Tag 属性，在大多数 VFP 的控件中都有此属性。编程时可将数据保存在此属性中，某种程序上在表单中也能起到传递变量的作用。

2）KeyPress 事件在用户释放键盘键时被触发。Text1 的 KeyPress 代码中的作用是当按下回车键时，判断填写的答案与正确答案是否一样，并将试题与结果增加到列表框中。

【例 6-21】　试编写一程序，为表单中的列表框中增加新项，并且能满足下列条件：

（1）在列表框的首行设置一个可移动按钮，并且在列表框每个项目左端显示一个图

图 6-40

形，如图 6-40 所示。

（2）如果用鼠标单击列表框中的某选项，能显示该项的顺序号与内容。

操作步骤：

（1）先在表单上创建 1 个列表框 List1 和标签 Label1。

（2）设置标签 Label1 的 AutoSize 为.T.，List1 的 RowSource-Type：1；MoveBars：.T.。

（3）List1 的 Init 事件中写入代码：

```
this.additem("张三")
this.additem("李四")
this.additem("王五")
this.picture(1)="..\images\face01.ico"
this.picture(2)="..\images\face02.ico"
this.picture(3)="..\images\face03.ico"
this.listindex=1
```

（4）List1 的 Click 事件中的代码：

```
for i=1 to this.listcount
    if this.selected(i)
        thisform.label1.caption=str(i,1)+space(2)+this.value
    endif
next
```

说明：在为图片文件指定路径时，要用相对路径而不用绝对路径，以避免出现文件夹发生改变时找不到图片文件的错误。

在第 1 章入门示例中举了 1 个抽奖的示例，使用了时钟控件，下边举 1 个不用时钟完成抽奖的例子。

【例 6-22】 从"客户"表中根据客户 ID 对客户开展有奖活动，设计图 6-41 左图所示的表单，要求客户中奖后单击"Esc"键，将中奖客户从抽奖人员中移去。程序运行后结果如图 6-41 右图所示。

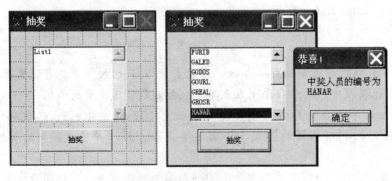

图 6-41

操作步骤：

（1）在表单中加入列表框 list1 和命令按钮 Command1，设置 Command1 标题为"抽奖"。

（2）将"客户"表加入到数据环境中。

（3）在命令按钮 Command1 的 Click 事件中代码：

n=thisform.list1.listcount

a=int(rand()*n+1)

thisform.list1.listindex=a

thisform.list1.selecteditembackcolor=rgb(255,0,0)

thisform.list1.selecteditemforecolor=rgb(255,255,0)

messagebox("中奖人员的编号为"+chr(13)+thisform.list1.value,0,"恭喜！")

（4）在列表框 list1 的 Init 事件中写入代码：

select 客户

scan

thisform.list1.additem(客户 id)

endscan

（5）在列表框 list1 的 KeyPress 事件中写入代码：

LPARAMETERS nKeyCode, nShiftAltCtrl

if nkeycode=27 &&按 Esc 键

if thisform.list1.listcount>0

　　　　thisform.list1.removeitem(thisform.list1.listindex)&&移除中奖人员

endif

endif

说明：1）Rand()函数产生 0-1 之间的随机数，包括 0 但不包括 1，如果要产生 m 到 n（包括 m、n，m,n 是整数且 n>m）的随机整数，表达式为：int(rand*(n-m+1)+m)。

2）list1 中加入"客户 ID"时，没有设置 list1 的 RowSourceType 属性为 6-字段，而是采用 Scan 语句，扫描数据表"客户"，使用 Additem 方法将"客户 ID"加入到列表框 List1 中。

6.5.3.2 列表框生成器

列表框生成器含有列表项、布局、样式、值等 4 个选项卡，用于为列表框设置各种属性。图 6-42 列出了该生成器的全部界面。

图 6-42a～图 6-42c 分别是列表框为 3 种不同数据类型的界面，图 6-42d 为样式，图 6-42e 为布局，图 6-42f 为值。

（1）列表项选项卡

该选项卡用于指定要填充到列表框中的项。填充项可以是以下 3 种数据类型：表或视图、手工输入的数据、数组中的值。

1）表或视图

这种数据类型能将字段值填充到列表框中。选定字段列表中的字段时，如果选择了多个字段，则列表框的每一选项将按这些字段的次序显示字段值，而 VFP 默认列表第 1 列字段中选定的项为返回值，即将它作为 Value 属性的值。

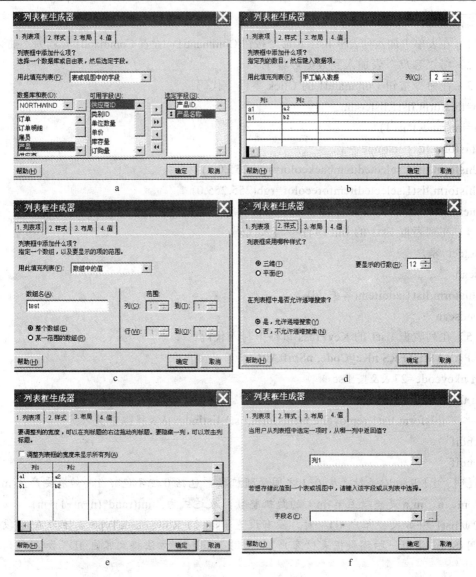

图 6-42

这种数据类型的设置相当于如下属性设置：

RowSourceType:6-字段

RowSource（用逗号分隔的字段名，如产品.产品 ID，产品名称）

2）手工输入数据

这种数据类型允许在设计时键入数据并填充到列表框中。在图 6-42b 图中，输入数据相当于对列表框作如下属性设置：

RowSource:a1,a2,b1,b2

RowSourceType:1

3）数组中的值

这种数据类型允许将数组内容或其中一部分来填充列表框。选择这种数据类型将使选项卡中显示 1 个文本框、1 个选项按钮组和 4 个微调控件。数组名文本框用来指定数组的名称，但数组要用代码来建立。

6.6 单选按钮组和复选按钮

6.6.1 单选按钮组

单选按钮组控件是一个包含单选项的容器控件，一个单选按钮组控件允许从一组单选按钮中选择一个，选择某个选项的同时将释放先前的选择。单选按钮旁边的圆点批示当前的选择。

（1）ButtonCount 属性。指定选项按钮组中按钮的数量。

（2）Value 属性。单选按钮组的 Value 属性表示选项按钮的状态，Value 值为 1，表示第 1 个选项按钮被选中，为 2，表示第 2 个选项按钮被选中。由于选项按钮组是容器控件，也可通过其包含的选项按钮的 Value 值，设定按钮的选定状态，如果某个选项按钮 Value 为 1，表示该选项按钮被选定。

如果选项按钮组 Value 属性的设置与选项按钮组中选项按钮的 Value 设置相矛盾，系统采取选项按钮组中选项按钮的设置。

（3）选项按钮组生成器。选项按钮组生成器包括按钮、布局和值 3 个选项卡。前 2 个选项卡与命令按钮组基本上相似，可对按钮排列方向等进行设置。指定按钮的个数对应于设置选项按钮的 ButtonCount 属性，选项按钮组默认 2 个选项按钮。

值选项卡用于设置选项按钮组与字段绑定。对于数值型字段，当某按钮选定时在当前记录的该字段中将写入选项按钮的序号；对于字符型字段，当某按钮选定时，该按钮的标题就被保存在当前记录的该字段中。组控件与字段绑定对应于 ControlSource 属性。

【例 6-23】 设计一个能编辑浏览 NorthWind 库中表的表单，界面要求如图 6-43 所示。

图 6-43

操作步骤：

（1）在表单上增加一个标签，利用单选按钮组生成器，生成后单选按钮组如图 6-43 所示。

（2）将"订单"、"订单明细"、"产品"、"客户"四个表加入到数据环境。

（3）在单选按钮组的 Click 事件中写入代码：

```
do case
    case this.value=1
        select * from 订单
    case this.value=2
        select * from 订单明细
```

```
case this.value=3
        select * from 产品
case this.value=4
        select * from 客户
```
endcase

程序运行后，单击选项按钮组中的选项按钮，在屏幕上显示不同的数据表。

说明：由于选项按钮组是一容器控件，将程序代码写在其 Click 事件中，要使用其 Value 属性判断各个选项按钮的状态，当然也可将程序代码直接写在选项按钮组中各个选项按钮的 Click 事件中，此时就用不着判断各个按钮的状态。如果在选项按钮组和按钮组中的选项按钮的 Click 事件中都写入代码，则只执行选项按钮中 Click 事件的代码。

本程序将输入结果直接输出到屏幕上，为了在项目中编译成 exe 文件时，也能显示结果，一般将输出结果放在 Grid 控件中。

6.6.2　复选按钮

复选框用在两种状态间的切换，这两种状态可是"真"或"假"、"是"或"否"，也可以是"开"与"关"。使用复选框绑定数据表中字段时，要求数据表中字段的数据类型为逻辑型字段。

6.6.2.1　复选框的外观

复选框可被用户指明选定还是不选定，其外观有方框和按钮两类，设置方法如表 6-9 所示。

表 6-9

外　观	设 置 方 法	选 定 状 态
方框，其右侧显示 Caption 文本	Style 属性设置为 0-标准样式（默认值）	选定时出现复选标记 √
图形按钮,Caption 文本在图形下方	Style 设置为 1-图形样式，Picture 属性中指定图形	选定时按钮呈按下状
文本按钮，Caption 文本居中	Style 为 1，但不设置 Picture 属性	

6.6.2.2　复选框的值

复选框的状态除选定和清除外，还有一种状态，呈灰色状态，此状态只能通过程序代码设置。

Value 属性表示了复选框的状态：0 或.F.表示未选定，1 或.T.表示选定；2 表示灰色状态。实际应用中通常设置多个复选框，用户从中选定多项来实现多选。

【例 6-24】　设计如图 6-44 所示的表单，通过复选框和组合框改变标签的字体和颜色。

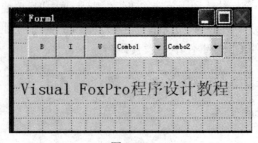

图 6-44

操作步骤：

（1）在表单上增加 3 个复选框 Check1、Check2 和 Check3，2 个组合框 Combo1 和 Combo2，一个标签 Label1。

（2）按照表 6-10 设置表单中各对象的属性。

表 6-10

对 象 名	属 性	属 性 值
Check1	Caption	B
	Style	1
Check2	Caption	I
	Style	1
Check3	Caption	U
	Style	1
Combo1	Style	1
Combo2	Style	1
Label1	Caption	Visual Foxpro 程序设计
	Fontsize	20

（3）在 Check1 的 Click 事件中代码：

thisform.label1.fontbold=not thisform.label1.fontbold

（4）在 Check2 的 Click 事件中代码：

thisform.label1.fontitalic=not thisform.label1.fontitalic

（5）在 Check3 的 Click 事件中代码：

thisform.label1.fontunderline=not thisform.label1.fontunderline

（6）组合框 Combo1 的 Init 事件中代码：

= afont(x)

FOR i = 1 TO ALEN(x)

  THIS.AddItem(x[i])

ENDFOR

THIS.DisplayValue='宋体'

（7）组合框 Combo1 的 InterActivechange 事件中代码：

thisform.Label1.FontName = THIS.DisplayValue

（8）组合框 Combo2 的 Init 事件中代码：

THIS.AddItem("颜色")

THIS.AddItem("设置前景色...")

THIS.AddItem("设置背景色...")

THIS.ListIndex = 1

（9）组合框 Combo2 的 InterActivechange 事件中代码：

DO CASE

  CASE THIS.listindex = 1

    RETURN

```
    CASE THIS.listindex = 2      && 设置前景色
        nForeColor = GETCOLOR()
        THISFORM.SetAll('ForeColor', nForeColor, 'label')
    CASE THIS.listindex = 3      && 设置背景色
        nBackColor = GETCOLOR()
        THISFORM.SetAll('BackColor', nBackColor, 'label')
  ENDCASE
  THIS.Value = 1 &&显示第一条项目即"颜色"
```

说明：1）设置复选框是按钮样式，以改变字体风格，按钮下去是一种状态，按钮起来又是一种状态，故复选框中采用了 not 运算符，而不是直接设置为 True 或 False。

2）组合框中采用了 VFP 的 aFont(x)数组函数，此函数的作用是将计算机中可用的字体放入到数组 x 中，数组 x 不用事先定义也可使用。数组函数 aLen(x)用来返回数组的元素的个数，行或列数，其格式为：aLen(x,nArrayAtrribute)，其中 x 是被测的数组名，nArrayAtrribute 决定返回的是数组中元素的个数，行数还是列数，取值为：0：返回数组中元素的个数，是默认值；1：返回数组的行数；2：返回数组的列数。

3）GetColor()函数，调用 Windows 的调色板，并返回用户选择的颜色。如果进入调色板后，按 Esc 键退出调色板，则返回值为-1。与此相似的还有 GetFont()函数，用于调用 Windows 字体对话框，并返回用户选择的字体。其用法是：GetFont(cFontName [, nFontSize][, cFontStyle])，其中 cFontName 是初始选择的字体，nFontSize 是初始选择的字体大小，cFontStyle 是字体的风格，其取值为 B：粗体，I：斜体，BI：粗斜体。如果打开字体对话框后，单击了"取消"，此函数返回空值。

6.7   时钟控件

时钟控件与其他控件不同，运行后是一个不可视控件。它能周期性地按照一定的时间间隔自动执行它的 Timer 事件过程中的代码，在应用程序中一般用来处理可能要反复发生的动作。

时钟控件主要有 2 个属性和 1 个事件。

（1）Interval 属性：指定时钟自动执行 Timer 事件过程中代码的时间间隔，其单位为毫秒，一般可以认为 1 秒钟等于 1000 毫秒。

（2）Enabled 属性：用于设置时钟是否被启用。默认为.T.，表示时钟被启用。在程序中可通过设置时钟的 Enabled 属性值为.T.或.F.，启动或停止时钟的运行。

（3）Timer 事件：表示时钟执行的动作。

【例 6-25】 利用时钟和标签显示一个简单的电子公告板，设计和单击"运动"按钮后的结果如图 6-45 所示。

程序运行后，单击"运动"按钮，标签上的文字向左移动，命令按钮标题由"运动"变成"停止"，单击"停止"按钮，标签上文字停止运动，命令按钮标题变成"运动"。

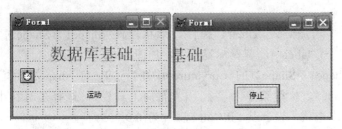

图 6-45

操作步骤：

（1）在表单上增加标签 Label1、时钟 Timer1 和命令按钮 Command1。

（2）按图中所示设置标签和命令按钮的标题，将时钟 Timer1 的 Enabled 属性设置为.F.，Interval 属性设置为 500。

（3）在命令按钮 Command1 的 Click 事件中代码：

```
if this.caption="运动"
    this.caption="停止"
    thisform.timer1.enabled=.t.
else
    this.caption="运动"
    thisform.timer1.enabled=.f.
endif
```

（4）在时钟 Timer1 的 Timer 事件中的代码：

```
thisform.label1.left=thisform.label1.left-50
if thisform.label1.left<-270
    thisform.label1.left=420
endif
```

其中数值-270 指的是标签左边移出表单后标签的 Left 值，数值 420 是标签在表单右边时的 Left 值。

【例 6-26】 利用时钟，设计一个报点的钟表，表单设计界面如图 6-46 左图所示，运行后结果如图 6-46 右图所示。

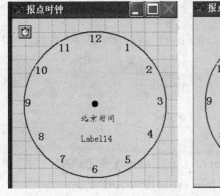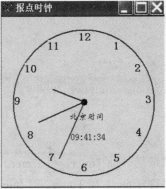

图 6-46

操作步骤：

（1）在表单上增加时钟 Timer1 控件，形状控件 Shape1，Shape2，14 个标签控件 Label1，label2，…，label14，调整标签位置，如图 6-46 所示。

（2）设置 Shape1、Shape2 的 Curvature 属性为 99，将 shape1 由矩形调整为正圆。Shape2 选择 Shape1，执行菜单"显示"|"布局工具栏"，选择工具栏中的"置后"。将 shape2 调小至图中形状，设置其 FillColor 属性为(0.0,255)。

（3）将标签 label1,label2,…,label12 的标题分别设置为 1，2，…，12。Label13 的标题设置为"北京时间"。

（4）设置 Timer1 的 Interval 属性为 1000，Enabled 属性为.T.。

（5）在 Timer1 的 Timer 事件中写入代码，如图 6-47 所示。

```
thisform.cls&&清除表单上的内容
thisform.label14.caption=time()
r=130&&半径
h=150&&圆心坐标h,k
k=150
thisform.drawwidth=2&&设置表单上画线的线宽
angle=pi()/30*SEC(DATETIME())-0.5*pi()
xsec=(r-20)*cos(angle)+h
ysec=(r-20)*sin(angle)+k

angle=pi()/30*(MINUTE(DATETIME())+SEC(DATETIME())/60)-0.5*pi()
xmin=(r-40)*COS(angle)+h
ymin=(r-40)*SIN(angle)+k

angle=pi()/6*(hour(DATETIME())+minute(DATETIME())/60)-0.5*pi()
xhour=(r-70)*COS(angle)+h
yhour=(r-70)*SIN(angle)+k

thisform.Line(h,k,xsec,ysec)
thisform.Line(h,k,xmin,ymin)
thisform.Line(h,k,xhour,yhour)
&&钟表整点报时
if sec(DATETIME())=0
set bell to "钟.WAV"
?chr(7)
endif
```

图 6-47

【例 6-27】 结合时钟，可以动态地显示文字和图片。程序运行后，动态地显示"书中自有黄金屋"几个汉字，图像也在不停地变化，表单设计和运行后结果如图 6-48 所示。

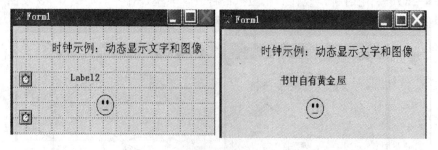

图 6-48

操作步骤：

（1）在表单增加时钟 Timer1 和 Timer2，标签 Label1 和 Label2，图像框 image1。

（2）设置时钟 Timer1 和 Timer2 的 Interval 属性为 200。

（3）在表单的 Activate 事件中定义公共变量

```
public i &&图像个数的变量
i=1
public showstring,m
showstring="书中自有黄金屋"
m=0&&文字个数
```

（4）在 Timer1 的 Timer 事件中的代码：

```
thisform.label2.caption=subst(showstring,1,m)
m=m+2
if m>len(showstring)&&重新显示
    m=0
endif
```

（5）在 Timer2 的 Timer 事件中的代码：

```
p1="../images/face0"+str(i,1)+".ico"
thisform.image1.picture=p1
i=i+1
if i>5
i=1
endif
```

说明：1）要通过时钟以动画形式显示图片，要将图片名按一定规则命名，本例中图片文件名为 p1. ico,p2. ico,…,p5. ico。写文件所在位置的时候要使用相对路径，不要使用绝对路径。

2）Substr()函数用于字符串截取，由于截取的是汉字，所以变量 m 每次要加 2。

6.8 表格控件

表格控件是一个功能非常强大的控件，用来显示或维护表中的记录，甚至可以使用表格进行一对多应用程序的设计。由于 Grid 是一个容器，故它可以包含其他对象在 Grid 中（也可包含它另一个 Grid），连图形表现的对象也可在 Grid 中显示。在 Grid 中可以包含 Combobox、RadioBox 等控件，直接取代输入。

6.8.1 表格的组成和创建

6.8.1.1 表格的组成

将"产品"表加入到数据环境中，拖动数据环境中"产品"表的标题栏到表单，自动创建一个表格"grd 产品"，通过属性窗口，可以看到表格的组成，如图 6-49 所示。

（1）表格：由一列或多列组成。

（2）列：一列可以显示表的一个字段，列由列标题和列控件组成。

（3）列标题：默认显示字段名，允许在设计和运行阶段修改。

（4）列控件：默认情况下表格的列控件是文本框，一列必须有一个列控件，该列的每个单元格都可用此控件来显示字段值。可以在设计和运行阶段将文本框列控件换成其他与本列字段数据类型相配的控件。如该列显示的是逻辑型字段，可以使用复选框作为列控件。

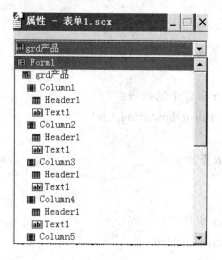

图 6-49

表格、列、列标题和列控件都有自己的属性、方法和事件，其中表格和列都是容器对象。

6.8.1.2　表格的创建

（1）从数据环境创建。拖动数据环境中表的标题栏到表单，在表单窗口中产生一个表格。

（2）利用表格生成器创建。在表单控件中选择表格，按下生成器锁定按钮，按下左键，在表单上画一表格，出现表格生成器对话框，如图 6-50 所示。

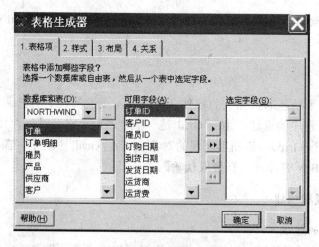

图 6-50

1）表格项选项卡。用于指定在表格上要显示的字段，可以使用数据库中的表，自由表或视图后，选择需要的字段落。

2）样式选项卡。样式选项卡中提供了当前样式、专业型、标准型、浮雕型、账务型等 5 种样式。

3）布局选项卡。包含有标题文本框、控件类型组合框和表格 1 个，主要用于指定列的标题和设置表示字段值的控件，如图 6-51 所示。

表格用来显示表，选定表格中的某列后，即可在标题文本框中为该列键入标题。也可在选定该列后，在控件类型组合框中选择某一控件来表示字段值。根据当前所选列的数据类型不同，其中列出的可供选择的控件也是不同的。如字符型字段可以使用编辑框、数值型字段可以使用微调控件。通过拖动列标题右边的间隔线，可以改变列宽。

4）关系选项卡。用于指定两个表格间的关系。表格控件向导一次只能生成一个表格，要设置表格间的关系，要对每个表格都使用表格向导生成器。

6.8.2 表格的属性

6.8.2.1 利用表格的动态属性进行表格的动态设置

【例 6-28】 以用表格显示“订单明细”为例，要求如下：

（1）表格中的数据如果为奇数行，则显示为白颜色，否则显示为绿颜色。

（2）在表格中增加显示金额列，每条记录的金额=(数量*单价*(1-折扣))。

（3）如果客户的订货金额超过 300 元，显示为红色，否则显示为黑色。

程序运行后如图 6-51 所示。

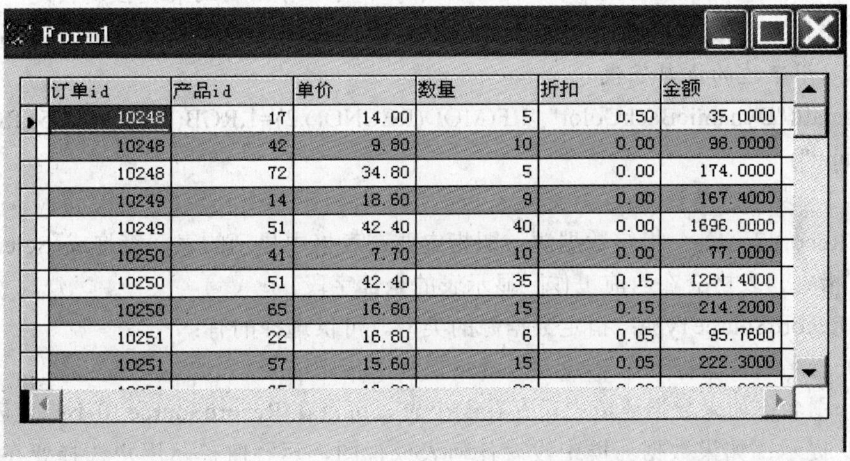

订单id	产品id	单价	数量	折扣	金额
10248	17	14.00	5	0.50	35.0000
10248	42	9.80	10	0.00	98.0000
10248	72	34.80	5	0.00	174.0000
10249	14	18.60	9	0.00	167.4000
10249	51	42.40	40	0.00	1696.0000
10250	41	7.70	10	0.00	77.0000
10250	51	42.40	35	0.15	1261.4000
10250	65	16.80	15	0.15	214.2000
10251	22	16.80	6	0.05	95.7600
10251	57	15.60	15	0.05	222.3000

图 6-51

操作步骤：

（1）将“订单明细”表加入到表单的数据环境中，拖动“订单明细”的标题栏到表单中，生成名为 grd 订单明细的表格。

（2）由于“订单明细”表中有 5 个字段，故生成的表格也有 5 列，设置表格的 ColumnCount 为 6。

（3）在表格上单击鼠标右键，选择“编辑”，使表格处于编辑状态，用鼠标单击第 6 列的标题，将 header1 的 Caption 属性设置为“金额”。表格在编辑状态下用鼠标单击第 6 列，设置 Column6 的 ControlSource 属性为：数量*单价*(1–折扣)。

（4）在表格的 Init 事件中写入代码，如图 6-52 所示。

对象(B): [grd订单明细　　　▼] 过程(R): [Init　　▼]

```
for i=1 to 6
  This.Columns(i).DynamicBackColor="IIF(MOD(RECNO(),2)=1,RGB(255,255,255),RGB(0,255,0))"
next
this.column6.dynamicforecolor="iif(数量*单价*(1-折扣)>300,rgb(255,0,0),rgb(0,0,0))"
```

图 6-52

说明：1）Columns(i)通过表格的列序号 i 访问表格的第 i 列，表格最左边的是第 1 列。

2）判断奇偶行使用 Mod()函数，该函数返回一个数值表达式的余数，数值表达式如果被 2 除后余 1，说明是奇数。

3）函数 Recno()返回记录号。

4）IIF()函数可以实现判断功能，此函数可以多重嵌套。

5）在 VFP 中可以使用表格列中具有 Dynamic 前缀的属性达到设置表格动态属性的目的，关于这方面的主要属性有：DynamicBackColor、DynamicForeColor、Dynamic-FontBold、DynamicFontItalic、DynamicFontStrikeThru、DynamicFontUnderLine、Dyna-micFontName、DynamicFontSize 等。如果将这些属性应用于所在列，则所在列的全部行都会受到影响。如果要对表格 grid1 中的全部列设置属性，除了使用本例方法外，还可以使用 SetAll 方法。SetAll 方法可以为容器对象中的所有控制或某类控制指定一个属性设置。其语法格式为：容器.SetAll(属性,值[,类名])，这里的类是对象的基类。图 6-52 前 3 行程序可以用下边的语句替代：

this.setall("DynamicBackColor","IIF(MOD(RECNO(),2)=1,RGB(255,255,255),RGB(0,255,0))","column")

6.8.2.2　表格的属性

（1）RecordSource：指定数据源，即指定要在表格中显示的表、查询或 Select 语句。如果没有指定，表格会在当前工作区显示表的全部字段。

（2）RecordSourceType：指定数据源的类型。可供选择的有：

1）0-表名：自动打开在 RecordSource 属性中指定的表。

2）1-别名：如果数据环境中已存在一个表，可以在 RecordSource 中不指定表名。

3）2-提示：如果数据环境中没有任何表或视图，运行时提示用户选择要在表格中显示的表或视图，出现"打开数据库中表"的对话框。

4）3-查询：指明 RecordSource 属性中设置的是一个查询文件（*.qpr）。

5）4-SQL 语句：可以在 RecordSource 中设置一条输出到光标文件的 Select 语句。

这两个属性的用法与组合框和列表框中 RowSourceType 和 RowSource 基本上是一样的。

（3）ColumnCount：表示表格中要显示的列数。默认是-1，表示表格的列数是要显示表或视图的字段数。

（4）AllowAddNew：该属性为.T.时允许用户向表格中的表添加记录。当光标在最后一条记录时，按下向下箭头，表格中就会产生新的记录。如果该属性设置为.F.时（默认值），只能使用 Append Blank 或 Insert 命令添加新的记录。

（5）DeleteMark：指定是否在表格最左边显示删除标记的列。默认设置为.T.，显示删除标记的列。

（6）ReadOnly：指定能否编辑表格中的数据，默认值为.F.，可以编辑。

（7）LinkMaster：指定表格控制中显示的子表所链接到的父表。

6.8.2.3 表格常用的方法和事件

（1）ActivateCell：激活表格控制中的一个单元格。

语法：Grid.ActiateCell(nrow,ncol)

其中 nrow 和 ncol 分别是活动单元格的行和列。

注意：在激活单元格后，要使用 thisform.grid1.setfocus 后才能使指定的单元格焦点。

（2）activeColumn:指定包含活动单元格的列，运行后只读。

语法：grid1.ActiveColumn

说明：如果表格没有得到焦点，返回列的值是 0，使用前要使用 Setfocus 方法使表格得到焦点。

（3）ActiveRow：指定包含活动单元格的行，运行后只读。

语法：grid.ActiveRow

说明：如果表格没有得到焦点，返回行的值是 0，使用前要使用 Setfocus 方法使表格得到焦点。

（4）AddColumn/DeleteColumn：在表格中增加或者删除一列。

语法：grid.AddColumn(nIndex)或者 grid.DeleteColumn(nIndex)

说明：nIndex 是要增加或删除的列的位置。

（5）AddObject：在运行时将一个对象加入到容器中。

语法：容器对象.Addobject(cName,cClass)

说明：cName 是加入的新对象名，cClass 是加入新对象所属的类。

（6）RemoveObject：在运行时将一个对象从容器中删除。

语法：容器对象.RemoveObject(对象名)

（7）AfterRowColChange 事件：将焦点移动到另一行或列后触发此事件。

（8）BeforeRowColChange 事件：将焦点移动到另一行或列前触发此事件。

6.8.2.4 列的属性

ControlSource：指定某表的字段为数据源。

CurrentControl：为某列指定活动的控件。如表格中某列显示的是"性别"字段，可为此列指定活动控件为组合框或单选框。

Sparse：取值为.T.时（默认值），在列中只有选中该列时，才显示出其他活动的控件，不选中表格列时，表格中数据都以文本框形式显示。如果取值为.F.，该列的所有单元格都以 CurrentControl 中指定的控件显示。

【例 6-29】 以"订单"表和"订单明细"表为例，设计如图 6-53 所示的反映二者一对多的表单。

操作步骤：

（1）将"订单"和"订单明细"表加入到数据环境中。由于在数据库中已经建立了二者的永久性关联，在数据环境中自动加入了关联线。

（2）数据环境中分别选择"订单"和"订单明细"表的标题，将其分别拖动到表单上，生成一个名为"grd 订单"的 Grid 控件和名为"grd 订单明细"的控件。

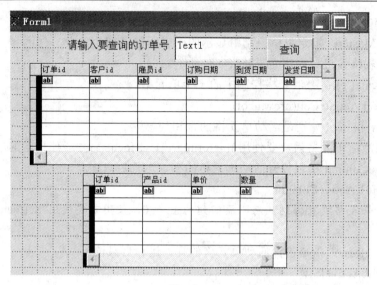

图 6-53

（3）在表单上增加一个标签、文本框 text1 和命令按钮 Command1。

（4）在命令按钮的 Click 事件中写入代码：

```
select  订单
locate for  订单 id=val(thisform.text1.value)
if not found()
    messagebox("无有此订单！")
endif
thisform.grd 订单.setfocus
thisform.refresh
```

程序运行后，在"订单"中移动记录时，"订单明细"中显示的是该订单的订单明细，如图 6-54 所示。

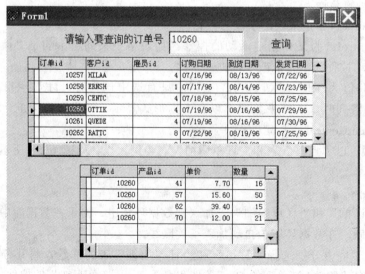

图 6-54

下边以"订单明细"表为例，说明使用 grid 进行数据记录的维护。

【例 6-30】 设计图 6-55 所示的表单，表单运行后单击"增加"按钮的结果如图 6-56 所示。

示例中为了便于"订单 ID"的输入，输入订单号时，以组合框的方式，在 Grid 中显示出"订单"表中的"订单 ID"和"客户 ID"供用户选择。

图 6-55

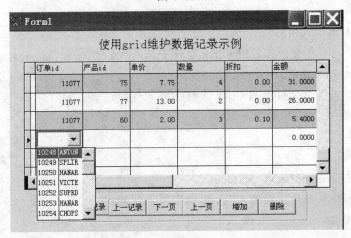

图 6-56

操作步骤：

（1）将"订单"、"订单明细"表加入到数据环境中，拖动"订单明细"表的标题栏到表单中产生一个 Grid，将其 name 设置为 grid1。

（2）在表单上增加一个命令按钮组，将其根据图 6-55 进行布局。

（3）鼠标右键单击 grid1，从弹出的快捷菜单中选择"编辑"，使表格控件处于编辑状态，单击表格的第 1 列。

（4）选择组合框控件，按下鼠标左键，在第 1 列的文本框上划一小矩形，将组合框 Combo1 添加到 column1 中。

（5）从属性列表的对象中选择 Column1，设置 Column1 的 CurrentControl 为 Combo1。

（6）从属性列表中选择 Combo1，其属性设置见表 6-11。

表 6-11

属 性	属 性 值	说 明
BoundTo	.T.	指明组合框的 Value 属性是由组合框的 List 属性值提供的
Rowsourcetype	3	数据来源的类型为 SQL
Rowsource	select 订单 ID,客户 ID from 订单 into cursor abc	
ColumnCount	2	组合框显示两列

（7）在 Grid1 的 Init 事件中写入代码：

for i=1 to this.columncount

Thisform.grid1.Columns(i).DynamicBackColor="IIF(MOD(RECNO(),2)=1,RGB(255,255,255),RGB(192,220,192))"

next

（8）在"下一记录"命令按钮的 Click 事件中写入代码：

thisform.grid1.doscroll(1)

（9）在"上一记录"命令按钮的 Click 事件中写入代码：

thisform.grid1.doscroll(0)

（10）在"下一页"命令按钮的 Click 事件中写入代码：

thisform.grid1.doscroll(3)

（11）在"上一页"命令按钮的 Click 事件中写入代码：

thisform.grid1.doscroll(2)

（12）在"增加"命令按钮的 Click 事件中写入代码：

select 订单明细

append blank

thisform.refresh

thisform.grid1.column1.text1.setfocus

（13）在"删除"命令按钮的 Click 事件中写入代码：

select 订单明细

delete

thisform.refresh

说明：1）表格.DoScroll(参数)完成表格的滚动操作，参数的取值及意义如表 6-12 所示。

表 6-12

取 值	说 明
0	上一行
1	下一行
2	上一页
3	下一页
4	左移一列
5	右移一列
6	左移一页
7	右移一页

2）如果要通过程序在容器中加入其他对象，如在 grid1 的第一列 column1 中加入
Combo1，实现代码如下：

Thisform.grid1.column1.addobject("combo1","combobox")

其中 Combo1 是新加入的控件名，Combobox 是该控件的基类。

缺省状态下，表格控制会使用一个名为 Text1 的文本框对象来显示列数据，在将新
控件如 Combo1 加入后，需要使用 CurrentControl 属性来设置程序运行后的活动控件，
语法是：

Thisform.Column1.CurrentControl="combo1"

【例6-31】 练习表格的 recordsource 和 recordsourcetype 属性，表格的 recordsource 和
recordsourcetype 属性，根据选择的排序方式和排序字段，改变"订单"表中记录的排
序，如图 6-57 所示。

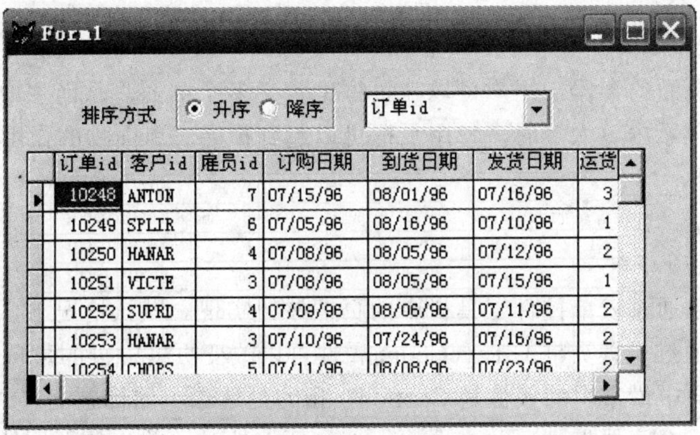

图 6-57

操作步骤：

（1）新建立一个表单，将"订单"表加入到数据环境中。

（2）表单中加入单选按钮组 optiongroup1，设置其 value 属性为 1。设置其 option1 和
option2 的 caption 属性值分别为"升序"和"降序"。

（3）表单中增加一个组合框 combo1 和一个表格控件 grid1。

（4）设置组合框 combo1 的 rowsourcetype 为 8-结构，rowsource 属性值选择"订
单"。

（5）在表单的 load 事件中写入代码：由于 pxzd 和 pxfs 这两个字段要在多个事件过程
中使用，故将其定义为全局变量。且要将 pxfs 初始化为"asc"，想一想，为什么？

public pxzd,pxfs &&排序字段和排序方式

pxfs="asc"

（6）在 optiongroup1 的 click 事件过程中写入代码：

pxzd=alltrim(this.text)

strsql="select * from 订单 order by "+pxzd +" "+pxfs+" into cursor tmptmp"

thisform.grid1.recordsource=strsql

（7）在表格 grid1 的 init 事件中写入代码：

this.recordsource="select * from 订单 order by 订单 id asc into cursor tmptmp"

this.recordsourcetype=4

（8）在组合框 combo1 的 click 事件中写入代码：注意 strsql 字符串书写时，order by 后边有一空格，into cursor 前边有一空格。

pxzd=alltrim(this.text)

strsql="select * from 订单 order by "+pxzd +" "+pxfs+" into cursor tmptmp"

thisform.grid1.recordsource=strsql

（9）在组合框 combo1 的 init 事件中写入代码：目的是使组合框中显示"订单 id"

this.listindex=1

6.9　页框和容器

页框是包含页面的容器，用户可以在页框中定义多个页面，从而生成带选项卡的对话框。当在表单上显示内容太多时，使用页框可以起到扩展表单面积的作用。

6.9.1　页框控件

6.9.1.1　创建页框

页框控件可以通过表单控件工具栏中的页框按钮实现。默认情况下，表单上建立的页框只包含 2 页，通过设置页框的 PageCount 属性可以改变页框中页的数量。

在页框的页面中最常用的属性是 Caption，指的是选项卡的标题。

由于页框是一个容器控件，故在页框上增加新控件时，首先使页框处于编辑状态下，选择某页面，然后才能将控件加入到该页面上。如果要将表单上已有的控件放置在页框的某一页面上，首先将表单上的控件剪切下来，然后在页框处于编辑状态下，选择某个页面，将控件粘贴到该页面上。

【例 6-32】　设计如图 6-58 所示的表单，程序运行后，在"选择查询字段"画面中可从"产品"表选择要查看的任意列，查看后的结果显示在"查询结果"的页面中，如图 6-59 所示。

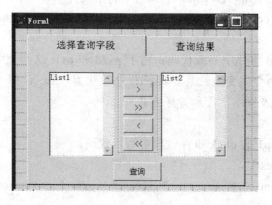

图 6-58

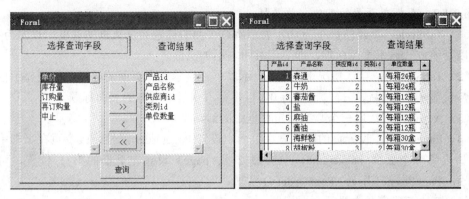

图 6-59

操作步骤：

（1）将"产品"表加入到表单的数据环境中。

（2）在表单上增加一个面框 pageframe1，默认情况下页框有两页。右击页框，选择"编辑"，修改页面 page1 和 page2 的标题。

（3）单击页面 page1，在其中加入列表框 list1 和 list2，命令按钮组 commandgroup1 及一个命令按钮 command1。

（4）单击 page2 页面，在其中加入一个表格 Grid1 控件。

（5）在 page1 中，设置 list1 的 Rowsource 属性为"产品"，RowsourceType 设置为 8-结构。设置 Buttongroup1 的 buttoncount 为 4，修改命令按钮组中各个命令按钮的标题。

（6）修改命令按钮 Command1 的标题，在其 Click 事件中写入代码：

```
if thisform.p.p1.list2.listcount>0
    sqlstr1=""
    for i=1 to thisform.p.p1.list2.listcount
        sqlstr1=sqlstr1+thisform.p.p1.list2.list(i)+","
    next
sqlstr1=substr(sqlstr1,1,len(sqlstr1)-1)&&去除查询列字符串中最后一个","
    select &sqlstr1 from 产品 into table tmp1
else
    messagebox("请选择要查询的字段")
endif
```

（7）在页面 page2 中设置表格 grid1 的 Recordsource 属性为 tmp1，RecordsourceType 属性为 1。

（8）根据例 6-19，在命令按钮组的各个命令按钮的 Click 事件中写入相应的代码。

说明：1）由于 Select 查询字段间以"，"分隔且最后一个字段后没有"，"，故要去除显示字段列中的最后一个"，"。

2）将查询后的结果输入到临时表 tmp1 中，由于设置了 grid1 的 Recordsource 为 tmp1，故可在 grid1 中显示出指定字段列的内容。

6.9.1.2　页框或页面的其他一些属性

（1）TabStyle：默认情况下为 0，表示所有页面的标题布满页框的宽度，设置为 1 时表示以紧缩方式显示页面标题，即显示时两端不加空位。

（2）TabStretch：默认情况下为 1，表示以单行显示所有页面的标题，如果显示位置不足时，仅显示部分标题字符。设置为 0，以多行方式显示所有的页面标题。

（3）ActivePage：用一个数字指定页框中的活动页。

（4）PageOrder：设置页的顺序。在页面上设置 PageOrder 属性，改变页在页框中的顺序。如果将一个页框 pageframe1 中的第 2 页 page3 设置在页框的第 1 位置，可通过 Thisform,PageFrame1.Page3.PageOrder=1 实现。

（5）Tabs：确定是否显示页面标题。

如果设置页框的 Tabs 为.F.，由于没有显示页面标题，故在不同页面间切换时要通过使用 ActivePage 属性，指定当前的活动页。

6.9.2　容器

以前介绍的容器对象，容器中包含的对象只能是一种类型的对象，如命令按钮组中只能包含命令按钮。VFP 提供了一种 Container 对象，在其中可以包含多种不同类型的对象。

容器对象可通过表单上容器控件建立。

【例6-33】　使用容器控件，建立一个根据"订单号"能查询订单的表单，表单设计界面如图 6-60 所示。

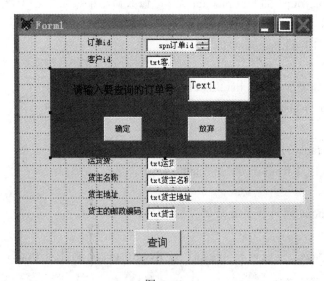

图 6-60

由于要根据用户输入的订单号进行记录的查询，故一般除用于显示记录的表单外，还要有一个表单，用于用户输入要查询的订单号，这样就要解决表单间变量传递的问题。本例中不使用表单集也不使用多个表单，而是借助于容器控件，仅用一个表单，就可完成记录的查询。具体操作步骤是：

（1）将"订单"表加入到表单的数据环境中，拖动"订单"表的字段到表单上。

（2）在表单上增加一个容器控件 Container1 和一个命令按钮 Command1。

（3）设置容器控件的 BackColor 为（0，128，192），命令按钮的标题为"查询"。

（4）右键单击 Container1，选择"编辑"，使容器处于编辑状态。在编辑状态下，容器有一个绿边。在容器中加入一个标签、一个文本框 text1 和两个命令按钮 Command1 和 Command2，设置两个命令按钮的标题。

（5）设置容器控件的 Visible 属性为.F.，表单运行时看不到容器控件。

（6）在表单的 Command1 中写入代码：

Thisform.Container1.Visible=.t.&&显示容器控件

thisform.container1.text1.setfocus&&容器控件中的 Text1 得到焦点

（7）在容器 Container1 中的 Command1 的 Click 事件中写入代码：

Select 订单

locate for 订单 id=val(thisform.container1.text1.value)

if not found()

　　　messagebox("没有此订单！")

endif

thisform.refresh

Thisform.Container1.Visible=.f.&&查询完毕，容器不可见

（8）在容器 Container1 中的 Command2 的 Click 事件中写入代码：

Thisform.Container1.Visible=.f.&&取消查询，容器不可见

可以看出，使用容器完成此种工作要比使用多个表单和表单集要简单。

说明：1）如果要检验控件是不是加入到容器中，可以移动该容器，如果控件也随着移动，说明控件被该容器包含。

2）要通过数据环境，采取拖动的方法在容器（除表单）中直接产生对象是不行的。解决办法是先拖到表单上，然后剪切该对象，容器在编辑状态下，将对象再粘贴到容器中。

6.10　微调控件

微调控件用于接受给定范围内的数值输入，它既可用键盘输入，也可通过单击该控件的上下箭头按钮来增减其当前值。由于微调按钮调的是数值，故一般和数据表中的数值型字段绑定在一起。

6.10.1　微调按钮的属性

（1）Value：表示微调按钮的当前值。

（2）KeyBoardHighValue：设定键盘输入数值的最大值。

（3）KeyBoardLowValue：设定键盘输入数值的最小值。

（4）SpinnerHighValue：设定按钮微调数值的最大值。

（5）SpinnerLowValue：设定按钮微调数值的最小值。

一般计数器对象在使用时要设置上下限，如不设置，其上限为 2147483647，下限为 –2147483647。上下限分为计数上下限与直接输入的上下限。

（6）Increment：设定按一次微调按钮时的增减数值，默认为 1。

6.10.2　微调按钮的事件

（1）DownClick 事件：按下微调按钮的向下按钮时触发。

（2）UpClick 事件：按下微调按钮的向上按钮时触发。

微调按钮只能用于数值型的变量，在实际编程中能否使用它完成日期和字符串的调整？可以采取变通的方法，达到此目的。

【例 6-34】　设置一个可以设计日期的 spinner 控件，运行后结果如图 6-61 所示。

设计思路：在标签 label1 对象上显示系统日期。根据 spinner 对象的按钮，对日期进行加减，单击 Spinner 向上按钮时，事件应写在 Upclick 事件中；单击 Spinner 向下按钮时，程序编写在 Downclick 事件中。

操作方法：

（1）在表单上增加一个标签 Label1 控件和微调按钮 Spinnser1 控件。

（2）设置 Label1AutoSize 为.T.，Alignment 为 1-右。调整 Spinner1 的大小，使其数值显示区域尽量缩小。

（3）标签的 Init 事件中写入代码：

set century on &&年显示为 4 位

set date to japan&&日期为年/月/日格式

this.caption=dtoc(date())

（4）在 Spinner1 的 UpClick 事件中写入代码：

Thisform.label1.caption=dtoc(ctod(thisform.label1.caption)+1)

（5）在 Spinner1 的 DownClick 事件中写入代码：

Thisform.label1.caption=dtoc(ctod(thisform.label1.caption)-1)

【例 6-35】　设计一个 Spinner，使其在"星期一"到"星期日"之间变化。运行后结果如图 6-62 所示。

图 6-61

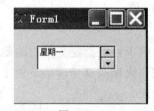

图 6-62

操作步骤：

（1）在表单增加一个文本框 Text1 和微调按钮 Spinner1。调整 Spinner1 的大小，使其数值显示区域尽量缩小。

（2）设置 Text1 的 Value 属性为"星期一"。

（3）设置 Spinner1 的 SpinnerHighValue 和 KeyBoardHighValue 的值为 6，SpinnerLowValue 和 KeyBoardLowValue 的值为 0。

（4）在 spinner1 的 interactivechange 事件中写入代码

thisform.text1.value="星期一星期二星期三星期四星期五星期六星期日"

thisform.text1.value=subst(thisform.text1.value,this.value*6+1,6)

6.11 超级链接

从 VFP6 开始，VFP 提供了超级链接控件，使用此控件可以完成上网等操作。超级链接对象的主要方法有：

（1）GoBack：向后执行记录列表中的链接跳转。

（2）GoForward：向前执行记录列表中的链接跳转。

（3）Navigateto：向指定的目标执行超级链接跳转。

通过以上三个方法我们就可以很方便地在程序中实现超级链接功能，其中主要使用 Navigateto 程序方法，其语法格式为：

Object.Navigateto(target)

其中 target 为指定要定位的 URL。

【例 6-36】 建立如图 6-63 所示的表单，以在表单中实现超级链接。程序运行后，在文本框中输入地址，单击命令按钮"前往"或者回车后，启动 IE，转到该站点。

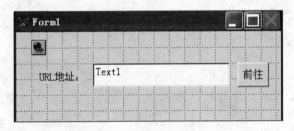

图 6-63

操作步骤：

（1）在表单中增加超级链接控件 Hyperlink1、一个标签、一个文本框 Text1 和一个命令按钮 Command1，设置标签和命令按钮的标题。

（2）在命令按钮的 Click 事件中写入代码：

thisform.hyperlink1.navigateto(thisform.text1.value)

本例如果要作为一个系统软件的一部分，存在一个缺点，就是不能在表单上显示网页的内容。要在表单上显示网页内容，可借助于 Microsoft Web 浏览器完成，具体可见书中 ActiveX 章节的相关内容。

超链接控件是一个表单控件，它使用时需要一个表单对象来包含，而在选单中使用时通常不需要显示用户自定义的表单，这里我们可以借助系统内存变量_screen 完成。在 _screen 中添加一个 hyperlink 对象。

语法格式为：_Screen.Addobject("mylink1","hyperlink")

要链接某一地址如 www.ustb.edu.cn 可以通过：_Screen.mylink1.navigateto ("www.ustb.edu.cn")实现。

将 mylink1 移去可执行：_Screen.RemoveObject("mylink1")

【例 6-37】 在菜单中实现超级链接的功能，将菜单在表单中显示出来。程序运行后打开"友情链接"菜单，如图 6-64 所示。选择相应的站点后，可打开浏览器，并转到相应的站点。

图 6-64

操作步骤：

（1）在项目管理器中选择"其它"选项卡中的"菜单"后，单击"新建"命令按钮，进入菜单设计器。

（2）通过菜单设计器设计图 6-65 所示的菜单。

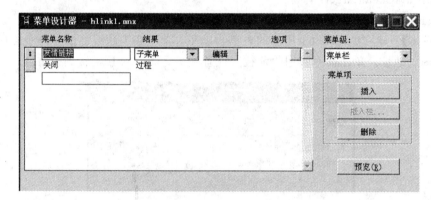

图 6-65

在"友情链接"的子菜单下，选择菜单下"显示"|"常规选项"，显示"常规选项"对话框，如图 6-66 所示。在常规选项中选择"顶层表单"，在过程中输入代码如下：

_Screen.Addobject("mylink1","hyperlink")

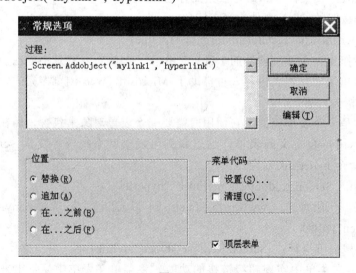

图 6-66

（3）图 6-65 下单击"友情连接"下的"编辑"，设计图 6-67 菜单。

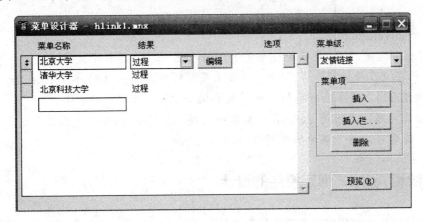

图 6-67

（4）在图 6-67"北京大学"过程中输入代码：

_Screen.mylink1.navigateto ("http://www.pku.edu.cn/")

（5）在图 6-67"清华大学"过程中输入代码：

_Screen.mylink1.navigateto ("www.tsinghua.edu.cn")

（6）在图 6-67"北京科技大学"过程中输入代码：

_Screen.mylink1.navigateto ("www.ustb.edu.cn")

（7）在图 6-65"关闭"过程中写入代码：

```
for each xxx in _screen.controls
    if xxx.name="mylink" &&屏幕上此对象已经存在
        _screen.removeobject("mylink1")
        exit
    endif
endfor
_screen.activeform.release
```

（8）执行菜单"菜单"|"生成"，生成 hlink1.mpr 文件。

（9）新建一个表单，将表单的 ShowWindow 属性设置为：2，在表单的 Init 事件中写入代码：

do hlink1.mpr with this

说明：1）在执行"关闭"时，首先要检查_screen 中移除的对象 mylink1 是否存在，为此使用 For Each 循环从_screen 查询其所有对象中是否存在该对象，如果存在就移去该对象。要在菜单中"关闭"当前运行的表单，不能使用 Thisform.release，因为 Thisform 只能在表单中使用，而要通过_screen.Activeform.Release 的方法关闭表单。

检查一个对象是否存在，还有一种用法是使用 Type()函数。关闭过程中的代码也可写为：

```
If Type("_Screen.mylink1")="O" then
    _screen.removeobject("mylink1")
```

```
        _screen.removeobject("mylink1")
end if
    _screen.activeform.release
```

函数 Type()返回"O"表示是对象变量，如果返回"U"，表示变量未定义。

2）如果在"友情链接"菜单栏下的各子菜单项中都输入代码_Screen.Addobject("my link1","hyperlink")，程序运行完毕一个子菜单项如"北京大学"后，再次运行一个菜单项时程序要出现问题，原因是_screen 中要增加的超链接对象 mylink1 已经存在，无法再增加该对象，故要在这些子菜单项的过程中增加此代码。

6.12　图像和 ActiveX 绑定控件的设计

多媒体信息加入到数据库中的方法有几种，一种方法是通过在数据库中设置通用型字段保存，另一种方法是通过在数据库中链接和嵌入 OLE 控件把多媒体文件加入到数据库中，第三种方法是在数据库中保存多媒体文件的路径等信息。本课介绍第一种和第三种方法。

【例 6-38】　利用图片框显示图片，图片的文件名保存在数据表中，效果如图 6-68 所示。
操作步骤：

（1）新建立一个表单，将 student 表加入到数据环境中。

（2）数据环境中拖动出字段名：雇员 id、姓名、出生年月、职务、照片等字段到表单。

（3）增加三个命令按钮 command1、command2 和 command3，一个复选框 check1、一个图片框 image1。

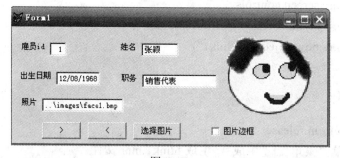

图 6-68

（4）按照图 6-68，设置命令按钮的标题 caption 属性，check1 的 caption 属性。

（5）设置 image1 的 backstyle 为 0—透明。透明后，表单背景色能透过图片。1—不透明，是默认设置，试比较一下二者的效果。

（6）设置 image1 的 stretch 属性为 1—等比填充。stretch 属性的取值有：

0—剪裁：将图片剪裁以适应图片框的大小。

1—等比填充：图片按照其原有比例，等比例缩放，以适应图片框大小。

2—变比填充：原图片按照图片框大小调整，调整后图片与原图片大小不成比例。

（7）在图片框 image1 的 init 事件中写入代码：目的是程序一运行，图片框中就显示出图片，"txt 文件名"是个文本框控件，其 controlsource 属性设置为 student.文件名。

thisform.image1.picture=thisform.txt 照片.value &&txt 指定照片来源。

（8）在命令按钮"＞"下 click 事件中写入代码：

if not eof()

    skip

    thisform.refresh

    thisform.image1.picture=thisform .txt 照片.value

endif

（9）在命令按钮"＜"下 click 事件中写入代码：

if not bof()

    skip -1

    thisform.refresh

    thisform.image1.picture= thisform .txt 照片.value

endif

（10）在命令按钮"选择图片名"click 事件中写入代码：

f=getfile("*")&&getfile()打开文件对话框，返回选取文件的文件名

thisform.txt 照片.value=f

thisform.image1.picture=f

（11）在复选框 check1 的 click 事件过程中写入代码，图片框的 borderstyle 属性用于设置是否显示图片边框，0—无边框，1—有边框。

if this.value=1

    thisform.image1.borderstyle=1

else

    thisform.image1.borderstyle=0

endif

【例 6-39】 结合 activeX 绑定型控件和 microsoft common dialog control 控件的使用，将 student 表中图片保存到数据表的 gen 字段中，显示图片时使用 activeX 绑定型控件，效果如图 6-69 所示。

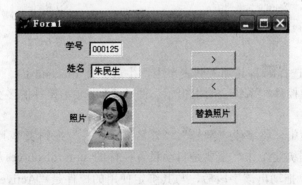

图 6-69

（1）新建立一个表单，将 student 表加入到表单中。

（2）执行主菜单"工具"选项，单击选项卡"控件"，选择"ActiveX 控件"，从出现的 ActiveX 控件中选择 microsoft common dialog control，将其前边的□设置为☒，单击确

定按钮，如图 6-70 所示。选择的这个控件是公用对话框控件，这些控件在其他语言中的使用方法和 VFP 中基本相同。

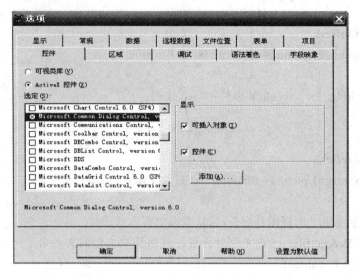

图 6-70

（3）在表单设计器的"表单控件"中，选择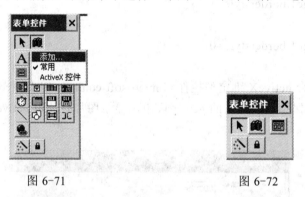下的下拉箭头，如图 6-71 所示，选择"ActiveX 控件"，图 6-71 变为图 6-72。新建立一个表单，将 student 表加入到表单中。图 6-72 中选择██下的下拉箭头，从菜单中选择"常用"，"表单控件"返回到原来状态。

图 6-71　　　　　　　　　　　图 6-72

（4）图 6-72 中选择██将其加入到表单中，生成控件 olecontrol1。如果没有在图 6-70 中选择任何 ActiveX 控件，系统会给出提示。图 6-72 中显示控件的多少和图 6-70 中的选择有关。

（5）从数据环境中，将字段"学号"、"姓名"、"照片"拖到表单上。系统根据字段的数据类型，完成数据绑定工作，主要是自动设置控件的 controlsource 属性。"照片"字段的数据类型是 Gen，拖动出该字段后，与其绑定使用的控件是"ActiveX 绑定控件"██，此控件可以设置 controlsource 属性，与数据表中的某个 Gen 字段绑定。还有一种控件"ActiveX(olecontrol)"██，不能和表中的 Gen 数据类型的字段绑定。

（6）表单上增加三个命令按钮，根据图 6-69，设置按钮 caption 属性。

（7）在标题为">"的 click 事件中写入代码：

```
if not eof()
  skip
  thisform.refresh
endif
```

（8）在标题为"<"的 click 事件中写入代码：

```
if not bof()
  skip -1
  thisform.refresh
endif
```

（9）在标题为"替换当前图片"的 click 事件中写入代码：前面选择文件对话框使用的是函数 getfile()，这里使用的是公用对话框，其功能要比使用函数 getfile()强大得多。Filter 属性用于设置文件格式，"|"的前边是文件说明，后边是文件扩展名，扩展名可以有多个，用 ";" 分隔。Showopen 是公用对话框的一个方法，用于打开对话框，除此外还有 showsave、showprinter 等方法。打开对话框后，用 filename 属性取得选择的文件名，放入变量 fname 中。为了防止没有选择文件出现错误，对返回的文件名进行了简单的判断。为当前记录的 Gen 字段增加图片，语法格式是：append generalm Gen 字段名 from 文件名。由于这里文件名是变量，为了避免文件名中有空格，这里将文件名用（）括起来。

```
select student
thisform.olecontrol1.filter="(gif,bmp)|*.bmp;*.gif"
thisform.olecontrol1.showopen
fname=thisform.olecontrol1.filename
if fname<>" "
append general 照片 from (fname)
endif
```

6.13 控件的综合示例

VFP 中涉及的主要标准控件基本上已经介绍完毕。下面以开发票为例，介绍一个比较综合性的示例，程序运行后结果如图 6-73 所示。

图 6-73

本程序中发票号由系统自动生成，在表单的 Grid1 表格上单击右键，弹出快捷菜单，如图 6-74 所示。选择"增加一行"，将增加一条记录，选择"删除一行"将删除当前记录。在增加一行后，双击"商品代码"下的单元格，弹出所有商品的信息，供用户选择，如图 6-75 所示。用户选择后，将该商品的信息如商品编号、商品名称、品牌、规格、单位、单价自动添加到表格中，如图 6-76 所示。

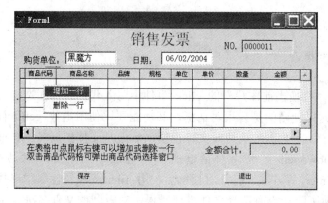

图 6-74

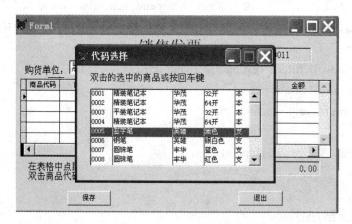

图 6-75

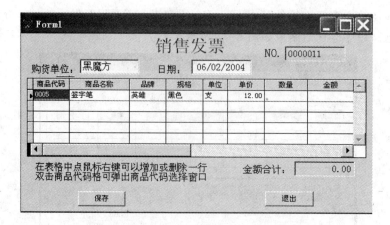

图 6-76

在添加完数量后，自动计算金额，并且在表单上显示金额合计，如图 6-77 所示。

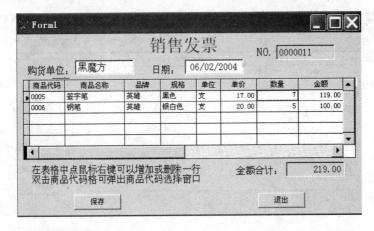

图 6-77

本示例中用到的两个自由表分别为 fp（发票）和 spdm（商品代码），其表结构见表 6-13 和表 6-14。

表 6-13

字段名	类 型	字段中文说明
bh	字 符	发票号
rq	日 期	开票日期
kh	字 符	客户单位
dm	字 符	商品代码
dj	数 值	商品单价
sl	数 值	商品数量

表 6-14

字 段 名	类 型	字段中文说明
Dm	字 符	代 码
Mc	字 符	名 称
Pp	字 符	品 牌
gg	字 符	规 格
dw	字 符	单 位
dj	数 值	单 价

操作步骤：

（1）使用快捷菜单设计器建立图 6-78 所示的快捷菜单，在"删除一行"过程中的代码为：

```
if messagebox( '是否真的删除该行？',36,'提示信息')=6
  dele
endif
```

将生成的菜单名保存为 hlcd.mpr。

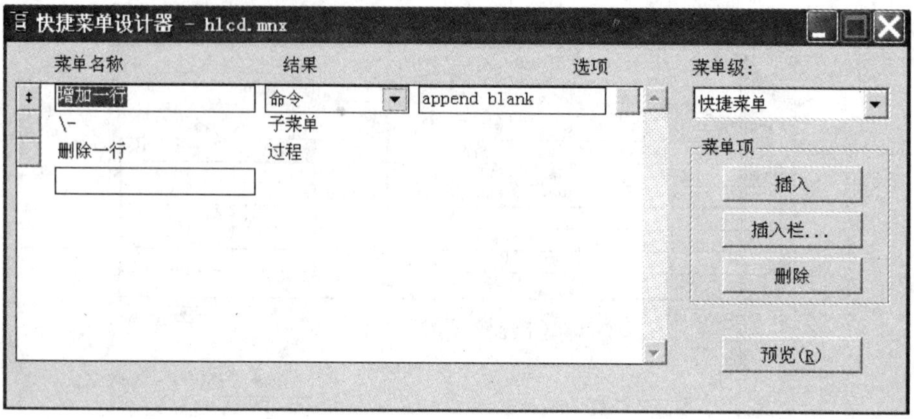

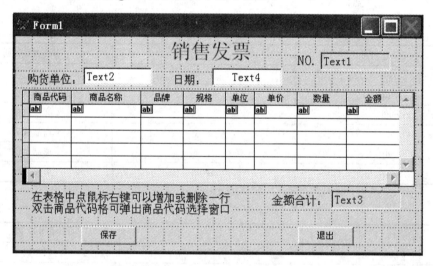

图 6-78

（2）设计如图 6-79 所示的表单 fp.scx，表单中除标签外，增加 4 个文本框，Text1、Text2、Text3、Text4 和表格 grid1，以及两个命令按钮。

图 6-79

（3）在 fp.scx 表单中，设置表格 grid1 各列的 header1 的标题，如图 6-79 所示。

（4）设置 Text1 和 Text3 的 Enabled 为.F.，Text4 的 Alignment 为 2，value 为{}。

（5）在 fp.scx 的 Init 事件中写入程序代码：

```
set talk off
*建一个临时表绑定 GRID1 用于数据输入
create cursor ls ( dm c(4), mc c(20),pp c(10),gg c(10),dw c(4), ;
                    dj n(8,2), sl n(6), je n(10,2))
with thisform.grid1
  .recordsource='ls'
  .column1.controlsource='ls.dm'
```

```
            .column2.controlsource='ls.mc'
            .column3.controlsource='ls.pp'
            .column4.controlsource='ls.gg'
            .column5.controlsource='ls.dw'
            .column6.controlsource='ls.dj'
            .column7.controlsource='ls.sl'
            .column8.controlsource='ls.je'
    endwith
    *取单号
    sele fp
    calculate max(bh) to bh1
    lsbh=val(bh1)+1
    bh1=allt(str(lsbh,7))
    do case
        case len(bh1)=1
            bh1='000000'+bh1
        case len(bh1)=2
            bh1='00000'+bh1
        case len(bh1)=3
            bh1='0000'+bh1
        case len(bh1)=4
            bh1='000'+bh1
        case len(bh1)=5
            bh1='00'+bh1
        case len(bh1)=6
            bh1='0'+bh1
    endcase
    thisform.text1.value=bh1
```

（6）在 Grid1 的 RightClick 事件中写入代码：

```
    sele ls
    do hlcd.mpr     &&调用增加/删除行列的菜单
    thisform.grid1.refresh
    thisform.grid1.setfocus
```

（7）在表格 grid1 的 Column1 下 Text1 的 DblClick 事件中写入代码：

```
    *运行代码查找表单，返回商品代码到变量 dm1
    do form zx to dm1
    this.value=dm1
    sele spdm
    locat for spdm.dm==this.value
```

```
if !found()
  do form zx to dm1
  this.value=dm1
  sele spdm
  locat for spdm.dm==this.value
endif
with thisform.grid1
  .column2.text1.value=spdm.mc
  .column3.text1.value=spdm.pp
  .column4.text1.value=spdm.gg
  .column5.text1.value=spdm.dw
  .column6.text1.value=spdm.dj
endwith
thisform.refresh
thisform.grid1.column7.text1.setfocus
```

（8）在表格 grid1 的第 7 列 Text1 的 lostfocus 事件中的代码：

```
thisform.grid1.column8.text1.refresh
thisform.text3.refresh
```

（9）在 Grid1 的第 8 列 Text1 的 Refresh 事件中写入代码：

```
this.value=ls.dj*ls.sl
```

（10）在表单 Text3 的 Refreh 事件中写入代码：

```
sele ls
sum ls.je to zje
this.value=zje
```

（11）在表单 fp.scx 中"保存"命令按钮的 Click 事件中写入代码：

```
bh1=thisform.text1.value
kh1=allt(thisform.text2.value)
rq1=thisform.text4.value
*检查输入是否有效
sele ls
count for !deleted() to zs
if zs=0
  messagebox('至少要有一条记录才能保存！',16,'提示信息')
  return
endif
if empty(kh1)
  messagebox('请填写购货单位',16,'提示信息')
  return
endif
```

```
locat for ls.sl=0
if found()
  messagebox('请填写数量',16,'提示信息')
  return
endif
*使用 SQL 语句中的 Insert 语句将数据加入到正式表中
go top
do while not eof()
  insert into fp (bh,rq,kh,dm,dj,sl);
  value (bh1,rq1,kh1,ls.dm,ls.dj,ls.sl)
  skip
enddo
dele all&&删除临时表中全部记录
*找出发票中的最大号后加 1，并且设置发票号为 7 位
sele fp
calculate max(bh) to bh1
lsbh=val(bh1)+1
bh1=allt(str(lsbh,7))
do case
    case len(bh1)=1
        bh1='000000'+bh1
    case len(bh1)=2
        bh1='00000'+bh1
    case len(bh1)=3
        bh1='0000'+bh1
    case len(bh1)=4
        bh1='000'+bh1
    case len(bh1)=5
        bh1='00'+bh1
    case len(bh1)=6
        bh1='0'+bh1
endcase
thisform.text1.value=bh1
thisform.text3.value=0
thisform.refresh
```

（12）在表单 fp.scx 中"退出"命令按钮的 Click 事件中写入代码：

```
sele ls
count for !deleted() to zs
if zs<>0
```

messagebox('该单尚未保存！',16,'提示信息')

  return

endif

thisform.release

（13）再新建立一个名为 zx.scx 的表单，如图 6-80 所示。将 sbdm.dbf 加入到表单的数据环境中，设置表单的 WindowType 为 1。在表单中增加一个列表框 list1， list1 属性的设置见表 6-15。

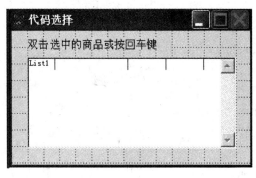

图 6-80

表 6-15   表单 zx.scx 中列表框 list1 的属性设置

属 性 名	设 置 值
Columncount	5
ColumnWidth	37,106,54,53,26
RowSourceType	6-字段
RowSource	spdm.dm,mc,pp,gg,dw

（14）在表单 zx.scx 的 list1 列表框的 DblClick 事件中写入代码：

thisform.dm=this.value

thisform.release

（15）在表单 zx.scx 增加属性 dm，用来存储用户选择的商品代码，设置其初始值为(无)。

（16）在表单 zx.scx 的 Unload 事件中写入代码：

return this.dm

课后练习题

1. 填空题

（1）通过设置标签控件上_____属性可在标签上显示文字。

（2）控制设置标签控件的_____控制标签上显示的字体。

（3）设置_____为.T.时，可以使标签大小随着显示文字大小的变化而自动调整。

（4）控制标签上显示文字的颜色，需要设置_____属性。

（5）要使标签透明，应将标签的_____属性设置为 0—透明。

（6）将表单上组合框 combo1 中第 5 条项目从中移去，使用的命令为_____。

（7）时钟控件有两个重要的属性，一个为 enabled，另一个为_____。

（8）要设置页框中页的数量为 5，需要设置页框的_____属性。

（9）表格的数据绑定属性有 recordsourcetype 和_____。

（10）要设置表单上文本框 text1 的值为 500，语句是_____。

（11）在控件命令按钮 command1 的 init 事件中写入_____，可使其标题变为"退出"。

（12）使表单上文本框 text1 的背景色为蓝色，可通过_____语句完成。

（13）使用_____属性设置表格的列数。

（14）设置表格的数据源，使用表格的_____和 recordsourcetype。

（15）不允许修改表格中的数据，可将表格的_____属性设置为.T.。

（16）通过程序为表格中的某一列增加控件，需要使用_____方法。

（17）程序中忽略删除标记的记录，可使用的语句是_____。

2．选择题

（1）当鼠标在对象上移动时，一定会触发该对象的_____事件。

（A）click （B）mousemove

（C）mousedown （D）init

（2）任何控件都具有_____属性。

（A）caption （B）name

（C）fontname （D）backcolor

（3）标签的_____属性用于设置标签为斜体。

（A）fontitalic （B）caption

（C）fontbold （D）backcolor

（4）文本框中输入数据时要实现数据验证，输入的数据不合格，不准离开该文本框，程序代码应该放在该文本框的_____事件中。

（A）valid （B）lostfocus

（C）gotfocus （D）init

（5）要将文本框控件和数据表的字段绑定，要设置文本框的_____属性。

（A）value （B）seltext

（C）controlsource （D）selstart

（6）要设置或者得到文本框中的数据，可使用的属性是_____。

（A）fontsize （B）value

（C）controlsource （D）backcolor

（7）任何控件都具有_____属性。

（A）caption （B）value

（C）forecolor （D）name

（8）如果要实现当在文本框中输入的数据不满足条件时，光标不会离开，并提示输入不正确，应将程序代码写在下边_____事件中。

　　（A）gotfocus　　　　　　　　　　　（B）lostfocus

　　（C）when　　　　　　　　　　　　　（D）valid

（9）当用户按 Esc 键时，希望触发表单上某个命令按钮的 Click 事件，可通过该命令的
_____属性完成。

　　（A）Default　　　　　　　　　　　　（B）Cancel

　　（C）Caption　　　　　　　　　　　　（D）Picture

（10）测试组合框中的项目数目，可通过组合框的_____属性。

　　（A）listcount　　　　　　　　　　　（B）columncount

　　（C）list　　　　　　　　　　　　　　（D）value

（11）通过超级链接控件_____方法，向指定的目标执行超级链接跳转。

　　（A）go　　　　　　　　　　　　　　（B）skip

　　（C）Navigateto　　　　　　　　　　（D）GoBack

（12）可通过_____属性，得到文本框控件文本输入区中选定的文本的长度。

　　（A）selstart　　　　　　　　　　　　（B）seltext

　　（C）sellength　　　　　　　　　　　（D）SelecteOnEntry

（13）标签的大小随着内容的大小自动调整，需要设置标签的_____属性
为.T.。

　　（A）wordwrap　　　　　　　　　　　（B）autosize

　　（C）autocenter　　　　　　　　　　（D）alignment

（14）将组合框_____属性设置为 2—下拉列表框后，组合框只能选择，不能输入。

　　（A）rowsourcetype　　　　　　　　　（B）style

　　（C）boundcolumn　　　　　　　　　（D）columncount

（15）将选项按钮组 optiongroup1 的_____属性设置为 2，表示第 2 个选项按钮被选
中。

　　（A）buttoncount　　　　　　　　　　（B）tabindex

　　（C）value　　　　　　　　　　　　　（D）listindex

（16）组合框 combo1 中有 5 条项目，程序运行后要将第 3 条项目显示在组合框中，在 combo1
的 init 事件中可写入语句_____。

　　（A）this.selected(3)　　　　　　　　（B）this.listindex=3

　　（C）this.list(3)　　　　　　　　　　（D）this.columncount=3

（17）通过代码向组合框中增加项目，使用_____方法。

　　（A）removeitem　　　　　　　　　　（B）clear

　　（C）additem　　　　　　　　　　　　（D）requery

（18）指定是否在表格最左边显示删除标记的列，需要设置的属性是_____。

　　（A）recordsource　　　　　　　　　　（B）deletemark

　　（C）dynamicBackColor　　　　　　　（D）dynamicforeColor

（19）将表格 grid1 第 2 列的标题 header1 设置为 "工资"，可使用的语句为_____。

　　（A）thisform.grid1.column2.header1.caption="工资"

　　　　（B）thisform.grid1.column2.caption="工资"

　　　　（C）thisform.grid1.columns(2).caption="工资"

　　　　（D）thisform.grid1.column2.text1.caption="工资"

　　（20）要为表格 grid1 当前记录第 2 列的文本框 text1 赋值为 100，使用的语句为_____。

　　　　（A）thisform.grid1.text1.value=100

　　　　（B）thisform.grid1.column2.text=100

　　　　（C）thisform.grid1.column2.text1.value=100

　　　　（D）thisform.grid1.columns(2).text1=100

　　（21）使用表格 grid1 时，当光标在最后一条记录时，按下向下箭头，表格中就会产生新的记录，需要设置_____为.T.。

　　　　（A）DeleteMark　　　　　　　　（B）ReadOnly

　　　　（C）AllowAddNew　　　　　　　（D）Allowrowsizing

　　（22）在表单上有一名为 grid1 的控件，如果要设置第 1 列的标题为"姓名"，可使用的语句为_____。

　　　　（A）grid1.caption="姓名"

　　　　（B）thisform.grid1.caption="姓名"

　　　　（C）thisform.grid1.column1.caption="姓名"

　　　　（D）thisform.grid1.column1.header1.caption="姓名"

　3．操作题

　　（1）表单上放置标签 label1，运行后标签显示宋体，字号 5，效果如图 6-81 所示，当鼠标移动到 label1 上时，字体变为隶书，字号为 20，效果如图 6-82 所示。当鼠标离开 label1 后字体又变为宋体，字号为 5。

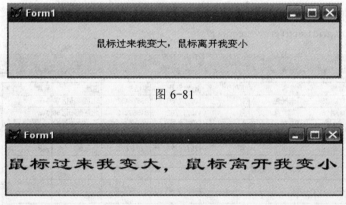

图 6-81

图 6-82

　　（2）表单上放置文本框 text1、text2、text3、text4，使用 setall 方法使这些文本框的字体改为 20，背景色为绿色。程序运行后，鼠标停在 text3 上。

　　（3）使用表格，完成对 class 表的数据维护，包括数据输入、删除功能。要求增加记录时，表格自动得到焦点，"课名"列出现的是一个组合框，可供用户选择。如图 6-83 所示。

图 6-83

（4）将 score 表中的记录显示在表格中，要求行的颜色灰、白相间显示，成绩低于 60 分的记录，字体颜色为红色，如图 6-84 所示。提示灰色为 rgb(192,192,192).

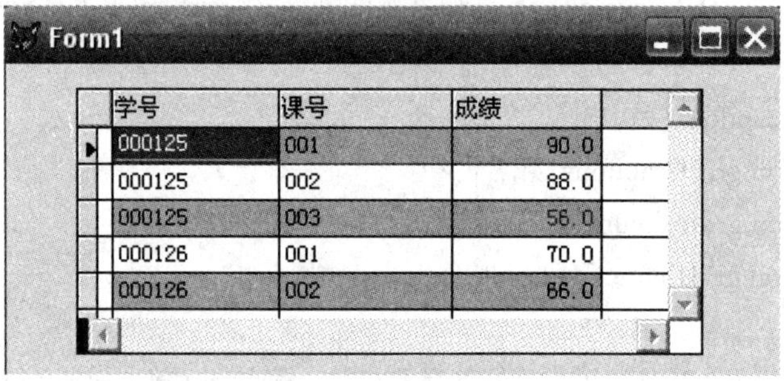

图 6-84

（5）将 student 表中的记录显示在表格中，要求当记录移动时，用颜色动态变化显示相对光标所在记录的位置。运行结果如图 6-85 所示。

提示：可在 grid 对象的 afterRowRolChange 事件中设置具有当前焦点行的颜色。判断当前焦点行可以使用 thisform.grid1.activerow=recno().

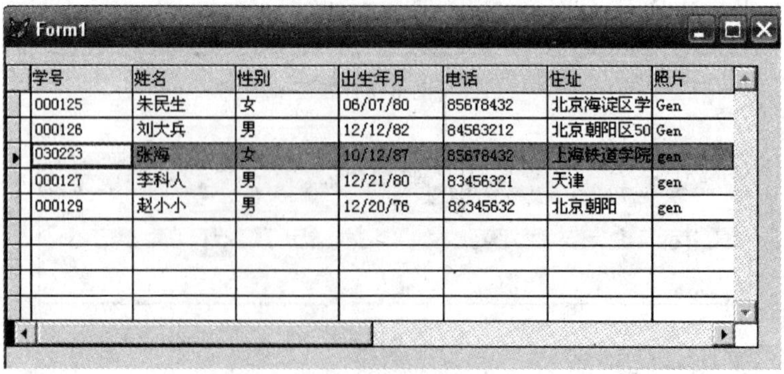

图 6-85

7 报　表

VFP 提供了报表设计器，可完成报表的设计、显示和打印等功能。使用报表设计器完成报表，主要任务是设计报表的布局和确定报表的数据源。报表的布局决定了报表的样式，而数据源则是为报表中的控件提供数据。与表单设计时相同，数据源也可由报表设计器中数据环境设计器来管理。

VFP 提供了三种建立报表的方法：

（1）使用报表向导生成器。与使用表单向导一样，按照向导的提示，完成报表的创建。

（2）用快速报表命令，创建一个简单的报表。

（3）直接使用报表设计器建立报表。

三种方法中，前两种方法简单、快速。在实际程序开发中，可先用其生成简单的报表，然后再用第三种方法加以修改完善。

7.1 报表向导和快速报表

7.1.1 报表向导

（1）任务。使用向导生成器，生成如图 7-1 所示的订单报表。

	订单id	产品id	单价	数量	折扣
订单id: 10,248					
客户id: VINET					
雇员id: 5					
订购日期: 07/04/96					
	10,248	17	14.00	12	0.00
	10,248	42	9.80	10	0.00
	10,248	72	34.80	5	0.00
10248				27	
订单id: 10,249					
客户id: TOMSP					
雇员id: 6					
订购日期: 07/05/96					
	10,249	14	18.60	9	0.00
	10,249	51	42.40	40	0.00
	10,249	0	0.00	0	0.00
10249				49	

图 7-1

从图 7-1 可以看出，此报表的数据源来自"订单"和"订单明细"两个表，故这是一个一对多的报表。

（2）操作。选择菜单"工具"｜"向导"｜"报表"，选择一对多报表，将"订单"表作为主表，"订单明细"表作为子表，分别将报表中出现的字段加入到"选定字段"的列表框中，在"选择报表样式"中选择"带区式"样式，如图 7-2 所示，单击"总结选项"命令按钮，选择"总结选项"如图 7-3 所示。

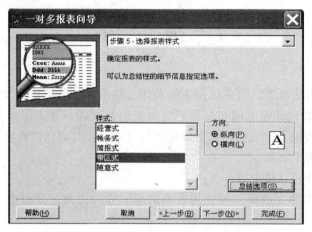

图 7-2

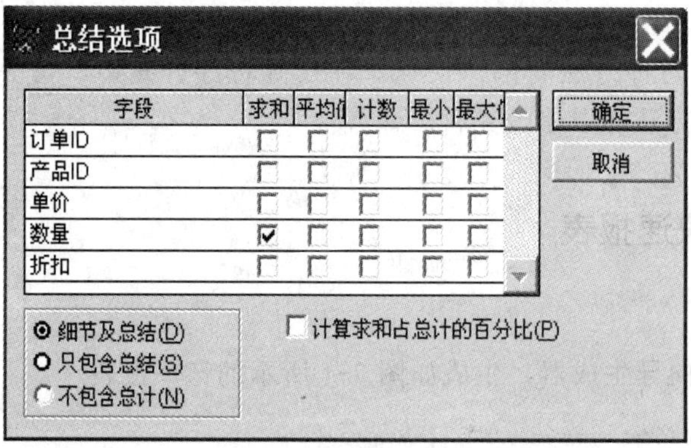

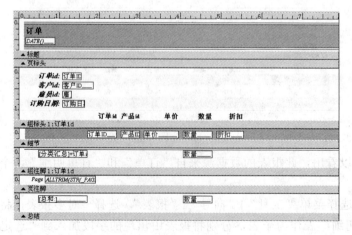

图 7-3

　　向导生成的报表如图 7-4 所示。双击"组注脚"中"[分类汇总]+订单 id+[:]"域控件，在图 7-5 中，将其改为订单 id，然后单击"确定"。

图 7-4

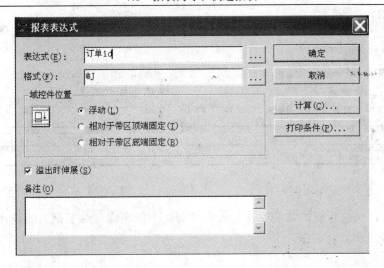

图 7-5

在报表的空白处，单击鼠标右键，选择"预览"，运行结果如图 7-1 所示。

（3）分析。上边使用报表向导生成的报表，有两个需要学习的地方。一是"订单明细"中记录如何显示不同的颜色；二是如何完成分组和全部订货数量的计算。掌握了报表设计的使用方法后，就可明白报表向导是如何解决这两个问题的。

如果要对报表进一步完善，需要对订货金额（订货金额=数量*单价*（1-折扣））分组计算和求所有订单的总金额，仅依靠报表向导是不行的，要灵活应用报表设计器，在向导生成报表的基础上做出修改。

7.1.2 快速报表

快速报表类似于快速表单，可以使用它先生成一个报表，然后根据需要，在报表设计器中再修改报表。运行快速报表的方法是：新建一个报表，进入报表设计器，选择菜单"报表"|"快速报表"，如果在选定快速报表命令前未打开表，系统出现选定报表的数据源对话框，在选定报表所用的数据表如"订单"后，出现图 7-6 所示的对话框，供用户选择字段的布局。

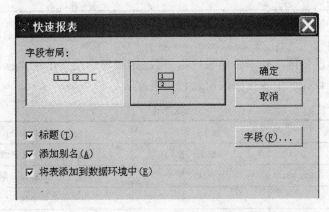

图 7-6

在图 7-6 中，单击"字段"命令按钮，可选择报表输入的字段。单击"确定"按钮，完成快速报表，如图 7-7 所示。

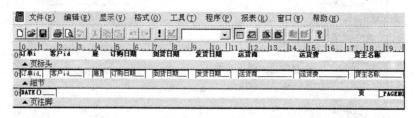

图 7-7

可以看出，快速报表的功能要比报表向导弱，不能完成一对多报表的设计，不能自动完成数据的分组和汇总工作。

7.2　报表设计器

使用报表向导和快速报表完成的报表一般要在报表设计器中进行修改和完善，故应熟悉报表设计器的使用方法。

7.2.1　报表带区

新建报表后，进入报表设计器，默认情况下报表设计器的窗口如图 7-8 所示。

从图 7-8 中可以看出，报表设计器是分带区的，默认情况下有三个带区：页标头、细节和页注脚。执行菜单"报表"|"标题/总结"命令，显示"标题/总结"对话框，如图 7-9 所示。

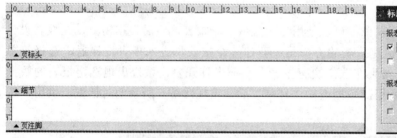

图 7-8

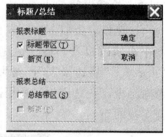

图 7-9

通过选择"标题带区"和"总结带区"，可决定报表中是否出现"标题/总结"带区。表 7-1 说明了报表设计区中各带区的用途和使用方法。

表 7-1

使用此带区	若要打印	使用此命令的方法
标　题	每报表一次	报表菜单下选择"标题/总结"
页面标头	每页面一次	默认可用
列标头	每列一次	文件菜单下选择"页面设置"
组标头	每组一次	报表菜单下选择"数据分组"

使用此带区	若要打印	使用此命令的方法
细节带区	每记录一次	默认可用
组注脚	每组一次	报表菜单下选择"数据分组"
列注脚	每列一次	文件菜单下选择"页面设置"
页面注脚	每页面一次	默认可用
总　结	每报表一次	报表菜单下选择"标题/总结"

（1）报表标头带区。在报表标头带区中的所有对象只在一份报表的开头打印一次，该功能类似报表的封面。如果要想在打印完报表标头带区信息后跳一页再开始打印后面的正式报表，如图 7-9 所示。

（2）页标头带区。该带区中所有对象会在每一页报表的最上方显示，通常用于显示报表数据的提示说明，如：姓名、出生年月等，如果要在每一页的上方都打印标题，可以在该区域建立一个标签对象放置报表标题。

（3）组标头带区。组标头带区用于在数据分组时打印每一组数据的标题，图 7-4 向导生成的报表中分组的标头是"订单 ID"，表示的是以这个字段作为数据的分组。VFP 允许设置多个组的级别，因此可能会出现多个分组标头。该带区也可作为页标头使用，方法是：选定菜单"报表"|"数据分组"，显示数据分组对话框，如图 7-10 所示。此时要选中"每组从新的一页上开始"和"每页都打印组标头"。

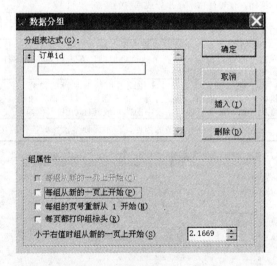

图 7-10

（4）细节带区。该带区是报表中最重要的部分，一般放置数据表中的记录字段，该带区中的对象在没有达到数据表中记录尾部前，采用循环的方式，显示记录中的相关内容。

（5）组注脚带区。与组标头带区的含义相同，一般用于打印分组数据的组统计。

（6）页注脚带区。页注脚带区中的任何数据会在每一页报表的最下方打印，通常用于放置页号。

（7）总结带区。总结带区中的数据只在一份报表的最后一页打印一次，通常用于计算机所打印数据的总计以及平均值等。

7.2.2　报表设计器的工具栏

报表设计器中提供了两个工具栏：报表控件工具栏和报表设计器工具栏。如图 7-11 所示。

图 7-11

报表控件工具栏中各按钮的使用说明如表 7-2 所示。

表 7-2

按　　钮	说　　明
选定对象按钮	移动或更改控件的大小。在创建了一个控件后，如果没有按下"按钮锁定"按钮，会自动选定"选定对象"按钮
标签按钮	创建一个标签控件。用于建立固定文字等对象，按下该按钮后便会出现 T 形的鼠标形状，移动鼠标到适当的位置，单击鼠标左键便可以录入文字
域控件按钮	创建一个字段控件，用于显示表字段、内存变量或其他表达式的内容。按下该按钮后，便会出现十字形的鼠标形状，移动鼠标到适当位置单击鼠标左键或按住左键拖动，便会打开"报表表达式"对话框，允许用户定义一个字段或其他表达式
线条控件	设计时用于在报表上画各种线条样式。按下该按钮后，移动鼠标到适当位置按住鼠标拖动，便可画出一条平行或垂直的线条
矩形按钮	在报表上画矩形。按下该按钮后，移动鼠标到适当位置按住左键拖动，可画出一个矩形
圆角形按钮	用于在报表上画椭圆和圆角矩形。按下该按钮后将鼠标移动到适当位置，按下鼠标左键并拖动，便可画出一个圆角矩形框，双击该矩形框，打开圆角矩形对话框，设置圆角的样式，如图 7-12 所示
图片/ActiveX 绑定控件按钮	用于在报表上显示图片文件或通用数据字段的内容。按下该按钮后，按下鼠标左键，在报表上拖动，便会打开"报表图片"对话框，如图 7-13 所示。选择一个图片文件或存储在数据表通用字段中的图片或其他 OLE 对象内容
按钮锁定	允许添加多个同种类型的控件，但不需要多次按此控件的按钮

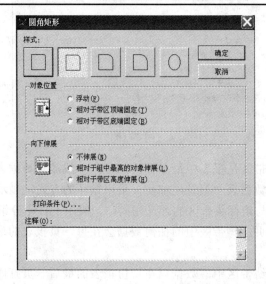

图 7-12

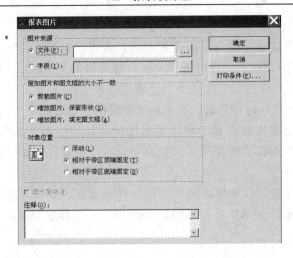

图 7-13

7.2.3 报表设计器的菜单

打开报表设计器后，VFP 主菜单中将相应的添加一个"报表"菜单栏，如图 7-14 所示。

（1）"标题/总结"菜单。显示"标题/总结"对话框，用于指定是否将"标题"和"总结"带区包括在报表中，其显示的对话框如图 7-9 所示。

图 7-14

（2）"数据分组"菜单。显示"数据分组"对话框并设置其属性，如图 7-10 所示。在分组报表的时候，要注意设置数据表的索引，否则会出现数据分组后，同一组的记录有时候没有排列在一起的情况。设置的方法是在报表设计器的数据环境中，选中相应的表，设置其 order 属性。

（3）"变量"菜单。显示"报表变量"对话框，用于创建报表中所需的变量。报表变量的对话框如图 7-15 所示。

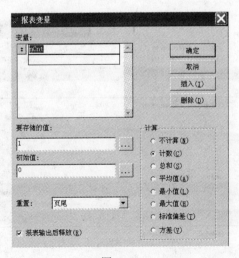

图 7-15

1）变量。显示当前报表中的变量，并为新变量提供输入位置。

2）要存储的值。显示存储在当前变量中的表达式，也可以在文本框中输入表达式。要创建一个存入变量的表达式，也可选择"要存储的值"文本框后边的对话框按钮，显示"表达式生成器"对话框，通过它生成"当前变量的表达式"。

3）初始值。在进行任何计算前，显示选定变量的值以及此变量的重置值。

4）重置。指定变量重新设置为初始值的位置。默认值为"报表尾"，也可选择"页尾"或"列尾"。如果在报表中使用了"数据分组"，"重置"框中可选择"数据分组"表达式，将其设置为重置值。

5）报表输出后释放。打印报表后从内存中释放变量。如果未选定此项，则变量只有在退出 VFP 或者使用 Clear All 或 Clear Memory 命令后才释放变量，否则变量一直保存在内存中。

6）计算。

计数：根据"重置"框中的选择，计算每组、每页、每列或每个报表中打印变量的次数。此计算操作基于变量出现的次数，而不是变量的值。

求和：计算变量值的总和。根据"重置"框中的选择，对每组、每列或每个报表进行变量值的求和计算。

平均值：根据"重置"框中的选择，对每组、每列或每个报表进行变量值的平均值计算。

最小值、最大值、标准偏差和方差：根据"重置"框中的选择，对每组、每列或每个报表进行变量值的最小值、最大值、标准偏差和方差计算。

7.2.4　报表示例

下边以"订单"和"订单明细"两个表为例，使用报表设计器设计报表，报表预览后的效果如图 7-16 所示。

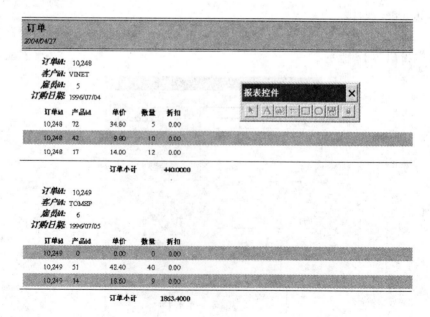

图 7-16

操作步骤如下：

（1）新建报表。在"项目管理器"中"文档"标签下，选中"报表"，单击"项目管理器"右边的"新建"命令按钮，在出现的"新建报表"对话框中选择"新建报表"，进入"报表设计器"。

（2）设置数据环境。在"报表设计器"中单击鼠标右键，从快捷菜单中选择"数据环境"，出现报表"数据环境设计器"。选中"数据环境设计器"，单击鼠标右键，选择"添加"，显示"添加表或视图"的对话框，如图 7-17 所示。

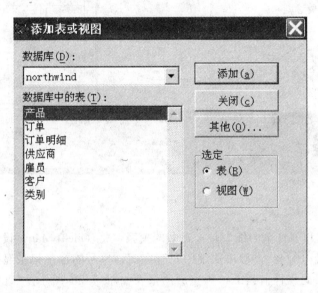

图 7-17

分别选中"订单"和"订单明细"，双击鼠标，将其加入到数据环境，如图 7-18 所示。由于在设计数据库时，已经为两个表建立了关系，故在数据库环境中自动添加了二者的关联线。选中此关联线，单击鼠标右键，选择"属性"，修改此关联线的 OneToMany 属性为.T.，如图 7-19 所示。

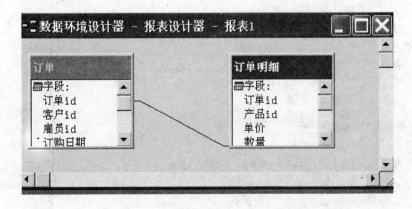

图 7-18

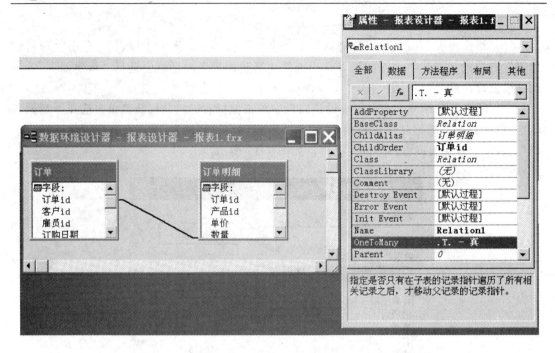

图 7-19

由于"订单"和"订单明细"是一对多的关系，将 OneToMany 设置为.T.，对于某一个订单（如订单号 10248），订单明细中只有在该订单号的全部记录显示完毕后，才进入下一条记录。如果此属性值为.F.，预览后的报表如图 7-20 所示，"订单明细"中只显示第 1 条记录，显然不符合要求。

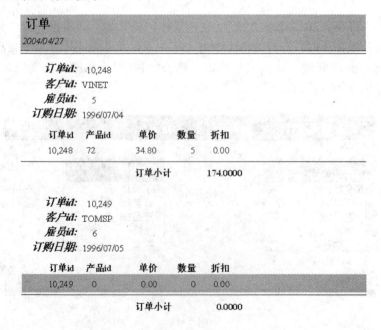

图 7-20

在属性的对象栏中选择"DataEnvironment",设置 InitialSelectedAlias 属性为"订单",如图 7-21 所示。建立一对多报表时,要将 InitialSelectedAlias 的值设置为主表(父表)。

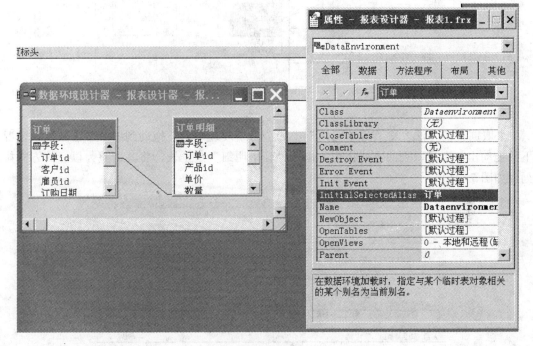

图 7-21

要在"订单"报表中显示出的日期格式为"年/月/日",在数据环境空白处双击鼠标,进入数据环境的 BeforeOpenTables 事件,输入的程序代码,如图 7-22 所示。

```
set date to japan
set cent on
```

图 7-22

(3)显示标题带区和分组带区。执行"报表"菜单下"标题/总结",显示"标题/总结"对话框,如图 7-9 所示,选择"标题带区"后单击"确定"按钮,报表设计器中显示出"标题"带区。

执行"报表"菜单下"数据分组",显示"数据分组"对话框,如图 7-10 所示。单击"数据分组表达式"下文本框中输入"订单.订单 ID"(也可通过单击┅按钮,用"表达式生成器"生成此字段)。单击"确定"按钮,报表设计器中显示"订单 ID"的组标头和组注脚。

(4)设置显示的字段。用鼠标选中"组标头 1:订单 ID",按下左键,调整组标头带区的大小。打开 "报表数据环境",选择"订单"表,按住 CTRL,用鼠标单击表中"订单ID"、"客户 ID"、"雇员 ID"和"订购日期"字段,这四个字段被选中后,按住鼠标左键,将这四个字段拖动到报表设计器的"组标头"带区,如图 7-23 所示。

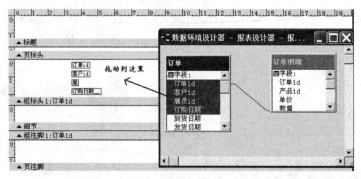

图 7-23

采取同样的方法，将"订单明细"中的全部字段选中后，拖动到细节带区。默认情况下，拖动出的字段以列的方式排列，由于"订单明细"是子表，将其调整为以行的方式排列，如图 7-24 所示。

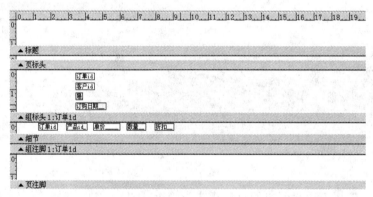

图 7-24

（5）为报表中的字段名加上标签。与表单不同，从"数据环境"拖动到报表中的字段，不能自动添加标签，故要手工为这些字段添加标签，说明这些字段的含义。将相应报表字段的说明标签加入到组标头中，使用报表控件的"线条"工具，在"组标头"和"细节"中画两条水平线，如图 7-25 所示。

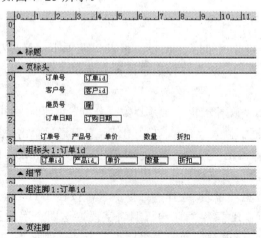

图 7-25

（6）分组小计。要计算每个订单的订货金额，要在组注脚中加入一个"域控件"，出现图 7-5 所示的"报表表达式"对话框，将表达式设置为：订单明细.单价* 订单明细.数量*（1-订单明细.折扣），在对话框中单击"计算"按钮，显示"计算字段"对话框，如图 7-26 所示。选中"总和"，单击"确定"按钮，返回"报表表达式"对话框，单击"确定"，关闭"报表表达式"对话框。在新建立的域控件前边加上标签，输入"订单金额小计："。

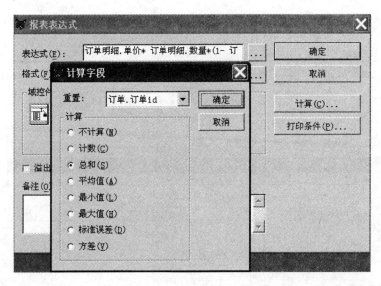

图 7-26

（7）带区式报表的实现。如果要让细节带区中记录的背景色奇数行是一种颜色，偶数行是一种颜色，应该如何实现？为此，可在细节带区中加入两个矩形控件，如图 7-27 所示。

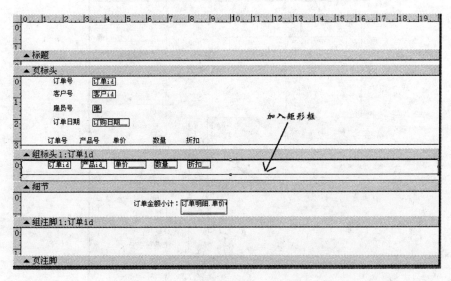

图 7-27

选中"矩形框",选择菜单"格式"|"绘图笔"|"无",将矩形框的边线去除。

选中"矩形框",选择菜单"显示"|"调色板工具栏",调出调色板。从"调色板工具栏"中单击"背景色"按钮,选择某种颜色如红色,矩形的背景色马上变成了红色。由于先放置的字段域,矩形框是后放上去的,故矩形框将字段域挡住,选择菜单"格式"|"置后",将矩形框设置在字段域的后边,如图 7-28 所示。此时如果"预览"报表,报表中"订单明细"的内容背景色全是红色。

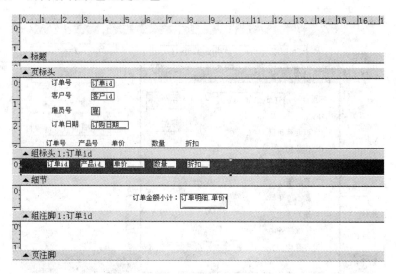

图 7-28

选择菜单"报表"|"变量",显示"报表"变量对话框,如图 7-15 所示。定义一个变量 nrow,设置其"要存储的值"为 1,在"计算"中选择"计数",如图 7-29 所示。

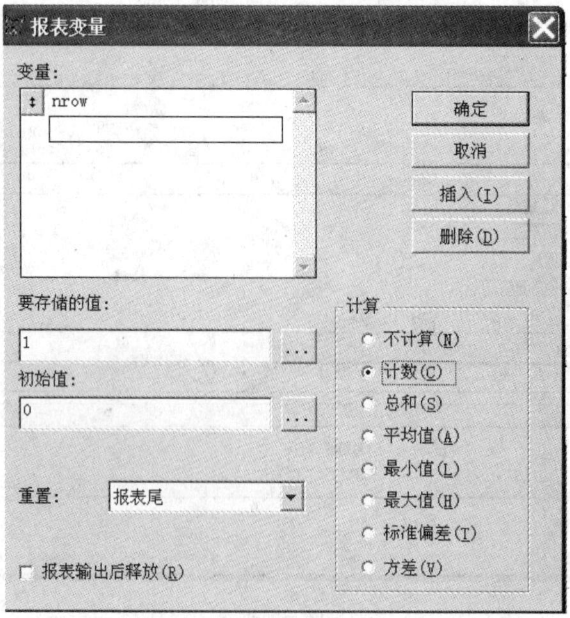

图 7-29

　　选中"矩形框"，双击鼠标，显示"矩形/线条"对话框，如图 7-30 所示。单击"打印条件"，显示"打印条件"对话框，以设置"矩形/线条"打印的条件，如图 7-31 所示。在"仅当下列表达式为真时打印"下面的文本框中输入"mod(nrow,2)=1"，表示奇数行时打印该矩形/线条。单击"确定"返回"矩形/线条"对话框，单击"确定"，完成对矩形框的打印设置。

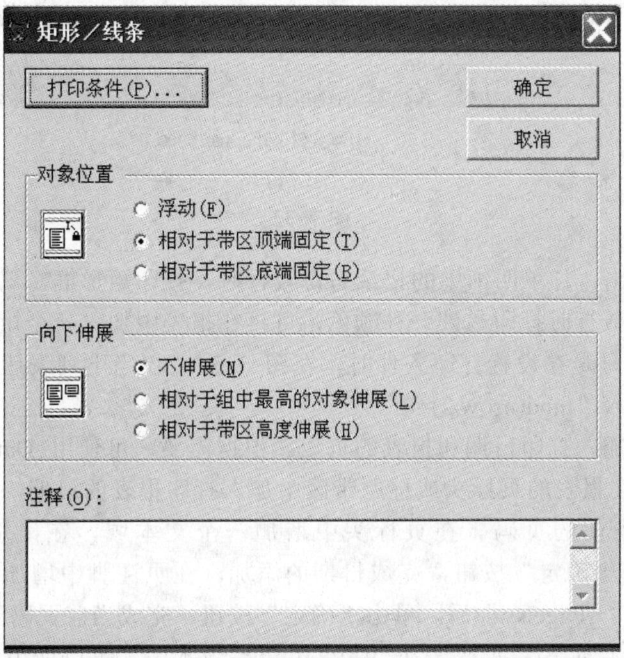

图 7-30

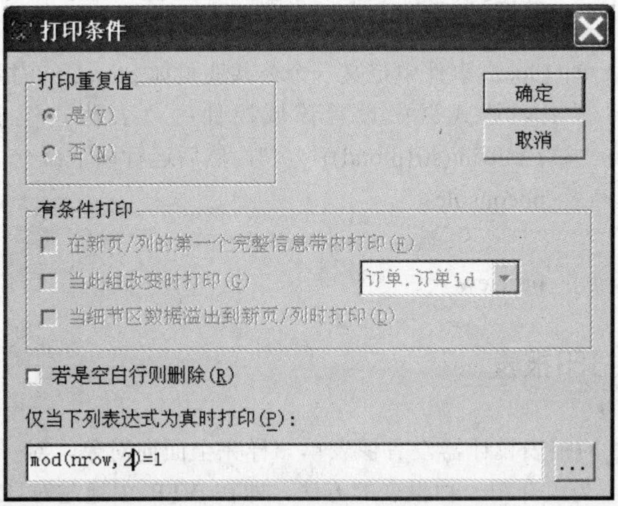

图 7-31

　　在报表空白处，单击右键，选择"浏览"，报表结果如图 7-32 所示。

订单号				
10248				

订单号　　10248
客户号　　VINET
雇员号　　5
订单日期　1996/07/04

订单号	产品号	单价	数量	折扣
10248	17	14.00	12	0.00
10248	42	9.80	10	0.00
10248	72	34.80	5	0.00

订单金额小计: 440.0000

图 7-32

从图中可以看出，订单明细中的记录为奇数行时，打印矩形框，偶数行时不打印矩形框。如果要设置偶数行时打印另外一种颜色，可再在报表中加入一个矩形框，按照前边方法对其进行设置，只是在设置打印条件时，在图 7-31 "仅当下列表达式为真时打印"下边的文本框中要输入 "mod(nrow,2)=0"。

（8）在报表中加入打印日期和报表的页数。根据需要，可使用 Date()函数和 VFP 系统变量_PageNo，在报表的页标头或标题带区中加入打印报表的日期，在报表的页注脚或总结带区中加入当前的页码。在页标头中增加一个文本域，在出现的对话框中输入 "Date()"后，单击"确定"按钮，完成日期的添加。在页注脚中增加一个文本域，在出现的对话框中输入 "_PageNo"后，单击"确定"按钮，完成当前页码的添加。

（9）报表中显示页码/总页码。在 VFP8.0 以后版本中，可以使用系统变量_pagetotal得到报表的总页数。VFP8 以前的版本中，是通过以隐藏的方式执行一次报表实现的，当执行完报表后，在变量_pageno 中保存的是总页数。要在报表中显示"第　　页/总共　　页"，可以采取以下方式：

在调用报表的表单的 load 事件中定义一个公共变量如 ptotal，在报表的页注脚中加入一个域控件，在"报表表达式"中设置该域控件的"表达式"值为："第"+alltrim(str(_pageno))+"页/"+"共"+ alltrim(str(ptotal))+"页"，然后运行以下命令：

Report form 报表名 noconsole
Ptotal=_pageno
Report form 报表名 preview

7.3　使用 Excel 打印报表

由于 VFP 提供的报表设计器没有像表单一样完全面向对象，对一些复杂的报表，其存在一定的局限性。为此介绍一种报表的方法，即在 VFP 中通过对 Excel 的控制，完成报表工作。

先看一个简单的示例：

【例 7-1】　建立一个程序文件 excel.prg，输入以下命令：

```
myexcel=createobject("excel.application")
myexcel.sheetsinnewworkbook=1
myexcel.visible=.t.
myexcel.workbooks.add
myexcel.worksheets("sheet1").activate
for i=1 to 10
myexcel.cells(2,i)=i
next
```

运行 excel.prg 程序，VFP 将打开 Excel，Excel 文件中有一个工作表，工作表的 a2:j10 单元格自动加入数据。

在 VFP 中可以完全控制 Excel，下面是常用的一些控制命令：

（1）建立 Excel 对象

Myexcel=Createobject("excel.application")

（2）指定建立工作表的数目为 5

Myexcel.SheetsInNewWorkbooks=5

（3）添加新的工作簿

Myexcel.workbooks.Add(Template)

添加工作簿，根据上边指定的工作表数目，包含 5 个工作表，template 参数可选，指出如何建立 Excel 文件，指定参数时以指定的文件名为模板新生成一个 Excel 文件。

（4）设定第 2 个工作表为活动的工作表

myexcel.Worksheets("sheet3").Activate

（5）打开指定的 Excel 文件

myexcel.Workbooks.Open("c:\book1.xls")

（6）显示 Excel 窗口

myexcel.visible=.T.

（7）更改 Excel 的标题栏

myexcel.Caption = "VFF 调用 Excel"

（8）为 Excel 的单元格赋值

myexcel.cells(1,4).value=100

此语句使 Excel 当前的工作表的第 1 行第 4 列，即 D1 单元格等于 100。也可采用下边语句赋值：

myexcel.Range("a1:b5").Value = 50

此语句使 Excel 当前的工作表中 A1:B5 的单元格值等于 50。

（9）设置指定列的宽度（单位：字符个数）

如设定当前工作表第 1 列的宽度为 20，语句为：

myexcel.ActiveSheet.columns(1).columnwidth = 20

（10）设置指定行的高度（单位：磅）

如果要设置当前工作表第 1 行的高度为 1cm，语句为：

myexcel.ActiveSheet.rows(1).rowheight = 1 / 0.035

（1 磅=0.035cm）

（11）在第 18 行前插入分页符

myexcel.ActiveSheet.rows(18).pagebreak = 1

（12）在第 4 列前删除分页符

myexcel.activesheet.columns(4).pagebreak=0

（13）指定边框线的宽度

myexcel.activesheet.range("b3:d3").borders(2).weight=3

borders 参数指定单元格边框的位置，意义如下：

1：左；2：右；3：顶；4：底；5：斜\；6：斜/

（14）指定边框线条的类型

myexcel.activesheet.Range("b1:d3").Borders(2).linestyle=1

此语句将当前工作表的 B1:D3 单元格的右边框设为实线。

linestyle 取值的含义：

1：细实线；2：细虚线；4：点虚线；9：双细实线

Border 参数的含义同上

（15）设置页脚

myexcel.activesheet.pagesetup.centerfooter="第&p 页"

此语句打印工作表时在页脚增加打印的页码。设置页眉和页脚时要保证计算机上装有打印机，否则出错。

（16）设置页眉

myexcel.activesheet.pagesetup.centerheader="学生成绩单"

（17）设置页眉到顶端距离为 2cm

myexcel.activesheet.pagesetup.Headermargin=2/0.035

（18）设置页脚到底边的距离为 3cm

myexcel.activesheet.pagesetup.Footermargin=3/0.035

（19）设置顶边距为 2cm

myexcel.activesheet.pagesetup.Topmargin=2/0.035

（20）设置底边距为 3cm

myexcel.activesheet.pagesetup.bootommargin=3/0.035

（21）设置左边距 2cm

myexcel.activesheet.pagesetup.Leftmargin=2/0.035

（22）设置右边距 2cm

myexcel.activesheet.pagesetup.Rgithmargin=3/0.035

（23）设置页面水平居中

myexcel.activesheet.pagesetup.CenterHorizontally=.T.

（24）设置页面垂直居中

myexcel.activesheet.pagesetup.CenterVertically=.T.

（25）设置页面纸张大小(1：窄行 8.5*11;39：宽行 14*11)

myexcel.activesheet.pagesetup.Papersize=1

（26）打印单元格网格线

myexcel.activesheet.pagesetup.PrintGridlines=.T.

（27）拷贝整个工作表

myexcel.activesheet.Usedrange.Copy

（28）拷贝指定区域

myexcel.activesheet.range("a1:b5").Copy

（29）粘贴

myexcel.worksheets("sheet2").Range("A1").PasteSpecial

（30）在第 2 行前插入一行

myexcel.Activesheet.Rows(2).Insert

（31）在第 2 列前插入一列

myexcel.Activesheet.Columns(2).Insert

（32）合并 C4:D4 单元格

myexcel.ActiveSheet.Range("C4:D4").Merge

（33）自动调整第 2 列列宽

myexcel.activesheet.Columns(2).AutoFit

（34）设置字体

myexcel.Activesheet.Cells(2,1).font.name="黑体"

（35）设置字体大小

myexcel.Activesheet.Cells(2,1).font.Size=25

（36）设置字体为斜体

myexcel.Activesheet.Cells(2,1).font.Italic=.T.

（37）设置字体为粗体

myexcel.Activesheet.Cells(2,1).font.Bold=.T.

（38）清除单元格内容

myexcel.Activesheet.Cells(2,1).ClearContents

（39）打印预览工作表

myexcel.Activesheet.PrintPreview

（40）打印工作表

myexcel.Activesheet.PrintOut

（41）工作另存为

myexcel.ActiveWorkbook.saveas("c:\book2.xls")

（42）放弃存盘

myexcel.ActiveWorkbook.saved=false

（43）关闭工作簿

myexcel.Workbooks.close

（44）退出 Excel

myexcel.quit

【例7-2】 使用"订单"表和"订单明细"表，设计如图 7-33 所示的表单，单击"打印"按钮后，在 Excel 中输出的结果如图 7-34 所示。

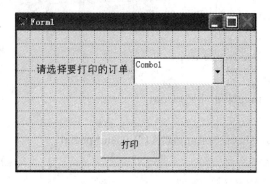

图 7-33

	A	B	C	D	E	F	G	H	I
1									
2	订单ID	客户ID	订购日期	产品ID	数量	单价	折扣	订货金额	
3	10252	SUPRD	1996-7-9	60	40	27.2	0	1088	
4									
5									

图 7-34

设计步骤：

（1）将"订单"表加入到数据环境中，在表单上增加一个标签、一个组合框 combo1 和一个命令按钮。

（2）在命令按钮的 Click 事件中写入代码：

select 订单.订单 id,订单.客户 id,订单.订购日期,订单明细.产品 id,订单明细.数量,订单明细.单价,订单明细.折扣,;

订单明细.数量*订单明细.单价*(1-订单明细.折扣) as 订货金额;

from 订单,订单明细 where 订单.订单 id=订单明细.订单 id and 订单.订单 id=val(thisform.combo1.value);

into cursor tmp1

myapp=createobject("excel.application") &&创建一个 excel 应用文件的对象

myapp.workbooks.add &&建立一新的工作簿

myapp.worksheets("sheet1").activate&&设置 sheet1 为当前的工作表

myapp.visible=.t. &&使对象可见

myapp.caption="打印示例程序"

select tmp1

fnu=fcount() &&表中字段个数

dime rec(fnu)

for i=1 to fnu

    rec(i)=field(i)

    myapp.cells(2,i).value=field(i) &&在 excel 第 2 行打印字段名

endfor

```
for m=1 to reccount()
    for n=1 to fnu
        myapp.cells(m+2,n).value=&rec(n) &&将查询结果打印在第 3 行上
    endfor
        skip
endfor
```

在使用 Excel 完成复杂报表时，可以先用 Excel 中绘制出此表格的框架，将其保存在应用程序所在的文件夹中，如保存文件名为 temlpate.xls，在上边程序中，将语句：

myapp.workbooks.add &&建立一新的工作簿

改为：

filename=sys(5)+curdir()+"template.xls"

myapp.workbooks.add(filename) &&建立一新的工作簿

说明：sys（5）返回文件所在的盘符，Curdir()返回文件所在的路径，Filename 要以绝对路径的形式表示出来，否则出现找不到文件的错误。

在 VFP 中除了利用 Excel 报表输出文字外，还可以利用 Excel 输出图形。

【例 7-3】 用 Excel 建立统计图形，统计公司每个雇员签订的合同金额。设计图 7-35 所示的表单，单击"统计图"后在 Excel 中制作出统计图形，如图 7-36 所示。

图 7-35

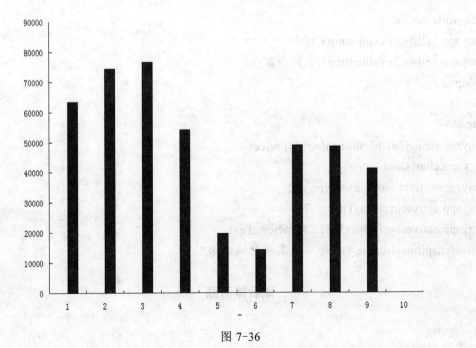

图 7-36

操作步骤：

（1）建立表单，在表单上增加一个标签、一个微调按钮 spinner1 和一个命令按钮 command1。

（2）在 Spinner1 的 Init 事件中写入代码：

this.value=year(date())

（3）在命令按钮 command1 的 Click 事件中写入代码：

```
SELECT 订单.雇员 id,;
    sum(订单明细.单价* 订单明细.数量*(1- 订单明细.折扣)) as 合同金额;
  FROM  订单,订单明细 where 订单.订单 id = 订单明细.订单 id and year(订单.订购
日期)=thisform.spinner1.value;
  GROUP BY 订单.雇员 id into cursor tmp2
select 雇员.姓名,tmp2.合同金额 from tmp2,雇员 where tmp2.雇员 id=雇员.雇员 id into
cursor tmp3
if _tally=0
    messagebox("无有此年度的合同！")
    return
endif
select tmp3
myapp=createobject("excel.application")
myapp.visible=.t.
myapp.workbooks.add
i=1
do while not eof()
myapp.cells(i,1).value=tmp3.姓名
myapp.cells(i,2).value=tmp3.合同金额
skip
i=i+1
enddo
myapp.range("a1:b"+alltrim(str(i))).select
myapp.charts.add
myapp.ActiveChart.ChartType =51
myapp.activechart.HasTitle = .T.
myapp.activechart.ChartTitle.Characters.Text
str(thisform.spinner1.value,4)+"年各雇员销售业绩表"
```

课后练习题

1. 填空题

（1）预览报表 bb1 的语句是＿＿＿＿＿＿＿＿＿＿＿＿＿＿＿＿＿。

（2）默认情况下，"报表设计器"中显示的带区有："页标头"、_____和"页注脚"。

（3）在显示当前的页码，可使用系统内存变量_____。

2．选择题

（1）放在_____带区中的对象，只在报表的开头打印一次。

（A）页标题　　　（B）标题　　　（C）页注脚　　　（D）细节

（2）放在_____带区中的对象，会在每一页报表的最上方显示。

（A）页标题　　　（B）总结　　　（C）组注脚　　　（D）标题

（3）多列报表后，报表中会出现一个新的带区，该带区是_____。

（A）组标头　　　（B）列标头　　　（C）标题　　　（D）总结

（4）要设置报表的默认字体，执行菜单_____。

（A）"格式"→"字体"　　　　　　（B）"报表"→"默认字体"

（C）"工具"→"选项"　　　　　　（D）"报表"→"变量"

（5）报表文件的扩展名为_____。

（A）FRX　　　（B）FRM　　　（C）SCX　　　（D）FPT

3．操作题

使用 xs 库中相关数据表，通过"报表设计器"，生成分组报表，并且多列报表输入，效果如图 7-37 所示。

学号	姓名	课名	成绩	学号	姓名	课名	成绩
000125	朱民生					化学	87.0
		英语	90.0			地理	90.0
		政治	88.0			生物	92.0
		历史	56.0	总分	498.00	平均分	83.00
		化学	67.0	000127	李科人		
		地理	83.0			政治	30.0
		生物	69.0			英语	90.0
总分	453.00	平均分	75.50			历史	78.0
000133	朱国富					化学	88.0
		英语	56.0			地理	79.0
		政治	59.0			生物	87.0
		历史	45.0	总分	452.00	平均分	75.33
		化学	82.0	000128	陈大科		
总分	242.00	平均分	60.50			历史	90.0
000129	赵小小					政治	70.0
		英语	90.0			英语	50.0
		政治	77.0			化学	88.0
		历史	66.0	总分	298.00	平均分	74.50
总分	233.00	平均分	77.66				

图 7-37

8 菜 单

无论是定制已有的 VFP 系统菜单，还是开发一个全新的自定义菜单，创建一个完整的菜单系统都需要以下步骤：

（1）规划系统：确定需要哪些菜单、出现在界面的何处以及哪几个菜单要有子菜单等。

（2）创建菜单和子菜单。

（3）为菜单系统指定任务：指定菜单所要执行的任务，例如显示表单或对话框等。另外，如果需要，还可以包含初始化代码和清理代码。

（4）选择"预览"按钮预览整个菜单系统。

（5）从"菜单"菜单上选择"生成"命令，生成菜单程序。

（6）运行生成的程序，测试菜单系统。

VFP 中的菜单有两种：下拉式菜单和快捷菜单。

8.1　下拉式菜单的使用

以本书中实现图 8-1 所示的下拉式菜单为例，说明下拉式菜单中的使用方法和技巧。

图 8-1

程序运行后，下拉式菜单显示在表单上，在菜单栏下边是工具栏。单击工具栏，如"粗体"，会使当前表单上标签的字体变成粗体，如图 8-2 所示。

图 8-2

选择菜单如"第一章示例"，显示出该菜单下的子菜单"抽奖"，单击"抽奖"子菜单，如果此时同样再单击工具上的"斜体"，会使"抽奖"示例中的标签显示为斜体，显示图 8-3。

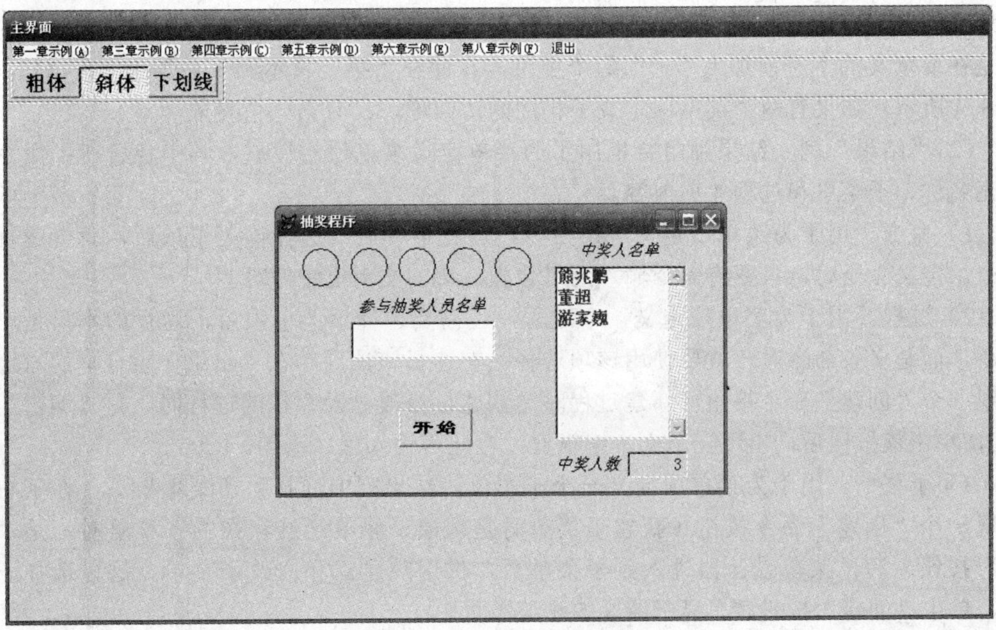

图 8-3

8.1.1 建立下拉式菜单

从"项目管理器"的"其他"选项卡中选择"菜单"列表项,单击"新建"命令按钮,显示"新建菜单"对话框,选择"菜单"(如果建立弹出式菜单,要选择"快捷菜单"),进入"菜单设计器",如图 8-4 所示。

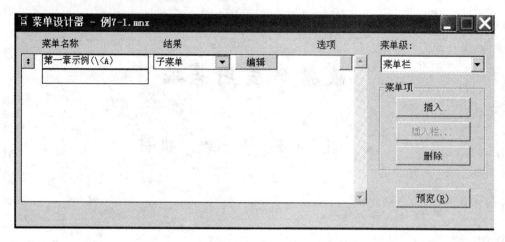

图 8-4

在"菜单设计器"窗口中,有"菜单名称"、"结果"、"选项"等 3 列表示菜单项的属性。

(1)"菜单名称"列。"菜单名称"用来输入菜单项的名称,该文字是显示在菜单上的,不是程序中的菜单名。在此输入"第一章示例"。

在 VFP 中允许用户在菜单项名称中为该菜单定义访问键。菜单显示时,访问键用有下划线的字符表示;菜单打开后,只要按下访问键,该菜单项就被执行,定义访问键的方法是在要定义的字符前加上"\<"两个字符,在此在"第一章示例"后加上"(\<A)",如图 8-4 所示。如果有两个菜单项定义了相同的访问键,只有第一个有效。

(2)"结果"列。结果列组合框用于为菜单定义菜单项的性质,其中包含有:命令、填充名称、子菜单和过程 4 项内容。

1)命令。用于为菜单项定义一条命令,运行菜单后,选择该菜单项后,就会运行该命令。定义命令时,只要将命令输入到组合框右边的文本框中即可。

2)过程。用于为菜单项定义一个过程,当需要选择该菜单项后,运行的不只是一条命令,而是多条命令时,就要使用该项选择。在选择该项后,在"结果"组合框的右边,出现一个"创建"命令按钮(新建过程时是创建,修改已经存在的过程时,是"编辑"按钮),单击该按钮后,出现一个文本编辑框,在此可输入程序语句。

3)子菜单。用于为菜单项定义一个子菜单。结果列中选择"子菜单"后,在其右边出现一个"创建"命令按钮(新建子菜单时是创建,修改已经存在的子菜单时,是"编辑"按钮)后,菜单设计器进入到子菜单页,供用户建立和修改子菜单。这里选择子菜单,单击"创建"按钮后,显示图 8-5 子菜单页。

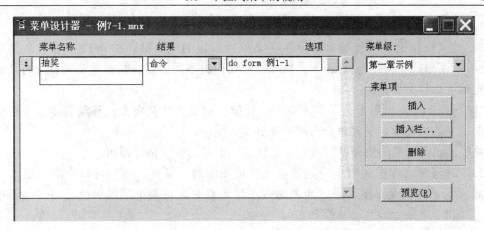

图 8-5

通过图 8-5 右侧的"菜单级"下的组合框中，选择"菜单栏"可返回到上一级菜单。"菜单级"下组合框中的"菜单栏"表示的就是第一级菜单。根据图 8-4，设计"第一章示例"下的子菜单。

4）填充名称或菜单项#。该选项用于定义第一级菜单的菜单名或子菜单的菜单项序号。当前若是一级菜单，显示的就是"填充名称"，表示由用户自己定义菜单名；当前如果是子菜单项则显示是"菜单项#"，表示由用户自己定义菜单项的序号。定义时将名字或序号输入到它右边的文本框中。

其实系统会自动设定菜单名称及菜单项序号，只不过系统所取的名字难记忆，不利于阅读菜单程序和在程序中引用。

（3）"选项"列。每个菜单行的选项列中有一个没有标题的按钮，单击该按钮后，显示如图 8-6 所示的对话框，用于定义菜单项的附加属性，如果为该菜单项定义过属性，在该按钮时显示符号"√"。

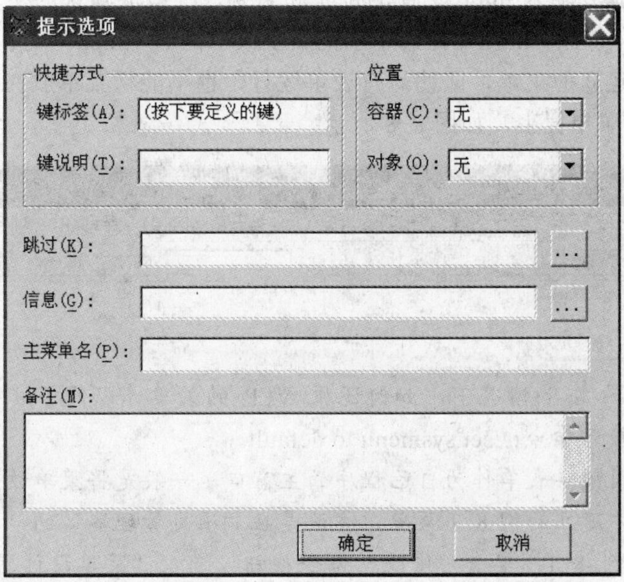

图 8-6

"提示选项"对话框的含义如下：

1）定义快捷键。快捷键是指显示在菜单项右边的组合键。如 VFP "文件"菜单下"新建"子菜单的快捷键为 Ctrl+N。快捷键与访问键不同的是，在菜单还未打开时，使用快捷键就可运行菜单项。

"键标签"文本框用于为菜单项设置快捷键，定义方法是将光标移动到该文本框中，按下要定义的快捷键，字符串会自动填充到文本框中。

要取消已经定义的快捷键，当光标在该文本框时，按空格键即可。

2）"跳过"文本框。用于设置菜单或菜单项的跳过条件，用户可以在其中键入一个表达式表示条件。菜单运行后，当表达式条件为真时，该菜单项以灰色显示，表示不可选用。

3）显示状态栏信息。"信息"文本框用于设置菜单项的说明信息，该说明信息显示在状态栏中。

本示例中没有设置这些内容。

8.1.2　生成菜单程序

在菜单设计器中，建立好各个菜单项后，需要执行"菜单"|"生成"命令，显示"是否保存菜单"的对话框后，单击"是"，显示图 8-7 所示的"生成菜单"对话框。

图 8-7

在对话框中选择要输入 mpr 文件的位置和名字，一般取默认的文件名和位置，单击"生成"命令按钮，将生成 mpr 文件，本示例中生成"例 8-1.mpr"菜单文件。

按照这种方法建立的菜单，即使是有表单运行，也不能将菜单放在表单上。菜单运行后将放置在 VFP 的菜单栏上，如图 8-8 所示。

图 8-8

说明：（1）在图 8-8 情况下，如何还原 VFP 的菜单，以便于继续进行其他程序设计？可在命令框中输入命令：set sysmenu to default。

（2）如果要使用顶层表单作为自己程序的主窗口，一般是将菜单放置在顶层表单中。

为此要修改刚才建立的例 8-1 菜单。方法是在"项目管理器"的"其他"选项卡的菜单列表中选择菜单例 8-1，单击"修改"命令按钮，进入"菜单设计器"，选择菜单"显示"|"常规选项"，显示"常规选项"对话框，如图 8-9 所示。

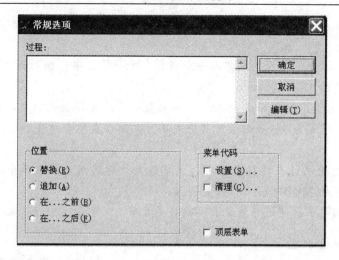

图 8-9

要使菜单显示在顶层表单中，在图 8-9 中必须选中"顶层表单"复选框，然后单击"确定"，关闭"常规选项"对话框。再次执行菜单"菜单"|"生成"，重新生成文件例8-1.mpr。注意每次菜单修改后，都要重新生成 mpr 文件。

如果此时直接运行例 8-1 菜单文件，会显示图 8-10 所示的错误信息，告诉用户此菜单要在顶层表单中运行。

图 8-10

（3）VFP 菜单执行时必然产生原程序代码，产生的原程序代码其文件扩展名为MPR。

8.1.3 将菜单加入到顶层表单中

新建一个表单 main.scx，将表单的 ShowWindow 属性设置为 2-作为顶层表单，在表单的 Init 事件中写入代码：

do 例 8-1.mpr with this,.t.

说明：（1）表单的 ShowWindow 属性有 3 个取值，默认为 0-在屏幕中，表明表单是放置在 VFP 的主窗口中；如果取值为 1-在顶层表单中，说明该表单是作为顶层表单的子表单出现的；该属性取值为 2-作为顶层表单，该表单将作为顶层表单出现，其他的表单可以作为它的子表单。在将表单的 ShowWindow 属性设置为 2 后，表单将忽略表单的WindowType 属性的设置，自动认为该表单的 WindowType 属性为 1-模式。

（2）在表单的 Init 事件中，运行菜单程序并传递两个参数：

DO menuname.mpr With oForm, IAutoRename

其中，oForm 是表单的对象引用。在表单的 Init 事件中，This 作为第一个参数进行传递。

IAutoRename 指定了是否为菜单取一个新的、唯一的名字。如果计划运行表单的多个实例，则将.T.传递给 IAutoRename。

（3）要想出现图 8-3 所示的效果，即其他表单显示在顶层表单中，要将其他表单的 ShowWindow 属性设置为 1，否则运行其他表单时，顶层表单会被最小化在 Windows 的状态栏中。

（4）如果要想使运行在顶层表单中的表单最大化后共用顶层表单中的工具条和菜单栏，要将其他表单的 MDIForm 属性设置为.T.。

关于表单的相关属性使用可参考表单的相关章节。

8.1.4　为表单加入工具栏

Visual Foxpro 提供了一个工具栏（Toolbar）基类，可以在这个基类的基础上建立自己的自定义工具栏，类建立后，就可以向里面加入对象及定义属性、方法和事件等操作，最后将这个类加入到表单集中就可以了。

（1）新建一个工具栏类。首先，打开项目管理器，选择"类"选项卡，单击 "新建"按钮，出现"新建类"对话框。在类名文本框中输入要建立的类的名称如 maintool，在派生于下拉选项框中选择 toolbar 基类，在存储类的文本框中输入要存储的类库的名称如 myclass.vcx，也可单击后边的按钮，来保存到当前已经存在的类库中，如图 8-11 所示。

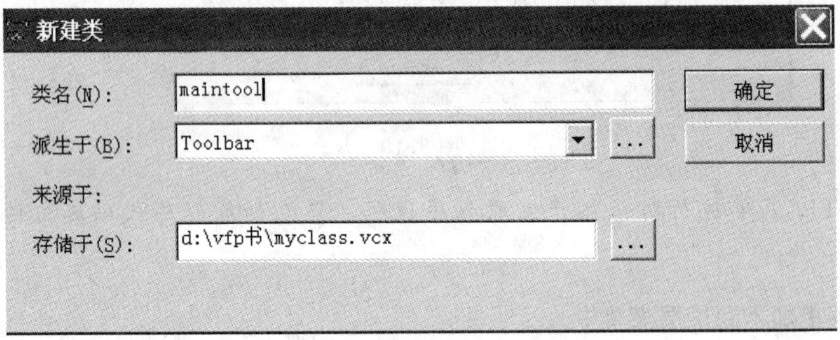

图 8-11

图 8-12

填写完成后，单击"确定"按钮，会打开"类设计器窗口"，如图 8-12 所示，可以使用表单控件工具栏来选择要加入的对象。如果要在对象间加入一个空格，可以使用表单控件工具栏中的 按钮。本例中加入三个复选按钮 check1，check2，check3。将 3 个复选按钮的 Style 属性设置为"图形"，分别设置其 Caption 和 Forecolor 属性。

在 Check1 的 Click 事件中加入代码：

```
for each aa in _screen.activeform.controls
```

```
    if aa.baseclass="Label" then
        if this.value=1
            aa.fontbold= .t.
        else
            aa.fontbold=.f.
        endif
    endif
next
```

在 Check2 的 Click 事件中加入代码：

```
for each aa in _screen.activeform.controls
    if aa.baseclass="Label" then
        if this.value=1
            aa.fontitalic= .t.
        else
            aa.fontitalic=.f.
        endif
    endif
next
```

在 Check3 的 Click 事件中加入代码：

```
for each aa in _screen.activeform.controls
    if aa.baseclass="Label" then
        if this.value=1
            aa.fontunderline= .t.
        else
            aa.fontunderline=.f.
        endif
    endif
next
```

（2）将工具栏加入到顶层表单中。要将自定义栏显示在顶层表单中，需要将工具栏类的 ShowWindow 属性设置为 1，即显示在顶层表单中。

在表单集的 Init 事件中写入代码：

```
public iscreatetoolbar
iscreatetoolbar=0
```

说明：由于 Activate 事件在表单恢复活动时都要执行一次，故要使用全局变量 iscreatetoolbar 判断工具栏对象是否已经建立。如果工具栏对象已经建立，再次建立时会出现错误。

在表单集的 Activate 事件中写入代码：

```
if iscreatetoolbar=0 &&工具栏对象还未创建
    iscreatetoolbar=1 &&更改标识，工具栏对象建立
```

```
        set classlib to myclass
        this.addobject("maintool1","maintool")
        this.maintool1.show
        this.maintool1.dock(0)
    endif
```

说明：（1）此段代码不能放在表单集的 Init 事件中，其原因是 Init 事件先于表单运行，这样工具栏被建立后是不会找到在表单集中尚未建立的顶层表单的。

（2）上面语句中的 Dock 方法是用来沿着 VFP 主窗口的边界停放"工具栏"对象，可以停放的位置如表 8-1 所示。

表 8-1

值	说　　明
−1	不停放工具栏
0	在 VFP 主窗口的顶部停放工具栏
1	在 VFP 主窗口的左边停放工具栏
2	在 VFP 主窗口的右边停放工具栏
3	在 VFP 主窗口的底部停放工具栏
x,y	指定工具栏停放位置的水平坐标和垂直坐标

8.2　快捷菜单的设计

菜单设计器除了可以用来设计下拉菜单外，还可以设计快捷菜单。快捷菜单是一种单击右键后出现的一种弹出式菜单。

【例 8-1】　建立一个具有剪贴板功能的快捷菜单，可在表单上右击文本框显示快捷菜单，如图 8-13 所示。

图 8-13

操作步骤：

（1）从"项目管理器"的"其他"选项卡中选择"菜单"列表项，单击"新建"命令按钮，显示"新建菜单"对话框，选择"快捷菜单"，进入"菜单设计器"。

（2）插入系统菜单栏。在快捷菜单设计器窗口中执行菜单"菜单"|"插入栏"，显示"插入系统菜单栏"对话框，如图 8-14 所示。分别选中剪切、复制、粘贴，单击"插入"按钮，然后单击"关闭"按钮，返回快捷菜单设计器窗口，此时的快捷菜单设计器窗口如图 8-15 所示。

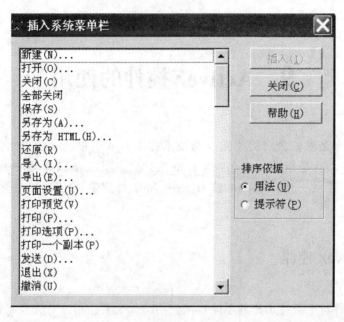

图 8-14

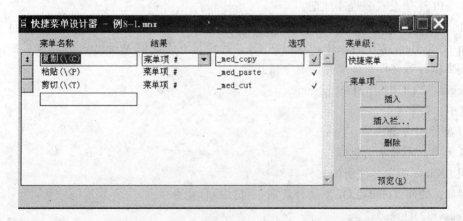

图 8-15

（3）生成菜单程序。执行菜单"菜单"|"生成"，在保存文件名时取名为例 8-1。

（4）新建立一个表单，在表单上增加两个文本框 Text1 和 Text2，分别在其 RightClick事件中写入代码：

do 例 8-1.mpr

9 ActiveX控件的使用

ActiveX 原来是微软公司提出的一组技术标准，其中也包括控件的技术标准。所谓的 ActiveX 控件，就是指符合 ActiveX 标准的控件，其数量已经超过了 1000 多种，例如在 Windows 目录下的 System 文件夹中含有大量带 OCX 扩展名的文件，都是 ActiveX 控件。

9.1 注册 ActiveX 控件

ActiveX 控件对于最终用户并不能直接使用，如果要使用，首先要将控件在 Windows 中注册。注册 ActiveX 控件有以下几种方法：Regsvr32.exe 手工注册，Visual Foxpro 环境注册和 API 注册及安装程序注册。

（1）使用 regsvr32.exe 手工注册。regsvr32.exe 文件一般在 windows 安装目录下的 System 或 System32 子目录中，可以在 C：>提示符下或使用 Windows 开始菜单中的运行菜单项来执行该文件，该文件的命令格式为：

Regsvr32 [/U][/S][/n] DLLName

其中：

/U 解除服务器注册

/S 无声，不显示消息框

DLLName 指定要注册的文件名

例如：要将 Treed32.OCX 文件注册，可以执行命令：

Regsvr32 Threed32

（2）使用 VFP 环境注册

在程序设计时，VFP 本身提供了一个注册 ActiveX 控件的方法，方法是：执行菜单"工具"|"选项"，显示"选项"对话框，选择"控件"选项卡，如图 9-1 所示。

选择图 9-1 中的 ActiveX 控件单选按钮，单击"添加"按钮，在出现的对话框中选择要注册的 OCX 文件，对其完成注册。

注册完成后，在图 9-1 中，选定需要使用的 ActiveX 控件，单击"确定"。在表单设计器中，从"控件"工具箱中选择"查看类"|"ActiveX 控件"，工具箱中显示出 ActiveX 控件。

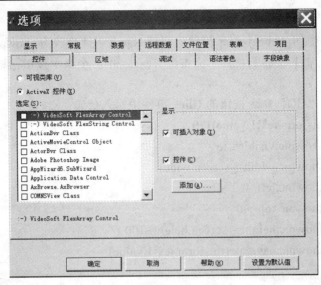

图 9-1

9.2 ActiveX 控件的应用

9.2.1 WebBrowser 控件的使用

在前边讲超链接控件时，浏览网页中内容时，并没有将网页显示在表单中，要实现这一点，可借助于 WebBrowser 控件来完成。

WebBrowser 控件用在应用程序中，允许用户在互联网上浏览站点，以及本地和网络文件系统中的文件夹，该控件保存了一个历史列表，允许用户向前、向后浏览以前看过的网页。

在 VFP 中使用 WebBrowser 控件的方法是：菜单"工具"|"选项"，选择"控件"选项卡，选中 ActiveX 控件。

【例 9-1】 建立一个表单，执行后的结果如图 9-2 所示。

图 9-2

操作步骤：

（1）在表单上增加 WebBrowser 控件，将其 Name 属性修改为 showpic。

（2）表单上增加 1 个标签，1 个文本框 Text1 和 8 个命令按钮，根据图 9-2 设置其 Caption 属性。

（3）在标题为"GO"命令按钮的 Click 事件中写入代码：

```
if len(alltrim(thisform.text1.value))>0
    thisform.showpic.visible=.t.
    thisform.showpic.width=_screen.width
    thisform.showpic.left=0
    thisform.showpic.top=40
    thisform.showpic.height=_screen.height+100
    thisform.showpic.navigate(thisform.text1.value)
else
    thisform.text1.setfocus
endif
```

（4）在"主页"命令按钮的 Click 事件中写入代码：

```
thisform.showpic.visible=.t.
thisform.showpic.width=_screen.width
thisform.showpic.left=0
thisform.showpic.top=40
thisform.showpic.height=_screen.height+100
thisform.showpic.gohome
```

（5）在"前进"命令按钮的 Click 事件中写入代码：

`thisform.showpic.goback`

（6）在"后退"命令按钮的 Click 事件中写入代码：

`thisform.showpic.goforward`

（7）在"刷新"命令按钮的 Click 事件中写入代码：

`thisform.showpic.refresh`

（8）在"打印"命令按钮的 Click 事件中写入代码：

`thisform.showpic.execwb(6,1)`

（9）在"打印"命令按钮的 Click 事件中写入代码：

`thisform.showpic.execwb(4,1)`

（10）在"退出"命令按钮的 Click 事件中写入代码：

```
if messagebox("真的退出吗？",36,"退出")=6
clear event
thisform.release
endif
```

说明：1）在 WebBrowser 控件中有一个小的 Bug，在对象被初始化时会出现一个错误，微软已经发现此问题，但一直没有解决。用户可以使用错误捕捉，隐藏该错误的出现，方法是在该控件的 Error 事件中写入代码：

    on Error nerr=error()

2）WebBrowser 控件的方法主要有：ExecWB 方法、ClientToWindow 方法、GoBack 方法、GoForward 方法、GoHome 方法、Navigate 方法、Refresh 方法、Quit 方法、ShowBrowserBar 方法、Stop 方法等。

9.2.2 TreeView 控件

TreeView 控件显示 Node 对象的分层列表，每个 Node 对象均由一个标签和一个可选的位图组成。TreeView 一般用于显示文档标题、索引入口、磁盘上的文件和目录、或能被有效地分层显示的其他种类信息。创建了 TreeView 控件之后，可以通过设置属性与调用方法对各 Node 对象进行操作，这些操作包括添加、删除、对齐和其他操作。可以编程展开与折回 Node 对象来显示或隐藏所有子节点。Collapse、Expand 和 NodeClick 三个事件也提供编程功能。

使用 UPARROW 键和 DOWNARROW 键向下循环遍历所有展开的 Node 对象，从左到右、从上到下地选择 Node 对象。若在树的底部，选择便跳回树的顶部，必要时滚动窗口。RIGHT ARROW 键和 LEFT ARROW 键也经过所有展开的 Node 对象，但是如果选择了未展开的 Node 之后再按 RIGHT ARROW 键，该 Node 便展开；第二次按该键，选择将移向下一个 Node。相反，若扩展的 Node 有焦点，这时再按 LEFT ARROW 键，该 Node 便折回。如果按下 ANSI 字符集中的键，焦点将跳转至以那个字母开头的最近的 Node。后续的按该键的动作将使选择向下循环，穿过以那个字母开头的所有展开节点。

控件的外观有八种可用的替换样式，它们是文本、位图、直线和+/-号的组合，Node 对象可以任一种组合出现。

要在 TreeView 控件中使用 Node 对象的位图和图标，需要使用 ImageList 控件，由该控件的 ImageList 属性来加以指定。任何时刻，TreeView 控件只能使用一个 ImageList。这意味着，当 TreeView 控件的 Style 属性被设置成显示图像的样式时，TreeView 控件中每一项的旁边都有一个同样大小的图像。

首先看一个简单的示例：

【例 9-2】 使用 TreeView 和 imagelist 控件，设计一个表单，运行后的结果如图 9-3 所示。

运行后，用鼠标双击节点“体育”，显示图 9-4。

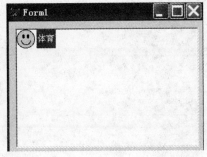

图 9-3   图 9-4

操作步骤：

（1）新建立一个表单，执行菜单"工具"|"选项"，打开选项对话框，选择"控件"选项卡，从中选择"Microsoft Imagelist Control"和"Microsoft TreeView Control"ActiveX 控件。

（2）在表单控件工具栏中选择"查看类"|"ActiveX"控件，在表单控件工具栏中显示出 TreeView 控件和 ImageList 控件。将这两个控件加入到表单中，设置其 Name 属性分别为 TreeView1 和 imglist1。

（3）选中 imglist1，单击右键，从快捷菜单中选择"ImageListCtrl Properties"菜单，显示 ImageListCtrl Properties 属性对话框，如图 9-5 所示。

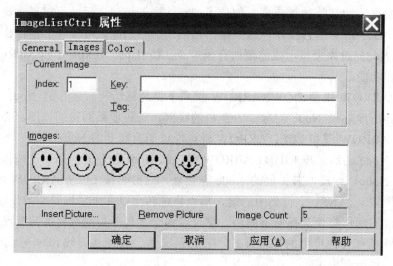

图 9-5

（4）在图 9-5 中选中"Images"选项卡，单击"InsertPicture"按钮，加入图片。在加入多张图片后，根据加入图片的先后顺序自动设置了每张图片的 Index 值。单击"确定"，返回表单设计界面。

（5）在 TreeView1 的 Init 事件中写入代码：

```
this.style=3
this.imagelist=thisform.imglist1
this.nodes.add(,,"sports","体育",1,2)
this.nodes.add("sports",4,"ball","球类")
this.nodes.add("ball",4,"","足球")
this.nodes.add("ball",4,"","篮球")
this.nodes.add("ball",4,"","排球")
this.nodes.add("sports",4,"swim","游泳")
this.nodes.add("swim",4,"","自由泳")
this.nodes.add("swim",4,"","蛙泳")
this.nodes.add("swim",4,"","仰泳")
```

说明：（1）TreeView 控件的 Style 属性用于返回或设置图形类型（图像、文本、+/- 号、直线）以及出现在 TreeView 控件中每一 Node 对象上的文本的类型。其语法为：

object.Style [= number]

object 对象表达式，其值是"应用于"列表中的一个对象。

number 指定图形类型的整数，其取值见表 9-1。

表 9-1

取　值	说　明
0	仅为文本
1	图像和文本
2	+/- 号和文本
3	+/- 号，图像和文本
4	直线和文本
5	直线，图像和文本
6	直线，+/- 号和文本
7	（缺省）直线，+/- 号，图像和文本

若 Style 属性设置为包含直线的值，则 LineStyle 属性就确定了直线的外观。如果 Style 属性设置为不含直线的值，则 LineStyle 属性将被忽略。

（2）TreeView 有一个很重要的方法 Add，用于在 TreeView 控件的 Nodes 集合中添加一个 Node 对象。其语法格式为：

object.Add(relative, relationship, key, text, image, selectedimage)

object 是对象表达式，其值是"应用于"列表中的一个对象。Add 方法中各参数的含义见表 9-2。

表 9-2

参　数	说　明
Relative	可选的，是已存在的 Node 对象的索引号或键值。新节点与已存在的节点间的关系，可在下一个参数 relationship 中找到
relationship	可选的，指定的 Node 对象的相对位置，其取值和含义见表 9-3
Key	可选的，唯一的字符串，可用于用 Item 方法检索 Node
Text	必需的，在 Node 中出现的字符串
Image	可选的，在关联的 ImageList 控件中的图像的索引
Selectedimage	可选的，在关联的 ImageList 控件中的图像的索引，在 Node 被选中时加以显示

Nodes 集合是一个基于 1 的集合。在添加 Node 对象时，它被指派一个索引号，该索引号被存储在 Node 对象的 Index 属性中。这个最新成员的 Index 属性值就是 Node 集合的 Count 属性的值。因为 Add 方法返回对新建立的 Node 对象的引用，所以使用这个引用来设置新 Node 的属性十分方便。

表 9-3

取值	说　明
0	首节点。该 Node 和在 relative 中被命名的节点位于同一层，并位于所有同层节点之前
1	最后的节点。该 Node 和在 relative 中被命名的节点位于同一层，并位于所有同层节点之后。任何连续地添加的节点可能位于最后添加的节点之后
2	（缺省）下一个节点。该 Node 位于在 relative 中被命名的节点之后
3	前一个节点。该 Node 位于在 relative 中被命名的节点之前
4	（缺省）子节点。该 Node 成为在 relative 中被命名的节点的子节点

　　注意如果在 relative 中没有被命名的 Node 对象，则新节点被放在节点顶层的最后位置。

9.2.2.1　TreeView 控件的其他属性

（1）Nodes 属性

功能：返回对 TreeView 控件的 Node 对象的集合的引用。

语法：object.Nodes

说明：object 所在处代表一个对象表达式，其值是"应用于"列表中的一个对象。

可以使用标准的集合方法（例如 Add 和 Remove 方法）操作 Node 对象。可以按其索引或存储在 Key 属性中的唯一键来访问集合中的每个元素。

在例 9-2 中如果输出 thisform.treeview1.nodes(2).text，其结果是"球类"。

（2）Sorted 属性

功能：返回或设置一个值，此值确定 Node 对象的子节点是否按字母顺序排列；返回或设置一值，此值确定 TreeView 控件的根层节点是否按字母顺序排列。

语法：object.Sorted [= boolean]

例如语句：thisform.treeview1.nodes(2).sorted=.t.将例 9-2 中的"球类"进行排序。

设置 Sorted 属性为.T.仅对当前 Nodes 集合排序。在 TreeView 控件中添加新的 Node 对象时，必须再次设置 Sorted 属性为.T.，以便对添加的 Node 对象排列。

（3）Text 属性

功能：返回或设置节点的标题。

语法：object.Text[=值]

如语句：thisform.treeview1.nodes(1).text="abc"将"体育"变为"abc"。

（4）LabelEdit 属性

功能：是否允许用户修改各节点上的文本，默认值为 0-自动，运行后可以修改节点上的标题；设置该属性为 1-手动，不能直接修改。

（5）ImageList 属性

功能：说明 TreeView 控件对 ImageList 控件对象引用，它包括了控件中的节点使用的图像。该属性不能可视化地进行设置，而必须以编程方式用代码进行设置，如例 9-2 中的语句：this.imagelist=thisform.imglist1

（6）Indentation

功能：子节点缩进多少。

（7）SelectedItem

功能：当前选定节点对象的引用。

如：thisform.treeview1.selecteditem.text 指的是选中节点的标题。

9.2.2.2 TreeView 控件的常用方法

TreeView 控件除了具有 Add 方法外，还常常用到 GetVisibleCount 方法，显示控件中全部可见的节点数。

语法：object.GetVisibleCount

object 表示一个对象表达式，其值是"应用于"列表中的一个对象。

9.2.2.3 TreeView 控件常用事件

TreeView 控件一些常用的方法和事件:Click，DblClick，Drag，DragDrop，DragOver，GotFocus，KeyDown，KeyPress，KeyUp，LostFocus，MouseDown，MouseMove，MouseUp，Move，Refresh，SetFocus，ShowWhatsThis 和 ZOrder，但其没有 RightClick 事件。

除这些方法和事件外，TreeView 控件有一些它自己的方法和事件如 Clear 和 Remove 方法，实际上是属性节点集合而不是 TreeView 控件自己的。

（1）NodeClick 事件。单击节点对象之外的 TreeView 控件的任何部位，标准的 Click 事件发生。当单击某个特定的 Node 对象时，NodeClick 事件发生；NodeClick 事件也返回对特定的 Node 对象的引用，在下一步操作之前，这个引用可用来使这个 Node 对象可用，NodeClick 事件发生在标准的 Click 事件之前。

（2）BeforeLabelEdit 和 AfterLabelEdit 事件。发生在标签被用户修改前和修改后（就像在 Windows 的资源管理器中，可以单击选定的节点并修改它的文本。该事件中的代码通常用于在某处保存新的文本，如一个表中的字段。

（3）Collapse 和 Expand 事件。当用户收缩或扩展一个节点时激发，它们接受的参数是选定节点的对象。收缩或扩展一个节点不会使该节点成为活动的节点。添加以下代码到 Collapse 和 Expand 事件来确保该节点成为活动的节点。

lparameters node

Node.Selected = .T.

This.NodeClick(Node)

9.2.2.4 TreeView 控件节点对象属性

（1）Children 属性。如果节点对象拥有子节点，该值为 0。

（2）Expanded 属性。如果节点对象已经扩展，该值为.T.。

（3）FullPath 属性。该节点的所有父节点（祖节点,曾祖节点等）的文本串接，各节点的文本间用控件的 PathSeparator 属性中指定的分隔符分隔，它非常类似于带路径的文件名。

（4）Image，ExpandedImage 和 SelectedImage 属性。相关 ImageList 控件中的适当的图像号。

（5）Index 属性。节点集合中的节点对象的索引。

（6）Key 属性。当节点添加时指定的唯一键值。

（7）Selected 属性。如果节点对象是选定的，该值为.T.。设置该属性为.T.，会自动高亮度显示该节点并设置先前选定的节点的 Selected 属性为.F.。

（8）Text 属性

节点控件中显示的文本。

【例 9-3】 以"雇员"表和"订单"表为例，设计一个表单，使用 TreeView 显示每个雇员的订单 ID，运行后结果如图 9-6 所示。用鼠标双击"雇员的订单"，在 TreeView 中显示出"雇员"表中的所有雇员，如图 9-7 所示。选中某个雇员如"张颖"，单击鼠标，显示出该雇员的"订单 ID"，如图 9-8 所示。

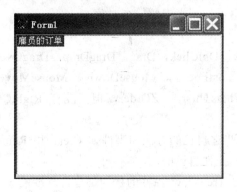

图 9-6

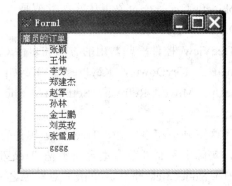

图 9-7

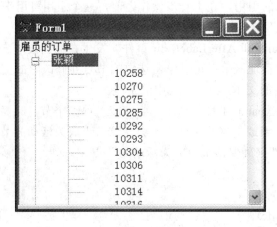

图 9-8

操作步骤：

（1）建立表单，在表单中增加一个 TreeView 控件，设置其 Name 属性为 TreeView1。

（2）分别将"雇员"表和"订单"表加入到数据环境中。

（3）在 TreeView1 的 Init 事件中写入代码：

```
this.nodes.add(,,"employee","雇员的订单")
select 雇员
    do while not eof()
    this.nodes.add("employee",4,雇员.姓名,雇员.姓名)
skip
enddo
```

（4）在 TreeView1 的 NodeClick 事件中写入代码：

*** ActiveX 控件事件 ***

LPARAMETERS node

*判断当前节点是否有子节点

if thisform.treeview1.selecteditem.Children>0

    return

endif

empname=thisform.treeview1.selecteditem.text

select 雇员

locate for 姓名 =empname

empid=雇员.雇员 id &&找到该雇员的雇员 ID

select 订单

go top

scan for 订单.雇员 id=empid

    thisform.treeview1.nodes.add(雇员.姓名,4,,str(订单.订单 id))

endscan

this.selecteditem.expanded=.t.

9.2.3　滑杆控件（Slider）

Slider 控件在 COMCTL32.OCX 中，其帮助文档是 CTRLREF.HLP。Slider 控件与音响中的音量控制滑动块相似；它用一个条提供控制的范围值和一个可以沿着条拖动的指针来指示选定值。该控件常用于输入数值型的值，但更多的是用于"定位"或"性质"对话框类型而不是数据输入。

新建立一个表单，执行菜单"工具" | "选项"，打开选项对话框，选择"控件"选项卡，从中选择"Microsoft Slider Control"，单击"确定"后返回表单设计界面。选择表单控件工具箱"查看类" | "ActiveX 控件"，在"表单控件工具箱"中显示出"Slider"控件。

9.2.3.1　Slider 控件的方法和事件

Slider 控件具有一些与 VFP 一般控件相同的方法和事件，如 Click，Drag，DragDrop，DragOver，GotFocus，KeyDown，KeyPress，KeyUp，LostFocus，MouseDown，MouseMove，MouseUp，Move，Refresh，SetFocus，ShowWhatsThis 和 ZOrder。

Change 事件与其他控件的 InteractiveChange 事件相似；它在 Value 属性改变时激发。在沿着条拖动滑杆时，Scroll 事件连续不断地激发。

ClearSel 方法清除控件的选定区域（见下述）。GetNumTicks 返回控件中的 tick 数。

9.2.3.2　Slider 控件的属性

Slider 控件的许多属性影响控件的外观，它们在设计时很容易从右击菜单中调出 VFP 属性表或 Slider 控件属性表进行设置。它们包括 BorderStyle，LargeChange（当按下 PgUp 或 PgDn 或在 slider 的左边或右边单击鼠标时，slider 改变的 tick 数），SmallChange（当按下左右箭头时，slider 改变的 tick 数），Orientation（横向或纵向放置），TickStyle（决定 ticks 是否出现或者出现的位置）和 TickFrequency。

Slider 控件最常用的属性是 Min，Max 和 Value。Min 和 Max 提供控件值的范围，默认值是 0 和 100。slider 的沿着控件的位置由 Value 属性决定。

【**例 9-4**】 制作一个表单，使用 Slider 控件能够移动"客户"表的记录，运行结果如图 9-9 所示。

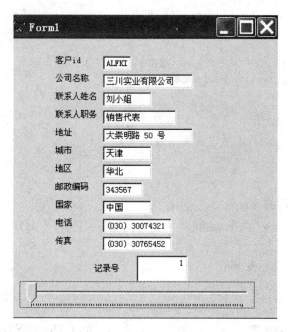

图 9-9

操作步骤：

（1）建立表单，将"客户"表加入到数据环境中，拖动"客户"表的"字段"到表单中。

（2）在表单中增加一个 Slider 控件、一个标签和一个文本框 Text1。

（3）在 Text1 的 Init 事件中写入代码：

this.value=1

（4）在 Slider 控件的 Init 事件中写入代码：

this.min=1

this.max=reccount()

（5）在 Slider 控件的 Change 事件中写入代码：

thisform.text1.value=this.value

go this.value

thisform.refresh

10 应用程序发布

在正确地编译了应用程序，并经过严格的测试后，可以使用安装向导或者是其他专门的打包工具制作安装盘。如果将书中的示例正确编译生成可执行文件 exe 后，将程序拷贝到另一台没有安装 Visual FoxPro 的机器上使用，系统会出现"找不到 Visual FoxPro 库"的提示，原因是在运行该程序时，应用程序要调用 Visual FoxPro 的动态链接库文件，而在未安装 Visual FoxPro 的机器上，一般是没有这些动态库文件的，故不能直接将应用程序拷贝到另一台机器上使用。

基于以上原因，应用程序开发完毕后，一般都要制作安装程序，也就是通常说的将应用程序打包。

10.1 使用 VFP 安装向导

（1）预先在某个盘上建立一个文件夹，如 C:\xsglsetup，准备将建立的安装程序放在该文件夹下。

（2）关闭要制作程序的"项目管理器"。在打包前,一定要先关闭当前的项目管理器，否则生成安装程序时将出现错误。

（3）执行菜单"工具"→"向导"→"安装"，启动安装向导，显示图 10-1。

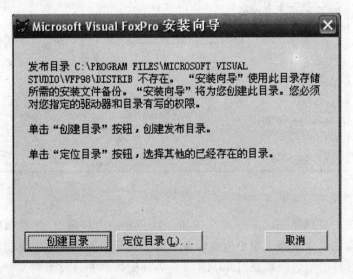

图 10-1

（4）单击"创建目录"，显示安装向导第 1 步对话框，如图 10-2 所示。

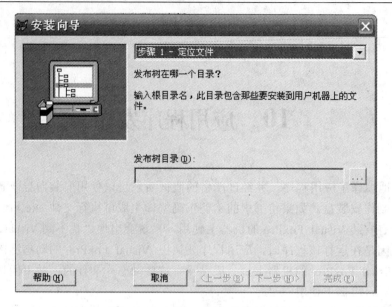

图 10-2

（5）单击"发布目录"文本框右边的░░按钮，打开"选择目录"对话框。在该对话框中选择应用程序所在的目录如：f:\vfptest\。单击"下一步"按钮，打开安装向导第 2 步对话框，指定组件，如图 10-3 所示。

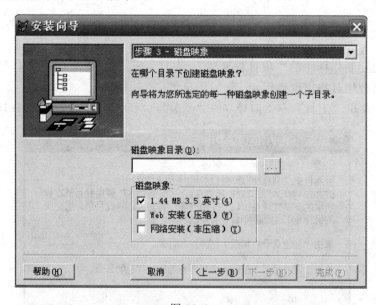

图 10-3

（6）本任务中直接单击"下一步"按钮，打开安装向导第 3 步对话框：指定磁盘映象。如果在磁盘映象中选择了多个磁盘映象，安装向导将为每一种磁盘映象创建一个文件夹。本任务中选择的磁盘映象是 1.44MB 3.5 英寸磁盘，并且发布的文件不足 1.44 MB，所以安装程序向导便创建名为 DISK144\DISK1 的文件夹（本示例中，此文件夹在 C:\xsglsetup 文件夹下），将需要发布的文件存放于该文件夹中。如果发布的文件需要 4 张磁盘，安装程序向导就在 DISK144 文件夹中分别创建四个名为 DISK1、DISK2、DISK3、DISK4 的文件夹，把文件分别放在各个文件夹中。

（7）单击"磁盘映象目录"文本框右边的▦按钮，打开"选择目录"对话框。在该对话框中选择存放安装文件的目录 C：\xsglsetup，单击"下一步"按钮，打开安装向导第 4 步对话框：指定安装选项，如图 10-4 所示。

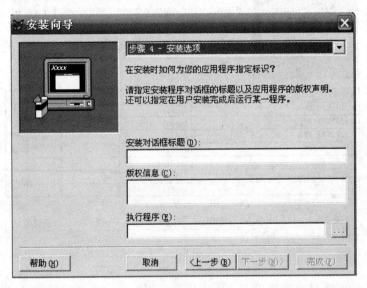

图 10-4

（8）在"安装对话框标题"文本框中输入"学生成绩管理系统"。在"版权信息"文本框中输入"版权所有，侵权必究"。单击"执行程序"文本框后边的▦，在"打开"文件对话框中选择运行的可执行文件 f:\vfptest\xsgl.exe，单击"下一步"按钮，打开安装向导第 5 步对话框：指定默认的安装目录，如图 10-5 所示。

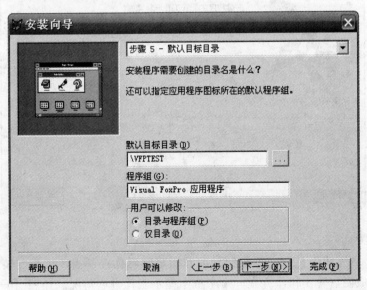

图 10-5

（9）在"默认目标目录"文本框中输入存放目标文件的文件夹，并且选择"下一步"按钮，打开安装向导第6步对话框：改变文件位置。如图10-6所示。

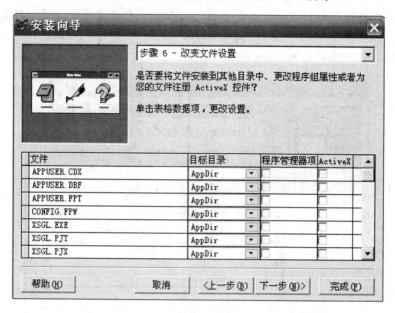

图 10-6

（10）不做任何选择，直接单击"下一步"按钮，打开安装向导第 6 步对话框，如图10-7 所示。

图 10-7

（11）单击"完成"按钮，安装向导即开始建立磁盘控制表、生成安装脚本、创建压缩包文件、生成磁盘等工作，并在一个个框中显示工作进展情况。如图 10-8 所示。在此步骤过程中，如果没有关闭项目管理器，将会在"创建压缩包文件时"出现错误。改正的方法是：关闭项目管理器，退出 VFP 后，删除图 10-1 中 Distrib 文件夹，重新进入 VFP 后，重新运行安装程序向导。

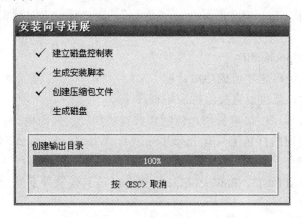

图 10-8

（12）正确建立安装程序后，单击"完成"按钮，安装程序制作完毕。

将 c:\xsglsetup 文件夹下的 DISK1、DISK2 等所有文件夹放在光盘或者其他介质中，在另一台机器上运行 DISK1 文件夹中的 setup.exe，显示图 10-9，按照提示完成系统软件的安装。

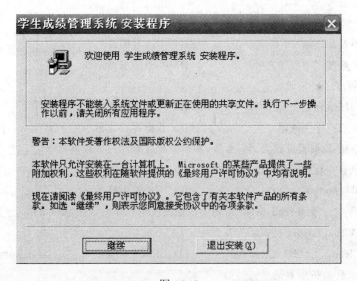

图 10-9

10.2 VFP 打包的实质及其他的打包程序

VFP 安装程序向导主要完成两个任务，一是将应用程序包括库文件、表文件、表单文件、报表文件等的打包，另一个作用是将 VFP 的动态链接库打包。根据使用的 VFP 版本的不同，此库名不同，VFP6 中动态链接库是 vfp6chs.dll，此文件在 Visual FoxPro 根目录下。

　　如果不使用 VFP 安装程序向导，可以将库文件、表文件、编译后的 exe 文件、vfp6chs.dll，拷贝到别的机器上某个文件夹中，如 D:\abc 目录下。然后注册 vfp6chs.dll 文件，方法是：从执行 windows "开始" → "运行"，在 "运行" 对话框的 "打开" 文本框中输入命令：

regsvr32 d:\abc\vfp6chs.dll

　　注册成功后，系统出现注册成功对话框。

　　双击可执行文件，就可以直接运行应用程序了。

　　VFP 提供的安装程序，简单易用，但制作的安装程序，界面单一且功能不够强大。除此之外我们还可以使用的打包工具有 Install Shield、Wise Installation System 等。使用这些专业的打包工具，制作出来的安装程序更加专业化。这些工具，除了可以打包 VFP 程序外，还可以完成 Visual Basic、PowerBuilder、Delphi 等其他软件开发的应用程序。

课后练习题

1．填空题

（1）要将应用程序编译生成 exe 文件，在 "连编选项" 对话框中应该选择_____选项。

（2）执行菜单 "工具" → "向导" 下的_____可启动安装程序向导。

2．选择题

（1）如果将一个表单文件设置为 "排除" 状态，那么它_____。

　　（A）不参加连编　　　　　　　　（B）本次不编译

　　（C）排除在应用程序之外　　　　（D）不显示编译错误

（2）要连编程序，必须通过_____。

　　（A）程序编译器　　　　　　　　（B）项目管理器

　　（C）应用程序生成器　　　　　　（D）数据库设计器

（3）如果将一个数据表设置为 "包含"，那么系统连编后，该数据表将_____。

　　（A）包含在数据库中　　　　　　（B）成为自由表

　　（C）可以随时编辑修改　　　　　（D）不能编辑修改

（4）在主程序中一般有 read event 语句，在退出应用程序前，相应的要执行_____语句，否则出现 "不能退出 Visual Foxpro 的提示"。

　　（A）Clear　　　（B）Close All　　　（C）Close Event　　　（D）Clear Events

（5）可执行文件的扩展名是_____。

　　（A）APP　　　（B）EXE　　　（C）DLL　　　（D）OCX

11 应用程序开发示例

以作者开发的"中国腐蚀与防腐学会会员管理系统"为例,说明从系统分析、设计、实施的全过程。

11.1 项目分析

目前中国腐蚀与防护的个人会员有 7000 多人,以后加入的会员会不断地发展和壮大,会员的个人和团体信息也在不断地发生变化。单纯的手工管理,显然不能适应现代信息社会发展的需要,必须借助计算机,面向会员管理者,开发一套会员管理信息系统。系统的开发,可以更加有效、方便地管理会员,及时了解会员的相关信息,加强和会员间的联系。例如要召开某个学术会议,可以根据会员的专业、职务等信息,查询到符合条件的会员,这样在发会议通知时,可以将这些会员的通讯地址直接打印到信封上,从而一方面大大减小了手工操作的工作量,另一方面真正做到有的放矢。

11.2 系统功能

根据日常会员管理中的业务系统,将系统分为个人会员和团体会员两部分,两部分除管理内容不同外,系统具有相同的功能,图 11-1 是本系统的功能模块。

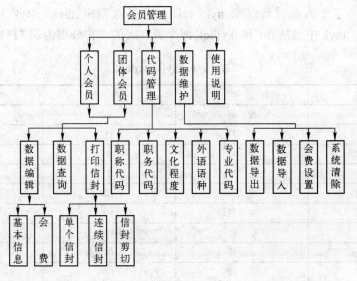

图 11-1

（1）数据编辑。本模块完成会员基本情况、会员交费记录的输入、查询、删除、打印；根据交会费的时间，完成会费的统计功能。

（2）数据查询。系统提供了通用查询模块，可完成多条件的组合查询，查询的结果除可以直接显示在屏幕上外，也可输出到 Excel 中，设置某种格式，输出到打印机；如果在选择的输出列中包含有通信地址、邮政编码、联系人等信息，还可直接将查询结果输出到标准的信封上。查询时，首先选择要查询的列，如会员编号、姓名、通讯地址等，然后选择查询条件。查询条件可以是单条件，也可以是多条件（包括"与"条件和"或"条件）。如查询文化程度是大学、专业是有色金属的腐蚀研究与应用，是"与"条件查询，即要查询同时满足这两个条件的会员；如果查询的是文化程度是大学，或者专业是有色金属的腐蚀研究与应用，是"或"条件查询，系统将查询出只要符合其中任一个条件的会员。

（3）打印信封。提供三种打印方式：单个信封的打印、连续信封的打印和信封剪切格式打印。单个信封的打印、连续信封的打印根据输入的会员编号打印。信封剪切格式打印指的是打印出通讯地址、联系人、邮政编码后，人工剪切后，贴在信封上，有会员编号打印和记录号打印两种方式供选择。

（4）代码管理。为"数据编辑"时提供可以选择的数据项，如从事专业，职务等，在此编辑后，供数据录入和修改时选择。

（5）数据维护。包括数据导入和数据导出。数据导出是系统以 arj 压缩文件的格式将整个数据库中的数据保存在用户指定的介质上（包括磁盘、活动硬盘或者 U 盘），保护数据的安全性。数据导入是将导出的压缩文件，导入到系统中。

（6）会费设置。设置会费收取的默认值，如设置为 10 元/年，这样在增加会费时，自动将会费设置为 10 元/年。

11.3　系统数据库设计

本系统建立了个人会员数据库 hyk 和团体会员数据库 thyk。Hyk 中包括 kf 表和 kyjbqk 两个表，thyk 中包括 thf 和 tkyjbqk 两个表。表的结构分别为表 11-1～表 11-4：

表 11-1　kyjbqk.dbf

字　段　名	数　据　类　型	长　　度	小　数　位　数
记录号	数　值	6	
会员证编号	字　符	11	
会员姓名	字　符	8	
性　别	字　符	2	
出生年月	字　符	10	
入会时间	字　符	10	
职　称	字　符	10	
职　务	字　符	10	
文化程度	字　符	10	

字 段 名	数 据 类 型	长 度	小 数 位 数
工作单位	字 符	40	
外语语种	字 符	8	
通讯地址	字 符	40	
邮政编码	字 符	8	
电 话	字 符	30	
传 真	字 符	30	
E-mail	字 符	20	
从事专业一	字 符	40	
从事专业二	字 符	40	
从事专业三	字 符	40	
从事专业四	字 符	40	
备 注	备 注	4	

表 11-2 kf.dbf

字 段 名	数 据 类 型	长 度	小 数 位 数
会员证编号	字 符	11	
会费起始时间	字 符	4	
会费终止时间	字 符	4	
交会费金额	数 字	9	2

表 11-3 Tkfjbqk.dbf

字 段 名	数 据 类 型	长 度	小 数 位 数
记录号	数 字	6	
单位编号	字 符	5	
单位名称	字 符	40	
单位性质	字 符	8	
单位地址	字 符	40	
邮政编码	字 符	8	
电 话	字 符	20	
传 真	字 符	20	
负责人姓名	字 符	8	
负责人职务	字 符	14	
负责人职称	字 符	14	
教 授	数 值	4	
副教授	数 值	4	
讲 师	数 值	4	
助 教	数 值	4	
研究员	数 值	4	
副 研	数 值	4	

字 段 名	数 据 类 型	长 度	小 数 位 数
助 研	数 值	4	
实 研	数 值	4	
高 工	数 值	4	
工程师	数 值	4	
助 工	数 值	4	
技术员	数 值	4	
辅助人员	数 值	4	
工 人	数 值	4	
单位人数	数 值	4	

表 11-4　tkf.dbf

字 段 名	数 据 类 型	长 度	小 数 位 数
会员证编号	字 符	11	
会费起始时间	字 符	4	
会费终止时间	字 符	4	
交会费金额	数 字	9	2

为了增加系统的灵活性和可维护性，系统还建立了自由表 code.dbf、systemset. dbf、whdm.dbf、wydm.dbf、zcdm.dbf、zwdm.dbf、zydm.dbf，以完成相关编码的维护工作。

code.dbf 用于存放用户名和口令，其结构见表 11-5。

表 11-5　code.dbf

字 段 名	数 据 类 型	长 度	小 数 位 数
User1	字 符	10	
Password1	字 符	10	

systemset.dbf 用于设置会员每年交纳会费的标准，其结果见表 11-6。

表 11-6　systemset.dbf

字 段 名	含 义	数 据 类 型	长 度	小 数 位·数
Sj	时 间	字 符	4	
je	金 额	数 字	3	

whdm.dbf 用于设置文化程度的编码，其结果见表 11-7。

表 11-7　whdm.dbf

字 段 名	含 义	数 据 类 型	长 度	小 数 位 数
Whid	文化程度编码	字 符	2	
wh	文 化	字 符	10	

zcdm.dbf 用于设置职称，其结果见表 11-8。

表 11-8　zcdm.dbf

字 段 名	含 义	数据类型	长 度	小 数 位 数
zcid	职称编码	字　符	2	
zc	职　称	字　符	16	

wydm.dbf 用于设置外语语种，其结果见表 11-9。

表 11-9　wydm.dbf

字 段 名	含 义	数据类型	长 度	小 数 位 数
Wyid	外语编码	字　符	3	
wy	外　语	字　符	10	

zwdm.dbf 用于设置职务，其结果见表 11-10。

表 11-10　zwdm.dbf

字 段 名	含 义	数据类型	长 度	小 数 位 数
zwid	职务编码	字　符	2	
zw	职　务	字　符	16	

zydm.dbf 用于设置专业，其结果见表 11-11。

表 11-11　zydm.dbf

字 段 名	含 义	数据类型	长 度	小 数 位 数
zyid	职务编码	字　符	2	
zy	职　务	字　符	40	

11.4　系统的实施和运行

（1）主界面

程序运行后，显示图 11-2。单击"进入"，显示图 11-2。

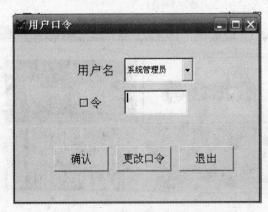

图 11-2

　　选择用户名，输入正确口令后，单击"确认"，进入图 11-3。在当前用户口令正确情况下，单击"更改口令"，进入图11-4，修改该用户的口令。

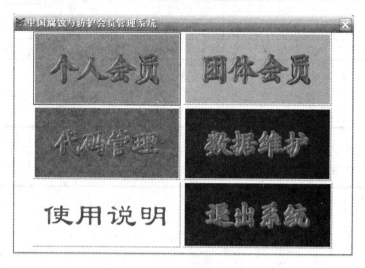

图 11-3

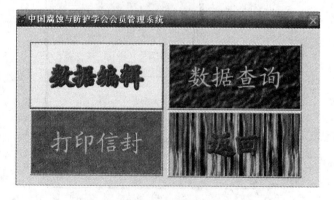

图 11-4

（2）个人会员

图 11-3 中单击"个人会员"，显示图 11-5。

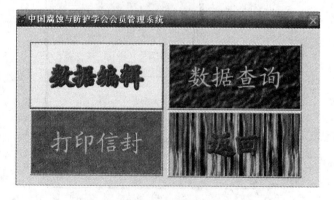

图 11-5

1）会员编辑

图 11-5 中单击"数据编辑"，显示图 11-6，完成个人会员的数据编辑。

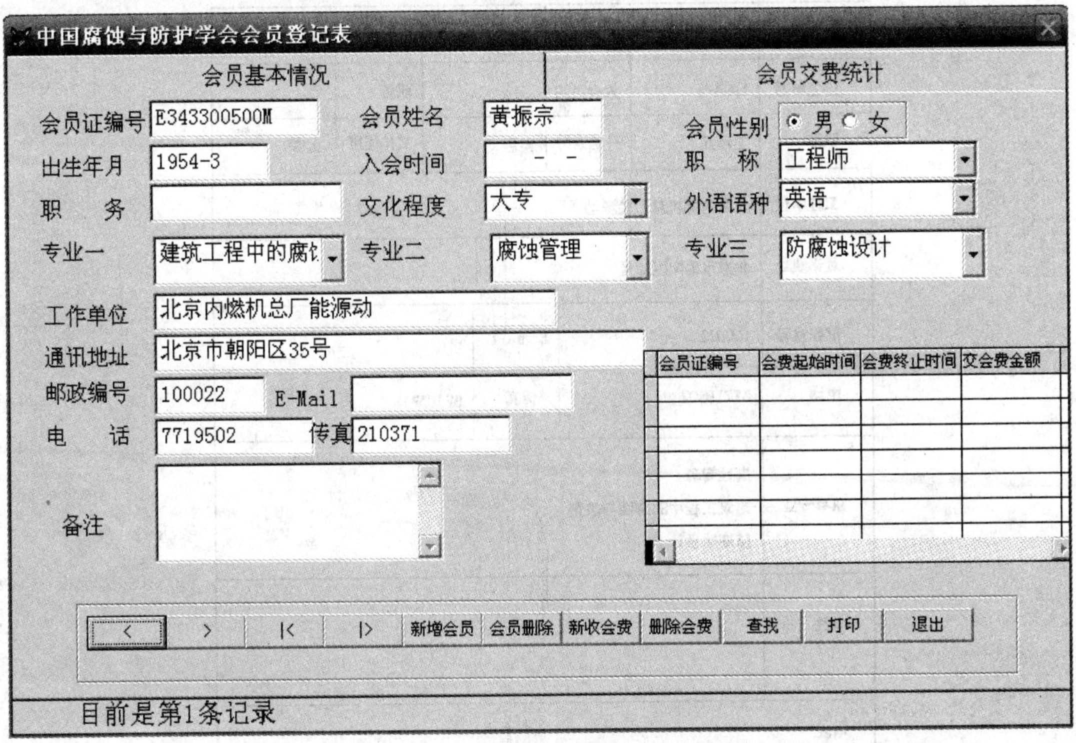

图 11-6

数据输入时，图 11-6 中职称、外语语种、文化程度、专业分别来自于 zcdm.dbf, wydm.dbf, whdm.dbf, zydm.dbf。单击"查找"，弹出查询条件对话框，如图 11-7 所示，根据输入的会员编号或者姓名，查找到符合条件的记录。

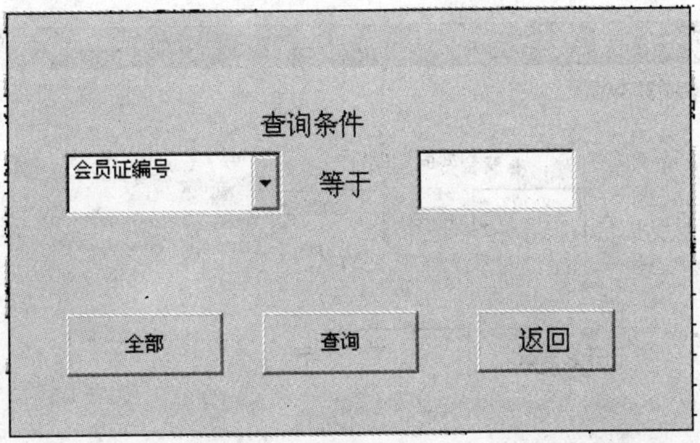

图 11-7

单击"打印"，预览当前会员的记录，如图 11-8 所示。

中国腐蚀学会会员情况   打印时间 06/01/06

会员证编号	B3433005008	会员姓名	黄振荣	会员性别	男
出生年月	1954-3	入会时间		职务	
职称	工程师	外语语种	英语	文化程度	大专
工作单位	北京内燃机总厂能源动				
通讯地址	北京市朝阳区35号				
邮政编码	100022		E—mail		
电话	87719502		传真	82103718	
从事专业	腐蚀管理 建筑工程中的腐蚀与控制 防腐蚀设计				
备注					

图 11-8

图 11-6 中，单击"会员交费统计"，根据时间，统计收取的会费，如图 11-9 所示。

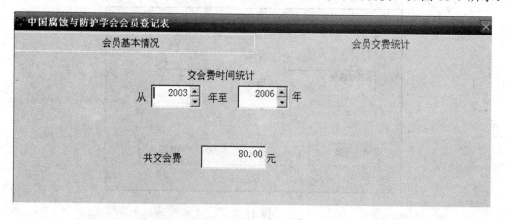

图 11-9

2）会员查询

图 11-5 中单击"查询"，显示查询界面，如图 11-10 所示。

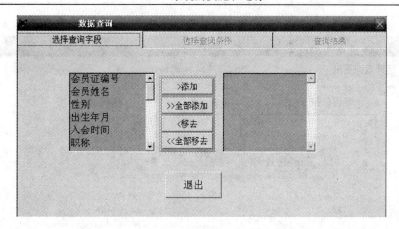

图 11-10

在"选择查询字段"选项卡中，选择要查看的字段列，然后单击"选择查询条件"选项卡，显示图 11-11。本查询可以是多条件的"与"条件或"或"条件的组合，从"查询条件"中可以选择用于查询的"字段"，如图 11-12 所示，从"关系表达式"中选择关系表达式，如图 11-13 所示，根据选择的"查询条件"，"值"中显示为文本框，或者是其他控件供用户选择，如"查询条件"中选择"性别"，"关系表达式"中选择"="，则值下边显示单选按钮，如图 11-14 所示。

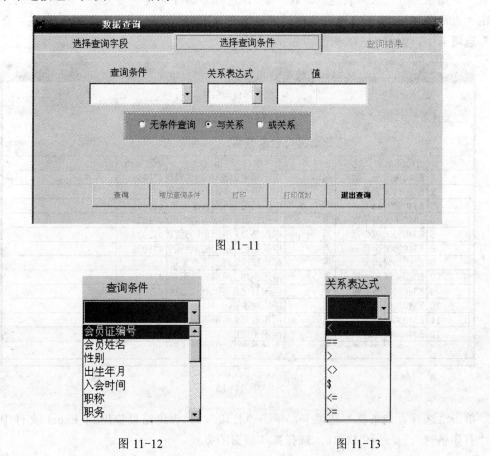

图 11-11

图 11-12　　　　　　　　　　　　　　图 11-13

数据查询
选择查询字段
选择查询条件
查询结果
查询条件
关系表达式
值
性别
==
男
女
无条件查询
与关系
或关系
查询
增加查询条件
打印
打印信封
退出查询

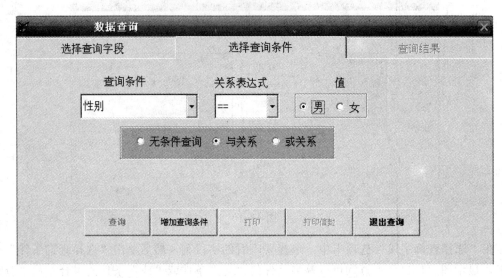

图 11-14

设置查询条件后，单击“与关系”（多条件时表示多个条件都要满足）或者“或关系”（多条件时满足其中一个即可），然后单击“增加查询条件”，如果是多条件，再选择或者输入“查询条件”，“关系表达式”和“值”，选择多条件间是“与关系”还是“或关系”，单击“查询条件”。将所有查询条件设置完毕后，单击“查询”，查询结果显示在“查询结果”选项卡中，如图 11-15 所示。

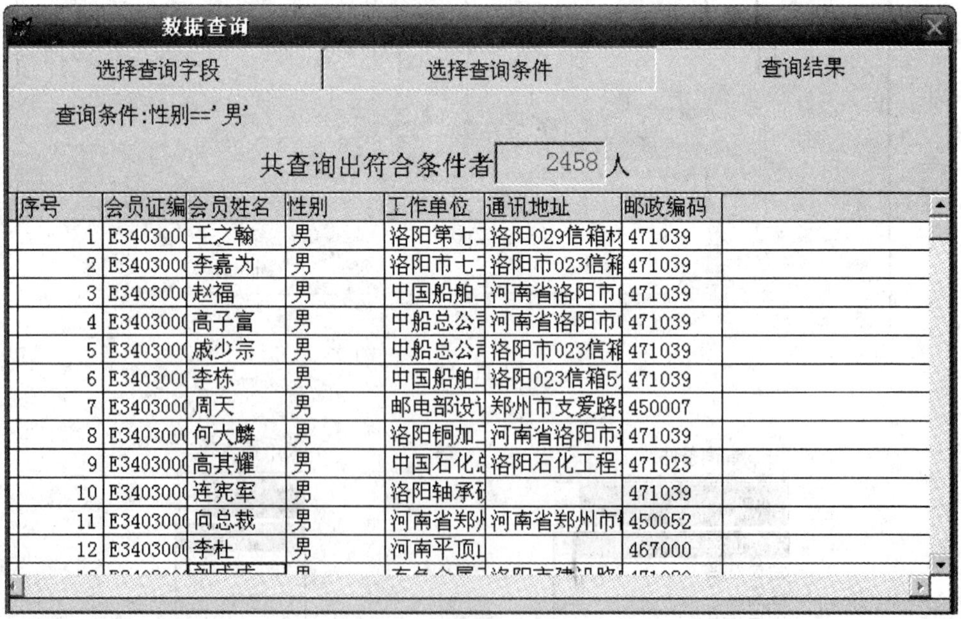

数据查询
选择查询字段
选择查询条件
查询结果
查询条件:性别==’男’
共查询出符合条件者 2458 人
序号 会员证编 会员姓名 性别 工作单位 通讯地址 邮政编码
1 E3403000 王之翰 男 洛阳第七 洛阳029信箱 471039
2 E3403000 李嘉为 男 洛阳市七 洛阳市023信箱 471039
3 E3403000 赵福 男 中国船舶 河南省洛阳市 471039
4 E3403000 高子富 男 中船总公司 河南省洛阳市 471039
5 E3403000 戚少宗 男 中船总公司 洛阳市023信箱 471039
6 E3403000 李栋 男 中国船舶 洛阳023信箱5 471039
7 E3403000 周天 男 邮电部设计 郑州市支爱路 450007
8 E3403000 何大麟 男 洛阳铜加工 河南省洛阳市 471039
9 E3403000 高其耀 男 中国石化 洛阳石化工程 471023
10 E3403000 连宪军 男 洛阳轴承 471039
11 E3403000 向总裁 男 河南省郑州 河南省郑州市 450052
12 E3403000 李杜 男 河南平顶山 467000

图 11-15

单击“选择查询条件”选项卡，单击“打印”，将查询结果输出到 Excel 文件中。单击“打印信封”，显示图 11-16，选择打印信封的方式。

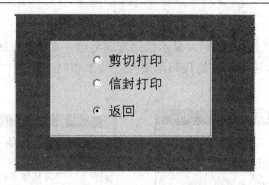

图 11-16

"剪切打印"指的是连续打印出会员通讯地址，然后由用户将这些内容贴到信封上。"信封打印"直接将通讯地址、邮政编码、联系人等输入到标准信封上。选择"剪切打印"，显示图 11-17。选择"信封打印"，显示图 11-18。

471039

洛阳 029 信箱材料工程公司

洛阳第七二五研究所

　　王之翰　收

471039

洛阳市 023 信箱 4 分箱

洛阳第七二五研究所八室

　　李嘉为　收

471039

河南省洛阳市 023 信箱 12 分箱

中国船舶工业总公司第七研究院第七二五研究所

　　　赵福　收

471039

河南省洛阳市 128 信箱省协分箱

中船总公司第七二五研究所

　　高子富　收

图 11-17

471039

洛阳 029 信箱材料工程公司

洛阳第七二五研究所

　　王之翰　收

图 11-18

3）打印信封

图 11-5 选择"打印信封"，显示图 11-19。

图 11-19 中选择不同的信封打印格式，根据输入的会员编号，可以打印指定会员的信封。"单个打印"一次打印一个会员，"连续打印"输入会员编号的范围，打印这个范围内的会员。

4）代码管理

在图 11-3 中单击"代码管理"，显示代码管理界面，如图 11-20 所示。以选择"从事专业代码"为例，加以说明，其他代码维护与之基本相同。单击"从事专业代码"，显示图 11-21。

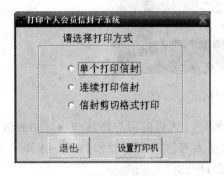

图 11-19

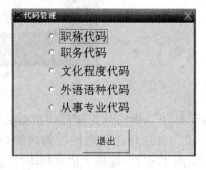

图 11-20

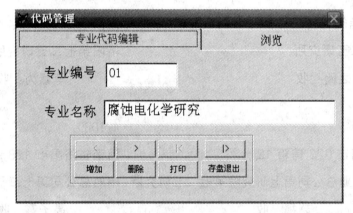

图 11-21

通过此窗口，可以增加新的专业，可以浏览所有专业。

5）代码管理

图 11-3 中选择"代码管理"，显示图 11-22。

图 11-22

单击"数据导出"，将所有的数据文件备份导出。单击"数据导入"，将导出的数据文件导入到本系统。"会费设置"设置会员每年交费的金额。"系统清除"将系统中的全部数据置空。

6）使用说明

介绍本系统的使用方法。帮助文件写成网页文件 help.htm。通过以下代码调用：

```
filehelp=sys(5)+sys(2003)+"\help.htm" && 给出帮助文件 help.htm 的所在位置
IE4=CreateObject("InternetExplorer.Application")
IE4.Visible= .t. && 必须使用该语句
IE4.menubar = .f.
IE4.toolbar = .t.
IE4.statusbar = .f.
IE4.fullscreen = .f.
IE4.width = 800
IE4.height = 800
IE4.top = 10
IE4.left = 10
IE4.navigate(filehelp) && 应该指明全路径
```

图 11-3 中团体会员的内容基本上与个人会员相同，只是字段的内容不同。

提示：本系统中编程难度较大的是专用查询模块，用到的主要技术是 select 字符串的书写。

冶金工业出版社部分图书推荐

书　　名	定价（元）
Visual Foxpro6.0 程序设计	28.00
Visual Foxpro 中 Windows API 调用与应用实例	49.00
Visual C++实用教程	30.00
Visual Basic 程序设计	29.00
Pro/E Wildfire 中文版模具设计教程	39.00
网络信息安全技术基础与应用	21.00
Visual C++环境下 MapX 的开发技术	39.00
Visual C++实用教程	30.00
C++程序设计	26.00
计算机专业英语	15.00
计算机辅助设计技术	36.00
上网操作 300 问	28.00
VRML 虚拟现实技术基础与实践教程	35.00
计算机病毒防治与信息安全知识 300 问	25.00
CAXA 电子图板教程（第 2 版）	36.00
监控组态软件的设计与开发	33.00
AutoCAD 项目式教程	28.50
Mastercam 3D 设计及模具加工高级教程	69.00
轧钢过程自动化	59.00
微型计算机控制系统	30.00
可编程序控制其原理及应用系统设计技术	23.00
计算机控制系统	29.00
电工学与工业电子学	29.00
可编程序控制器原理及应用系统设计技术	23.00
网络制造模式下的分布式测量系统建模与优化技术	27.00
智能管理系统研究开发及应用	20.00
工业控制计算机系统的发展及应用	15.00
网络制造模式下的分布式测量系统建模与优化技术	27.00